New Wun Ching Developmental Publishing Co., Ltd.

New Age · New Choice · The Best Selected Educational Publications — NEW WCDP

本書 營養師國家考試
榮獲 參考用書

第五版

FIFTH EDITION

團體膳食管理

胡淑慧 編著

 掃描 **QR Code免費下載**
法規與補充資料

QUANTITY FOOD
PRODUCTION MANAGEMENT

認識胡老師有十幾年了，當初德育護專食品科需要一個家政背景、可教營養與團體膳食課程的老師，而胡老師的學經歷背景剛巧是完全符合所需，因此就這樣成了十多年的同事。而這麼十多年來，由德育護專到德育醫護管理專校、再到經國管理暨健康學院，食品科系的同學就在胡老師勤管嚴教的指導下，個個成就了一身餐盒製作與設計的好本領。

老實講，團體膳食的製作與管理真是一門大學問，不僅要瞭解菜單的設計，菜餚的製作，還要瞭解食品衛生與安全、食物的採購、食物是否當令、價錢如何，這些都需要多年經驗的累積方能有一定之功力。而這些還僅是餐盒製作時要注意的要點，另外還要瞭解許多團體膳食製作時的理論，如庫房的管理、廚房的設計、如何製作出營養與衛生的菜餚等。由於胡老師在這團體膳食課程方面有多年的教學經驗，以上所述這些內容，都可在本書中一一呈現，因此本書是一本非常完整的「團體膳食管理」教科書。尤其近年來外食人口持續增長，連便利超商都賣起餐食，顯見團體膳食製作的工廠有增加的趨勢，而本書不僅可當教科書，亦有相當的水準足以提供團膳製作業者作為管理之參考。另本書以全彩印刷，為國內之少見，不僅增加可看性，且增加其質感。

施明智 謹識
於中國文化大學保健營養學系

五版序
PREFACE

自 2019 年 2 月至今，因應政府政策的調整；例如：衛生福利部國民健康署於民國 109 年 4 月公告第八版「國人膳食營養素參考攝取量」(Dietary Reference Intakes, DRIs)（鈣、碘、維生素 D、碳水化合物），新增碳水化合物、膳食纖維，以及檢討修訂鈣、碘及維生素 D 之建議攝取量修正；優良食品標章的改變，如吉園圃標章廢止、新增產銷履歷農產品標章；食品 GMP 協會精進推動更名為 TQF 台灣優良食品協會；食品安全衛生管理法、食品安全衛生管理法施行細則修法等；食品安全管制系統實施產業別、實施規模，種種廢止與調整等，使得本書內容勢必更新始能符合當代趨勢。

第五版除了更新合乎時代趨勢的內容、保留原有章節、更新部分內容外，每一章節設計的「習題」單元，增加讀者複習、更熟悉書中章節內容的練習機會，可以審視自己閱讀該章節後的收穫程度；其中第五章各類食物的製備原理，如何在製備過程中保留營養、保持漂亮色澤、增加餐點適口性，以及在團體膳食製備時常用、適用的大量烹調法與操作方式，是同學們在團膳實作時，可以實際應用參考的章節。

團體膳食課程通常於食品科系大三時修習，其大一、二先備科目，如食物學原理及實驗、食物製備及實驗、營養學及實驗，大二進階科目，如食品微生物學及實驗、食品衛生與安全及實驗、膳食計畫及實驗、膳食療養及實驗…等。於大三修習時，若能將大一、大二課程再次熟悉，同時應用於團膳課程中，必能愉快學習；連結大三食品添加物及實務、大四食品工廠管理、食品衛生法規等科目，未來至食品職場就業，必能如魚得水、晉升快速。

本書在出版的這十幾年間，承蒙各界先進的指正與提醒，均已將各項建議，於每次更新版本時加入相關章節內容，並隨著政府各項相關政策進行書本內容修正；也要再次感謝中山醫學大學營養學系翁玉青老師來電討論書中相關問題，並鼓勵學生以本書學習；另外，本書也被列入考試院專門職業及技術人員高等考試營養師參考用書，期許本書讀者都能開卷有益。

在大環境景氣的影響下，筆者能接到改版通知，甚是開心，在此要感謝新文京開發出版股份有限公司編輯部的同仁們，以賞心悅目的方式編排、以讀者容易閱讀的角度編輯，將本書做最佳呈現，更增加本書的「悅讀性」！真的很感謝編輯部讓書增色不少！

因本書內容繁多，援往例仍將相關內容更新，與其他資料以附錄方式備齊贈送讀者，使用 QR Code，以線上資料庫方式提供。五版出版在即，感謝各位先進的指正與建議，書籍出版期臻完善，若有疏漏，仍期待各位先進們不吝來電、來信、發電子郵件指教。

胡淑慧 於經國管理暨健康學院食品保健系

賜教地址：230 基隆市中山區復興路 336 號食品保健系
聯絡電話：02-24372093 分機 231、236
電子郵件：shhu@ems.cku.edu.tw

寫 這本書的單純原因，原本只是想寫一本適合自己上課內容的教科用書，但當手上拿了出版合約書時，心情不免沉重了起來，逾時交稿的壓迫感不止讓自己鬱悶，相信負責本書規劃與我接洽的文京出版機構郭台誠先生也是壓力不小吧！

始終覺得團體膳食課程是一門綜合性的科目，與之有密切關連的課程如基礎科目的食物學原理暨實驗、食物製備暨實驗、營養學暨實驗，進階科目的食品衛生與安全暨實驗、膳食療養暨實驗、食品工廠等，希望學習者能將上述科目融會，應用於團體膳食課程時必能收穫良多。

全書共分九章，第1章團體膳食管理理念、第2章團體膳食設計、第3章食物採購、第4章驗收、第5章貯存與庫房管理、第6章各類食物製備原理（含團體膳食常用的製備方法）、第7章廚房的設計規劃與設備、第8章團體膳食衛生管理、第9章學校團體膳食實習，各單元是經本人多年教與學及近三年來輔導學校二家外包餐廳的心得，以適於實際團體作業流程的程序及利於執行的方式撰寫。其中第7章專章介紹廚房的設計規劃與設備，為目前同類書中所少見，但卻是很具實用性的一章。

本書之編撰力求內容豐富詳實，除了探討食物成本控制及售價制訂過程外，並詳細介紹現代標準食譜的建立。同時，針對食品科系的學生在餐飲管理課程上的需要，從菜單設計、採購至食物烹調、供應等，均配合範例說明。除了書中的主食類食譜外，更特別整理出多種完整的標準食譜，並收集相關法規、各類食物採購規格、食物代換表等實用資料。由於資料浩繁，恐怕篇幅過鉅，文京出版機構特別將之收錄於光碟中隨書附贈，並以精緻的編排及銅版紙彩色精印來出版本書，這在國內相關教材中實為首見之創舉。

在此過程中受到不少單位及先進的幫忙，如**中央畜產會、台北農產運銷公司陳忠男經理、黃耀南副理、加拿大牛肉出口協會、台灣區電動屠宰工業同業公會**及協助打字的同學、同事等，真的萬分感激。當然還有**新文京開發出版股份有限公司**業務部的柔性勸說、積極督促，以及編輯部工作人員的悉心溝通、討論，都讓我對其工作上的專業印象深刻。

本書經再三詳校，但書籍的編寫期臻完善，若有疏漏，期待先進們不吝給予指教。來信請寄基隆市復興路336號經國管理暨健康學院食品系。

胡淑慧 於經國管理暨健康學院

目　錄
CONTENTS

Chapter 06 > 廚房的設計規劃與設備　257

Chapter 07 > 團體膳食衛生安全管理　311

隨書附贈法規
與補充資料

表次

圖表

Quantity Food Production
Management

1 CHAPTER

緒 論

 **1-1 團體膳食管理概論**

一、團體膳食的定義

1. 蘇尚毅（民國 68 年）對團體膳食 (quantity food) 所下的定義為：
   (1) 指膳食的設計、製備及供應，經營於家庭之外，以便顧客在外就食；同時在數量上，團體膳食的製備及供應量，遠較一般家庭所需要為大。
   (2) 係一群膳食工作者所經營的事業，從事於製備大量食物，並以此食物及附帶勞務 (service) 提供於顧客。此團體指學校、軍營、工廠、農場、公司、醫院、機關、社團等。

2. 日本的「營養改善法」將團體膳食定義為：持續對特定多數人一次供給 100 份以上，或一天供給 250 份以上的膳食。

3. Harger 等人 1988 年提出：團體膳食是整合食物與飲料的採購、貯存、製備及服務系統，期望充分達到顧客滿意和創造利潤的雙重目標。

   筆者依據教學經驗及觀察目前膳食供應市場（各式中西餐廳、外燴、小吃攤、便當自助餐、典型團體膳食—營養午餐、安養院、軍隊伙食、監獄伙食、幼稚園餐食、超商冷熱簡餐、速食店等），其中多少都內含了上述定義的大部分精神，亦即：

1. 均是於家庭外就食。

2. 均有菜單內容（或專人設計菜單），經採購、驗收、貯存、撥發、前處理、製備、配份（或稱配膳、裝盤、打菜）、配送、銷售、善後等過程（依機構大小，可能二、三個步驟同時進行，如小機構，採購食材時即同時選擇優良品質、確認驗收，二動作同時完成）。

3. 均帶有某種程度的服務（依產品價格高低決定服務的等級，如小吃攤僅提供善後收拾的服務、餐盒工廠提供配送服務、各式餐廳提供倒茶水與分菜等服務）。

4. 均具有一定的供餐數量。

5. 使顧客滿意，獲取利潤。

從以上的定義與精神，可將團體膳食綜合定義為：依循膳食設計、採購、驗收、貯存、撥發、前處理、製備、配份、銷售等過程，使用大量製備的器具、設備，一次製作出 50 人份以上或一次供應 100 人份以上，抑或一日供應 250 人份以上的餐食（訂出 50 份，乃因一般餐廳一次烹調，尤其是炒的烹調法可製作出之數量），使顧客滿意、機構賺取利潤的膳食供應型態。

不過值得注意的是，如便當、自助餐、各式餐廳桌餐或速食店、麵攤等的團體膳食供應單位，在「一定供餐數量」上會有「供餐數量非等同製備量」的爭議；因其一次供應 100 人份的餐食可能是利用小量製備的器具分多次製備而成，所以不屬於大量製備的情況。

二、團體膳食管理

管理是一種使一般實際作業能歸於系統化的知識；是一種屬於領導者角色的領導技術。管理者的工作內容為計畫、組織、溝通、指導和控制等，以對機構作良好的貢獻。管理的內容可包括下列六 M[註1]：

1. 市場情況 (market situation)。
2. 財務管理 (money control)。
3. 物料管理 (material management) －食物質與量的控制。
4. 人事管理 (men) － personal management。
5. 機器設備 (machinery)。
6. 時間 (minutes) － time control。

有制度且運轉得當的團膳機構，更是把管理、人力、場地、資本同列為四個生產要素，藉由管理要素將另外三者串聯組合以期達成最大生產效率。

（一）團體膳食的科學化管理

團體膳食的供應作業流程應講求科學化的管理，使片面的工作內容系統化、數字化，能逐條逐項給予評比，以達管理的目標。

1. 每個膳食團體應發展膳食團體個別作業（膳食設計、採購、驗收、貯存、撥發、前處理、製備、配份、供應等）的管理知識，各種員工活動的嚴格規律，完善與標準化的器具設備與製程，以及工作環境等的科學化管理。

2. 選擇願意接受最佳工作方法的員工，並訓練之；如此的員工才能完成機構的標準化產品。

3. 接受管理的員工，給予獎勵。如每日工作有適當表現與遵行監督者工作上的指示，則可給予可觀的獎勵金，此種獎勵性制度 (incentive systems) 能深刻影響團體膳食事業。合作性高的員工是機構最佳的資產。

4. 在執行者與管理者之間，工作與責任的分配幾乎是相等的，由於「管理」的安排，給予工作者各種設備，以便執行工作。時有所聞「勞工罷工」一事，二者雖有階級之分，但各自所擔負的工作卻是無人可取代，都是十分重要的。

（二）共享管理 (Participative Management) 概念

團體膳食的員工管理顯示出：一種純粹人性關係計畫 (a pure human relations program) 不能完全實現於團體膳食組織中，因為管理需要權力以支配工作。團體膳食各經理在共享管理上，必須致力達成下列的八點目標，使團體膳食的員工共同享受與員工有密切關係的管理[註2]：

1. 注重能影響員工福利的決定。

2. 關心員工福利。

3. 促進員工工作上最大滿意。

4. 選擇最適合於該工作的員工。

5. 訓練發展負監督責任的員工。

6. 提供員工實際參與管理的機會。

7. 促使員工精神健康。

8. 促進積極工作目標，使員工享受有意義的工作經驗。

（三）現行團體膳食涵義與範圍

蘇尚毅先生於民國 68 年提出，關於團體膳食事業，以國民膳食之風俗習慣為基礎，隨經濟發展做迅速與廣泛的發展，同時建立管理理論與實際作業程序 (HACCP)，使團體膳食經營管理，依照經濟理論，作有系統處理，因此團體膳食管理之涵義與範圍，可做如下解釋：

1. 團體膳食管理，為指導監督膳食工作人員，進行膳食工作，始能依照健全團體膳食經營原則，而完成團體膳食使命，並使團體之就膳各分子，能在適合衛生與能引誘其食慾方式下，供應具有營養與美味餐食，且其供應之餐食價格，需在顧客樂於負擔之水準。所謂團體膳食管理，即為執行團體膳食作業之管理措施，並需達成下列七種基本功能：

   (1) 對從事團體膳食專門性工作人員，提供指導與協調。

   (2) 對食品貯藏、檢驗、製備、保溫、衛生、供膳、建築物與設備之使用與維護等工作，加強作業水準。

   (3) 達到團體膳食所需求之營養與美味餐食。

   (4) 安排訓練在職或在學員工。

   (5) 執行採購食物與設備之業務功能。

   (6) 創造工作環境，使員工能增加工作興趣。

   (7) 檢查考核團體膳食作業，並給予所需糾正與指導。

2. 團體膳食事業的成敗，大部分依賴於管理方法。所謂團體膳食管理指決定經營業務種類，釐定業務方針，建立組織以執行業務，並監督整個業務進行，又負責有效管理與運用員工、保護設備及開拓事業財源。所以團體膳食管理除負責完成上述管理任務外，最後尚須達成膳食經營之顧客滿意、賺取利潤、盈餘成長之目標。

   綜上所述，團體膳食業者應以提供衛生、營養、美味、合理價格的餐食予消費者為職志，而業者本身在進行各業務作業時，應自定嚴格的作業程序 (HACCP) 要求，訓練員工並教導員工標準工作程序，給予員工良好的工作環境，並隨時考核自身作業系統是否有不合理處，以使機構能以最佳效率達到工作目標、賺取利潤，獲致良好企業形象。

**1-2　團體膳食市場分類**

　　團體膳食市場依目前市面上見到的餐飲事業種類屬於團體膳食者作一分類（圖 1-1），團體膳食市場可分為二大類：營利性團體膳食和非營利性團體膳食。

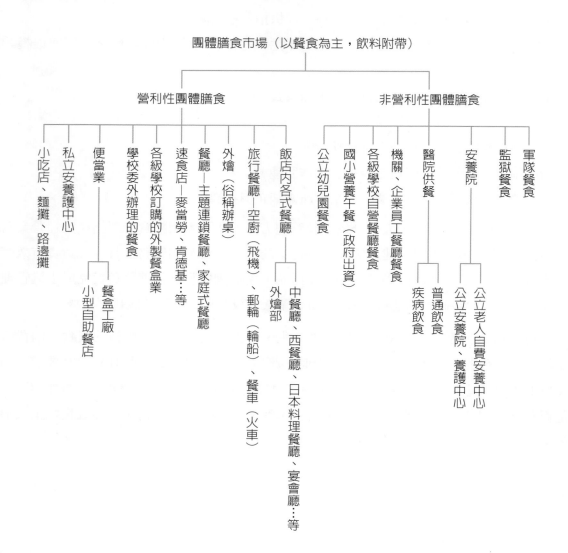

⊃ **圖 1-1　團體膳食市場分類**

　　營利性團體膳食以獲取利潤為最主要目的，食物成本預算百分比約占 40% 左右，致力製備消費者所喜愛的餐食，供應份數須依以往經驗預估，菜單內容為固定幾組同時使用，售價則依其供應方式、種類及附帶服務的不同而有差別；非營利性團體膳食以照顧團體內成員營養、均衡飲食為目的，食物成本百分比極高，像國小自辦營養午餐（政府出資）、公立安養院食物成本百分比幾乎達 100%，普通機關則達 70~80%，其餘 20~30% 用於廚工薪水、燃料費等，設備及維修等其他費用由機關負擔，菜單多使用循環菜單，售價、供應份數固定。如表 1-1 所列。

表 1-1　團體膳食市場分類及其目標差異

分　類 目標差異	營利性團體膳食	非營利性團體膳食
經營目的	獲取利潤	照顧團體內成員身體健康、獲致均衡飲食
食物成本預算百分比	約 40%	70~80%，更甚者達 100%
餐食內容	迎合消費者喜好，供應午、晚餐為多	三菜一湯、四菜一湯，三餐均供應，較難符合個人飲食喜好
供應份數	無固定用餐人數，只能預估	有固定用餐人數
菜單內容	可單獨點菜，或套餐組合	採用循環菜單為多
售　價	依附帶服務、食物內容而有差別；售價較非營利性團體膳食高（同等級食物內容）	有固定預算，價格以 80~100 元／日居多（仍須依各機構預算而定）
機構類型	各式餐廳、外燴、速食店等	軍隊伙食、公立安養院、營養午餐等

 **1-3 團體膳食作業流程**

　　團體膳食的作業流程依機構大小可作調整，一般而言，便當業（小型自助餐）、幼兒園餐食、家庭式餐廳或老闆兼員工者，其供應份數較少，團體膳食設計、採購、驗收此三流程可能併為一流程，由一人（或一批人）完成，亦可能併為二流程（團體膳食設計、採購－驗收），團體膳食設計一人完成，採購與驗收同時由一人完成，消費者至店內用餐，省卻配送流程；各機構可依工作人員數額、現實狀況調整之（圖1-2）。

膳食設計　　　　　　　　　　　　　預算、營養量、菜單設計：食物特性與搭配
(designing and planning the menu)

採購 (purchasing)　　　　　　　　　食品採購規格、供應商種類、採購方法

驗收 (receiving)　　　　　　　　　　驗　貨

庫管 (storeroom management)　　　盤點、庫房管理原則、安全庫存量

貯存 (storing)　　　　　　　　　　　冷凍、冷藏、乾料庫房

撥發 (issuing)　　　　　　　　　　　見單撥發

前處理 (preparing)　　　　　　　　　人員衛生管理、設備使用安全

製備 (cooking)　　　　　　　　　　　烹調技巧、工作分配合理性

配份（膳）(serving)　　　　　　　　熱食熱供應、冷食冷供應

配送 (deliver food)　　　　　　　　　運輸過程的保溫、專屬配送車

銷售、供餐 (sale)　　　　　　　　　膳食接受度調查、營養教育

善後清洗　　　　　　　　　　　　　工作環境打掃、餐具回收、清洗、消毒

檢討此次流程　　　　　　　　　　　工作缺失檢討、準備下一次的作業

⊃ 圖 1-2　團體膳食作業流程

1-4　團體膳食供應單位的行政組織

一、小　學

一般國小的午餐供應委員會，由校長擔任主任委員，其下設一執行秘書，通常由教師兼任，設有研究設計小組、工作小組、午餐教育小組、稽核小組（工作內容如圖1-3），並聘請家長代表共同商討午餐供應事宜。

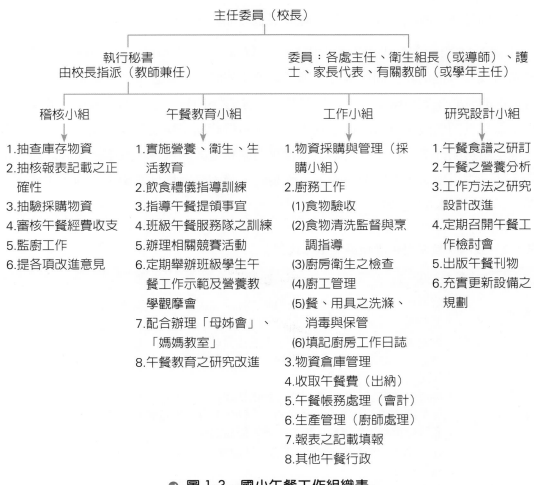

```
                        主任委員（校長）
        ┌──────────────────────┴──────────────────────┐
    執行秘書                          委員：各處主任、衛生組長（或導師）、護
  由校長指派（教師兼任）                 士、家長代表、有關教師（或學年主任）
```

稽核小組	午餐教育小組	工作小組	研究設計小組
1.抽查庫存物資	1.實施營養、衛生、生活教育	1.物資採購與管理（採購小組）	1.午餐食譜之研訂
2.抽核報表記載之正確性	2.飲食禮儀指導訓練	2.廚務工作	2.午餐之營養分析
3.抽驗採購物資	3.指導午餐提領事宜	(1)食物驗收	3.工作方法之研究設計改進
4.審核午餐經費收支	4.班級午餐服務隊之訓練	(2)食物清洗監督與烹調指導	4.定期召開午餐工作檢討會
5.監廚工作	5.辦理相關競賽活動	(3)廚房衛生之檢查	5.出版午餐刊物
6.提各項改進意見	6.定期舉辦班級學生午餐工作示範及營養教學觀摩會	(4)廚工管理	6.充實更新設備之規劃
	7.配合辦理「母姊會」、「媽媽教室」	(5)餐、用具之洗滌、消毒與保管	
	8.午餐教育之研究改進	(6)填記廚房工作日誌	
		3.物資倉庫管理	
		4.收取午餐費（出納）	
		5.午餐帳務處理（會計）	
		6.生產管理（廚師處理）	
		7.報表之記載填報	
		8.其他午餐行政	

⊃ 圖 1-3　國小午餐工作組織表

學校供應午餐對學童的正面助益：

1. 使學生攝取均衡飲食，以降低慢性病罹患率，改善國民營養、培養健康的下一代。
2. 可對學童進行用餐前、中、後的飲食衛生指導、生活指導，美化用餐環境、輔導正確的用餐禮儀、良好的用餐態度、習慣。
3. 對學童進行提領餐具、打菜、領取菜餚的安全指導，互助合作分工習慣的養成。
4. 進行營養教育的推廣、介紹各類食物營養成分與人類健康的關係，以期建立正確飲食觀念及行為，並特別進行偏食及營養不良學童的飲食指導。

　　學童營養狀況關係著國家未來中堅分子的健康，林薇於 1999 年所作研究顯示：參加學校午餐的學童在多項營養素的攝取均高於未參加的學童，因此學校午餐的實施具有極大的正面意義。我國學校的午餐供應發展整理如表 1-2。

　　由表 1-2 看出，午餐供應對象侷限於國小學童，初期以貧窮、偏遠地區為推動目標，而後漸漸成形，但仍非全面性推行，筆者就讀小學時亦曾經驗營養午餐供應，深深覺得收費低廉的營養午餐可讓孩子吃得飽又營養，家長不用擔心孩子的中餐準備問題，用餐的愉快氣氛及同儕鼓勵下可降低偏食的機率，用餐時同學輪流打菜、用餐完畢送回餐具及菜桶至廚房的分工合作，確實給予學童正向服務他人的機會。又學校所設之麵包供應中心，為一中央廚房，供應全縣附近小學麵包，節省設廠機械設備、場地和工作人員的開銷，卻具有很大的生產量。

表 1-2　我國學校午餐供應發展（依年代列）

年　份	事　件　說　明
民國 40 年	聯合國兒童基金會贈脫脂奶粉給 151 所國民學校，供營養不良的學生飲用，「營養午餐」概念已開始萌芽
民國 43 年	臺灣省政府教育廳與農復會（即農委會前身）合作，在全省國民中小學中推廣營養教育，並同時推行種植果樹（木瓜、番石榴）、蔬菜，以及食用酵母片與脫脂牛奶
民國 46 年	臺灣省教育廳與農復會選定 5 所山地學校為「營養教育示範國民學校」，先後接受美軍援助、世糧等方案之物資援助，有計畫施行營養教育及利用自種蔬菜、政府購贈食物製作湯品，提供給攜帶飯盒之學生
民國 53 年	在美國國際開發總署在四八〇公法農業產品方案下正式援助大量農產食品，20 萬學生受惠
民國 58 年 9 月	美援停止，改由世界糧農組織之世界糧食方案援助，即「世糧學童午餐計畫」
民國 59 年 9 月	更名為「世糧學校午餐延續計畫」，25 萬學生受惠
民國 60 年 9 月	國民中學開始辦理學校午餐
民國 61 年	因我國退出聯合國，「世糧學校午餐延續計畫」提前結束

表 1-2 我國學校午餐供應發展（依年代列）（續）

年 份	事 件 說 明
民國 62 年 2 月	政府基於莊敬自強、自立更生的精神，訂定「學校午餐自立計畫」，自籌經費辦理學生午餐
民國 66 年	1. 行政院核定「發展與改進國民教育五年計畫」，列有增建、改建午餐廚房 2. 美國小麥協會協助設立「麵包供應中心」，而後擴充製作供應饅頭、麵條改為「麵食供應中心」
民國 70 年	辦理學校午餐，國中有 72 校、國小有 436 校，共 508 校參加午餐供應工作，學生共計 289,700 餘人
民國 71 年	行政院核定「發展改進國民教育六年計畫」以繼續五年計畫之基礎，充實「硬體」設備，注重「軟體」發展，擴大辦理國民中小學學校午餐
民國 72 年	1. 民間經營餐盒業者大量成立，城鎮學童購買盒餐作為午餐者眾，一般城鎮學校不再增設辦理學生午餐工作之廚房 2. 臺灣省為平衡城鄉教育水準，以山地、離島及農村偏遠地區學校為推動重點，且以米食作為主食供給與農糧政策結合
民國 76 年	高雄市首先聘用營養專業人員擔任學校午餐供應幹事工作
民國 78 年	午餐規定每週米食供應不得少於 3 次，麵食不超過 2 次
民國 79 年	營養午餐供應校數，國中 139 所、國小 920 所
民國 80 年	教育部為配合國家建設六年計畫，實施第一期「發展與改進國民小學學校午餐五年計畫」，列有增建午餐廚房、擴大辦理國民中學學生午餐，目的為促進學生健康、配合社會需要、解決學生午餐問題、改善與提升學校午餐供應品質、提高學校午餐供應率；同時行政院核定米價，糧食局以市價 5 折供應午餐學校，以提高米食食用量
民國 85 年	1. 第二期「發展與改進國民小學學校午餐五年計畫」，教育部編列預算補助興建學校午餐設備，糧食局以市價 5 折供應午餐學校 2. 臺北市基於地狹人稠的特殊環境，並非每所學校均能設置午餐廚房，因此除自立午餐外，並鼓勵各校以公辦民營、一校供應數校或委託優良廠商供應方式辦理學校午餐 3. 高雄市國小開辦學校午餐已達 100%，國中部分開辦 11 校 4. 臺灣地區（含臺北市、高雄市及金馬地區），共計有 1,769 所國民中、小學校午餐，供應學生約 79 萬人
民國 86 年	教育部推出「學校午餐後續五年計畫」，繼續推動自立午餐之開辦，另外選定縣市，擇校以午餐供應中心（公辦公營、聯合供應）方式供應午餐，使學校午餐供應更多元、更彈性、更符合各校的需求；同時輔導縣市午餐學校設置營養師，以健全學校午餐之發展
民國 87 年	臺灣地區供應學校午餐的國民中小學共計 2,381 所，受益學生約 151 萬人
民國 92 年	教育部起推動健康促進學校，學校可結合社區資源或民間資源（鄰近大專院校、社區醫院或民間基金會等），到校宣導營養教育
民國 92 年 2 月	立法院三讀通過「學校衛生法第 23 條」：學校供應膳食者，應提供衛生、安全及營養均衡之餐食，實施營養教育，並由營養師督導及執行。高級中等以下學校，班級數 40 班以上者，應至少設置營養師 1 人；各縣市主管機關，應置營養師若干人。主管機關得因應山地、偏遠及離島地區之需要，補助國民中小學辦理午餐；其補助辦法，由各該主管機關定之

表 1-2　我國學校午餐供應發展（依年代列）（續）

年　份	事　件　說　明
民國 93 年	教育部於民國 93 年發布「直轄市縣（市）政府及所屬中小學校辦理學校午餐應行注意事項」，使直轄市及縣（市）政府輔導所屬中、小學校辦理學校午餐業務有所依循
民國 94 年	修訂「學校午餐食物內容及營養基準」依據該基準設計菜單，建立食譜範例，提供學校午餐供餐參考
民國 96 年	教育部核定「充實中小學校園營養師編制實施計畫」，預計民國 100 年充實至 348 位校園營養師；隨著制度的建立、人員的充實、設備的更新等，學校午餐業務快速成長茁壯
民國 97 年 11 月	1. 教育部核定補助國民中小學興建午餐廚房硬體修繕充實設備實施計畫，以補助學校新建集中式午餐廚房、新建或重建學校午餐廚房、硬體修繕及充實設備 2. 為提供學生安全衛生、營養之午餐，並實施營養教育，97 年度補助地方政府充實校園 43 名營養師編制
民國 99 年	教育部於 99 年度編列 41.39 億元「加強補助國民教育經費」特別預算，依各縣市 97 學年度國民中小學學生數占全國比例分配給各地方政府，預計於 99 學年度（99 年 9~12 月）實施學校午餐免費： • 12.39 億元「學生午餐費之補助」：應優先用於補助低收入戶、中低收入戶、家庭突發因素及經導師家庭訪視認定（含父母非自願性失業 1 個月以上、無薪休假及任一方身殘、身障等）等四類貧困國民中小學學生上課日及寒暑假到校參加活動或課輔之午餐費 • 29 億元「加強補助國民教育經費」：可提供地方政府申請辦理免費午餐、擴大午餐補助對象、提升午餐品質及午餐廚房及用水改善等使用；而國民中小學免費午餐係經費使用選項之一，地方政府得依教育施政優先次序及財政狀況選擇是否辦理國民中小學免費午餐，如未辦理免費午餐者，可將補助經費用於加強補助國民教育經費 • 100 年度以後午餐費預計補助情形：持續全額補助貧困學生上課日及寒暑假午餐費，並以午餐收費（含基本費及燃料費）全額補助為原則

資料來源：

1. 臺南市營養午餐教育中心（無日期）·*學校午餐實施概況*·2013 年 11 月 11 日取自 http://lunch.takes.tn.edu.tw/prospect_1.php
2. 林志仁 (2010)·*學校午餐公辦民營改公辦公營對滿意度之研究—以苗栗縣新興國民小學為例*（7-8 頁）·碩士論文，新竹市：玄奘大學公共事務管理研究所碩士在職專班。
3. 張簡俊杰 (2010)·*運用 PRECEDE 模式探討影響學校午餐從業人員洗手行為之多重因素*（6-9 頁）·碩士論文，臺南市：立德大學食品餐飲管理研究所。
4. 鍾建民 (2002)·*高雄縣國民中學學校午餐相關問題之研究*（37-40 頁）·碩士論文，高雄市：國立中山大學教育研究所教師在職進修教學及學校行政碩士學分班。

站在改善國民營養、培養健康下一代的立場上，筆者以為政府應致力全面推展營養午餐，對象包含國小、國中、高中職，人的飲食口味、習慣是最難改變的，從小給予正確飲食觀念—六大類食物，誘導其遵循，是有機會能默默影響的。

美國和日本早在 80 年代中期即陸續開始發展學校午餐的制度，1946 年美國國會更立法通過，肯定學校午餐具有健康、教育和福利等三種目的。其認為學校午餐法的制訂，是為了增進所有學童的營養，並能建立學生良好飲食習慣；而日本更徹底將中學生納入午餐供應對象（表 1-3）。

表 1-3　美國與日本的學校午餐發展

年　份	事　件　說　明
美　國	
1853	紐約市兒童救助社團供應餐食給學生
1914	紐約市午餐委員會開始學生午餐的供應，首創對廚工實施健檢、預防接種的措施
1932	為協助農民紓困及促進農業發展，開始購買過剩農產品資助學校
1944	有鑑於年輕人因營養問題而無法符合從軍標準，故以兒童營養政策開始改善兒童營養，以培育健康國民
1946	美國國會通過學校午餐法 (National School Lunch Act)，肯定學校午餐具有健康、教育及福利等三項目的，農業部亦配合實施建立學校午餐供應標準
1966	美國國會通過兒童營養法，將學齡前兒童納入學校午餐計畫，並建立學校早餐計畫
1968	不在學兒童納入學校餐食計畫
1986	訂立飢餓防止法 (Hunger Prevention Act)，恢復兒童營養計畫
1995	修正學校午餐法，重新訂定學校午餐供應標準，使符合飲食指標
日　本	
1889	佛教各宗派聯合於山形縣鶴岡町私立忠愛小學實施學校給食
1907	廣島縣大草村義務獎勵會供給午餐，為貧困學生給食的開始
1932	教育部頒訂「學校給食臨時設施方法」，由國庫預算補助貧困學生午餐費
1940	教育部頒訂「學校給食獎勵規程」，界定學校給食對象除貧困兒童外，亦包括營養不良、身體虛弱之學童

▷ 表 1-3　美國與日本的學校午餐發展（續）

年　份	事　件　說　明
	日　本
1946	教育部、衛生署、農林廳會銜頒訂「有關學校給食實施之普及獎勵」，奠定了日本戰後新的學校給食方針
1950	美援小麥粉，日本八大都市開始實施完全給食
1951	完全給食擴大實施，至 1952 年 4 月全國各小學均可申請供應完全給食
1954	公布學校給食法及施行令、施行細則、實施基準，使學校給食實施體制法制化
1956	修正學校給食法，擴大對象至中學生，且規定補助殘障兒童伙食費，亦公布「夜間高等學校給食法令」
1958	教育部訂出「新學習指導要領」，學校給食首度劃定學校行政範圍
1976	米飯正式實施於學校給食制度內，學校給食用米價格低於市價 35% 供應

　　日本學校午餐的供應分為自校調理及共同烹調中心製作兩種。由營養士負責營養及物質管理、衛生及機器具管理、營養指導、菜單食譜設計、食物採購、烹調衛生指導和成本控制等。並由學生攜回菜單讓父母瞭解子女在校進食情形，並避免烹調相同或類似的食品，造成營養攝取不均，且利用課程實施營養教育與飲食指導。

　　行政院衛生福利部鑑於現今全民營養攝取過剩，民國 91 年 4 月提出健康餐盒的概念，少肉多蔬菜，反應卻不佳，可見消費者仍需要教育，且飲食種類、內容及份量仍然停留於肉要大塊才有份量、花的錢才值得的觀念，蔬菜普遍吃得不足，若能將此健康餐盒少肉多蔬菜的概念，藉由學童營養午餐的推行、建立良好飲食行為，是有助全國國民的健康的。時至 110 年，衛福部多年的飲食建議宣導，全國國民對多蔬果、適量蛋白質、少油（少油炸）、少鹽、少糖、少醬料、吃一份堅果…等觀念，多已深植人心。

二、大專院校

　　各大專院校均設有膳食管理委員會，依教育部與行政院衛生福利部頒行之「大專院校餐廳衛生管理方案」執行業務工作。特舉一大學、專科學校之膳食管理委員會組織章程為範例（範例 1-1~1-2），組織圖如圖 1-4[註3]：

膳食管理委員會（或稱指導委員會、協調委員會）召集人（校長）

行政事務督導組

由學校總務及工務單位參與，負責招商、簽約、人事任免、財產保管及設備保養等

財務督導組

由學校會計單位參與，負責預算，會計及其他財務等

膳食供應督導組

由專業人員，如營養師負責供膳之策畫，並兼顧員工各類訓練及學生的衛生、營養及禮儀等教育

⊃ 圖 1-4　大專院校膳食管理委員會組織圖

 **範例　1-1**

國立中央大學膳食衛生管理委員會組織章程

91.02.05 餐飲督導小組會議通過

92.12.07 修訂

99.03.23 修訂

103.04.17 膳管會修訂

105.10.14 膳管會修訂

108.03.22 膳管會修訂

第 1 條：本校為健全餐飲管理制度，維護良好飲食環境，組織『國立中央大學膳食衛生管理委員會』（以下簡稱本會）。

第 2 條：本會委員由副校長、學務長、總務長、環安中心主任、生活輔導組組長、衛生保健組組長、事務組組長、營繕組組長、保管組組長、教師代表 4 人，教師代表需為院務會議委員、學生代表 3 人（依學生自治組織相關規定辦理）組成。

前項委員由副校長聘兼，任期為一年，得連任之。各委員均為義務職。

第 3 條：本會設主任委員一人，由副校長兼任之，另得設幹事，處理行政工作。

第 4 條：本委員會任務為膳食衛生工作之策劃，相關工作之督導及受理申訴事項。為推動業務之需要，下設二組，其職掌如下：

一、庶務工作組：

　由總務處負責本組之督導與執行，組長由總務長擔任之，負責下列事項：

（一）辦理招標、遴選廠商、簽（續、解）約、公證及履約管理事宜。

（二）餐飲、廚房設施及消防器材之購置、保管、維護與宣導。

（三）餐飲承包商更換時使用設施之清點、保養與移交。

（四）餐飲廚房之設施、招標、修繕等工程事項。

（五）督導餐飲用水衛生之檢查。

（六）督導環保事項之落實。

（七）場地收費、罰單催繳及經費規劃經管。

（八）視前述工作性質之需要，得召開庶務工作會議，邀請相關委員討論決議之。

（九）其他相關事項。

二、膳食品管組：

　由學務處負責本組之督導與執行，組長由學務長擔任之，負責下列事項：

（一）督導膳食工作人員之健康檢查。

（二）協助（調）有關機關或單位對校內、外餐廳、飲食店之檢查。

（三）餐飲、廚房環境衛生、炊具、餐具等衛生之檢查。

（四）食品衛生及營養之檢驗及工作人員清潔之衛生督導。

（五）病媒蚊防治及各種廢棄物督導管理。

（六）監督合約之執行及對違約承包商懲處、罰款等事項。

（七）餐飲衛生安全教育之宣導。

（八）廠商滿意度之評鑑工作。

（九）視前述工作性質之需要，得召開膳食品管會議，邀請相關委員討論決議之。

（十）其他相關事項。

　前項有關膳食供應廠商之遴選、招標、續（解）約、場地收費、罰單裁決及其他重大事項應提經本會議決。

第 5 條：本校供膳場地管理費收入得提撥一定比例經費，作為營養師之聘任、設施改善、辦理餐飲衛生教育相關活動。

第 6 條：本會每學期開會一次，必要時得邀請有關人員列席。

　本會經委員五分之一提議或主任委員交辦，得召開臨時會議。

第 7 條：本章程經校長核定後公佈實施，修正時亦同。

 **範例** 1-2

仁德醫護管理專科學校膳食衛生委員會組織章程

中華民國 93 年 05 月 21 日學生事務會議通過
中華民國 97 年 06 月 26 日學生事務會議修訂
中華民國 98 年 10 月 27 日學生事務會議修訂
中華民國 100 年 12 月 02 日學生事務會議修訂
中華民國 103 年 01 月 08 日學生事務會議修訂
中華民國 110 年 01 月 27 日學生事務會議修訂

第 1 條：本校為維護良好飲食環境及餐飲品質、確保膳食衛生與安全，依據教育部「大專院校餐廳衛生管理方案」設置「膳食衛生委員會」，以下簡稱本會。

第 2 條：本會設置主任委員一人，由校長擔任；執行秘書一人，由學務處主任擔任。本會成員包括：教務處主任、總務處主任、軍訓室主任、衛生保健組組長、事務組組長、生活輔導組組長、環安組組長、營養師及學生自治會會長；另教師代表三人、學生代表則由各教學科科學會會長擔任。

第 3 條：本會每學期召開一次會議，由主任委員召集，若主任委員因故不能召集，則由執行秘書召集之，必要時得召開臨時會議。

第 4 條：本委員會開會時應有委員三分之二以上出席，決議事項應有出席委員二分之一以上同意，方得決議。

第 5 條：本會職掌：

（一）審議本校重要之膳食決策。

（二）審議本校各項膳食管理辦法。

（三）規劃本校各項膳食設施。

（四）成立餐廳膳食督檢小組，督導本校膳食衛生事宜。

（五）檢討並提供本校有關膳食之各項興革意見。

（六）審議並辦理本校學生餐廳代辦商之合約徵選，解、續約事宜。

（七）審議本校其他有關膳食事宜。

第 6 條：本會下設三個小組秉承主任委員、執行秘書之指導執行業務：

（一）衛生組

組長由學務處衛生保健組組長兼任，組員由組長遴選，職掌如下：

1. 督促膳勤人員之健康檢查及衛生教育。

2. 食物中毒事件之調查、處理與通報。

3. 負責考核餐廳之清潔衛生營養等事項。

4. 負責學生對餐飲相關事項的意見蒐集與反應並移請相關權責單位研處。

5. 其他相關事宜。

（二）總務組

組長由總務處事務組組長兼任，組員由組長遴選，職掌如下：

1. 負責餐廳招標、簽擬合約及師生反應意見有關產品價格之協調、處理與回應，並監督合約之執行。

2. 負責餐廳包商平時及轉移時，使用財物之保管維護與點交事宜。

3. 規劃餐廳工程之整修及消防安全維護等有關事宜。

4. 其他行政支援事宜。

（三）生活輔導組

組長由學務處生活輔導組組長兼任，組員由組長遴選，職掌如下：

1. 負責學校餐廳秩序維持及學生意外事件之處理。

第 7 條：本委員會開會時得邀請業務相關人員列席會議。

第 8 條：本章程經學生事務會議通過，陳校長核定後實施，修正時亦同。

三、醫 院

醫院營養部門業務繁重，各醫院依其發展重點有不同的分組、分工，一般可分為以下四組，如圖 1-5。

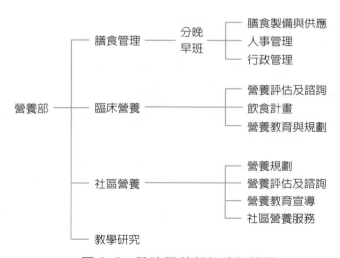

⊃ 圖 1-5 醫院營養部行政組織圖

（一）膳食管理 (Food Management)

1. 膳食製備與供應：
   (1) 菜單設計：普通及治療飲食的菜單設計，依季節變化、營養需求、成本預算，提供病患及員工需求設計各類飲食及循環菜單，並做適度修正。
   (2) 發展標準食譜：制訂各式菜餚之標準食譜卡，提供廚師製作之依據，以統一品質。
   (3) 食品採購—數量、規格標準、採購程序，庫房管理—驗收、入庫（貯存）、撥發、盤點、衛生、安全管理等食品原料品質方面的查驗作業。
   (4) 督導廚房工作人員應用食物製備原理製作菜餚。
   (5) 訓練配膳人員有關治療飲食菜餚與量的概念，管餵配方之設計與控管，輔導治療飲食之配膳、監督流質區飲食之製作，包括管灌飲食、清流質飲食、流質飲食及特殊治療飲食之點心。
   (6) 熟悉製備設備的功能及維護與保養。
   (7) 制訂膳食供應標準及品管措施：食品品質、供應溫度、份量控制、衛生檢查、配膳及供餐之監督管理。
   (8) 病患飲食出餐前之檢查。
   (9) 注意病患及員工對菜餚之意見，適時調整菜單或供應方式。
   (10) 與廚師共同研討菜色製作。
   (11) 病房及員工餐飲問卷調查與統計。
   (12) 認識電腦作業系統：病患飲食三餐餐卡之列印。
   (13) 門診營養諮詢及門診團體衛教。

2. 人事管理：
   (1) 人員工作職掌的制訂。
   (2) 工作人員招募之程序。
   (3) 新進員工之環境介紹及工作訓練。
   (4) 膳食製備供應人員之在職教育計畫與執行，給予廚房員工衛生教育與營養知識之訓練。
   (5) 工作人員之排班。
   (6) 供餐系統之衛生及安全維護。
   (7) 勞工衛生管理法規及勞動基準法。

3. 行政管理：

(1) 熟悉機構之組織架構。

(2) 瞭解膳食供應部門之組織。

(3) 規劃及評估膳食供應之流程、布局及設備。

(4) 建立成本管理分析表單，膳食成本計算及膳食費收入之估算，製作財務報表。

(5) 編製膳食材料收發結存表。

(6) 參與會議：部門會議、廚工會議、機構其他會議等。

(7) 指導實習生有關行政管理事務。

（二）臨床營養 (Clinical Nutrition)

1. 營養評估及諮詢：

(1) 個別訪視，瞭解病患之個別資料、病況以及對伙食之反應，以設計出符合病患需求的飲食計畫。

(2) 病患營養狀況之評估，病歷閱讀訓練：檢驗數據、診斷之意義、病歷之營養記錄訓練，如 SOAP 方式，將病人營養照護、飲食等記錄於病歷。

(3) 依據醫師開立的飲食指導單，前往病房作營養諮詢，如有必要，積極和醫師討論，使處方合理化。

(4) 床邊衛教，指導病患出院後居家療養的營養與飲食照顧，學習面談技巧，獲得病人之飲食及病歷等資訊。

(5) 定期普查病房，及早發現住院病患之營養問題；應用體位測量、臨床報告、檢驗數據及飲食調查進行病患營養攝取之評估，以適時提供營養支持。

(6) 參與醫院各臨床科部及病友團體座談會，協助解決病患之營養問題。

(7) 門診營養諮詢。

(8) 統計每週服務病患之人次及時間。

2. 飲食計畫：

(1) 制訂各式病患飲食之營養成分標準。

(2) 應用飲食手冊、食品成分分析表等資料設計飲食（含普通及治療飲食）。

(3) 編寫各類飲食衛教手冊或單張與教材。

(4) 以飲食處方為基礎，針對病人的飲食型態、生活狀況等，設計飲食。

(5) 編訂各病房營養師工作手冊。

3. 營養教育與規劃：

(1) 指導病患及家屬如何製備、選擇飲食。

(2) 應用各種教育方法及技巧（包括食物模型、展示或海報等）作飲食指導、營養諮詢。

(3) 團體衛教：針對不同群體（如學生、病人、工作人員或民眾）作營養教育之計畫設計、執行及評估。

(4) 評估報章、雜誌、網路及出版宣傳品上有關營養知識。

(5) 與社區機構合作，參訪臨床營養研究單位。

（三）社區營養 (Community Nutrition)

1. 營養規劃：

(1) 成為社區健康照護團隊的一員：認識社區文化發展動力，熟悉鄉村和都市中個人及家庭生活型態之異同，瞭解營養工作者在地方、中央政府及民間團體的角色。

(2) 利用基本統計技能：從社區中得到資訊，以協助制訂營養改善計畫。

2. 營養評估及諮詢：

(1) 營養評估：應用體位測量、臨床報告、檢驗數據及飲食調查，評估營養狀況。

(2) 病歷閱讀訓練：瞭解檢驗數據、診斷之意義。

(3) 應用營養原理，針對特殊族群作飲食文化及生活型態，制訂飲食計畫。

(4) 指導一般民眾及病患家屬如何選擇、製備飲食。

(5) 記錄營養照護及飲食內容於病歷。

3. 營養教育宣導：

(1) 計畫及製作營養教育材料（例如針對不同族群製作單張、手冊、網路、社區報章或簡報）。

(2) 計畫及執行社區民眾營養教育服務。

(3) 評估營養資訊。

(4) 經由報章、雜誌、網路或出版宣傳品提供給大眾。

4. 社區營養服務：

(1) 瞭解社區給予婦幼、老年人等之營養補助政策及狀況。

(2) 熟悉社區資源機構，例如公立或私立社會服務機構、慈善機構或大學社區服務等。

(3) 瞭解營養工作者在長期照護機構、日間照護機構或居家照護之角色及工作。

(4) 評估營養計畫與服務社區的成效。

（四）教學研究 (Study)

1. 策劃或參與醫療研究、部門研究計劃。

2. 參加國內外各種營養學會活動。

3. 策劃不定期之有關營養學術性及非學術性活動。

4. 接受各校學生之寒暑假實習並予以指導。

5. 提供醫護人員營養知識及相關資料，適時參與臨床個案討論及訓練課程。

 1-5　學校餐廳業務外包

各個學校經營餐廳的條件不一，有些是學校自辦，有的則是委外經營。委外經營的問題較自辦複雜。

一、餐廳承包商的選擇考量

學校在選擇承包商時應考慮：

1. 承包商的背景資料：如是否具有公司執照？資本額多少？經營管理的型態？供應的形式？曾在哪些單位承包過相似業務？有多少經驗？供應量多少？等。

2. 參酌該承包商以往的承包狀況：如歷年來的業績、合作態度、工作人員的素質…等。

3. 經營計畫書：由承包商先行提出符合學校需求的經營計畫書，內容需包括：

(1) 派駐本校的主要負責人姓名、學歷、經驗等。

(2) 說明經營本校餐廳的計畫及供應方式？

(3) 預估經營的成本分析，如：每月營業額、繳納學校提供的設備折舊費用、人事費用、水電雜支費用、每份售價訂立標準、利潤百分比及其他支出等。

(4) 若願意承辦學校餐廳，可提供哪些設備？或希望學校提供哪些設備？

(5) 對餐廳的衛生、安全之作法？如何瞭解學生對膳食的意見？

(6) 願意接受學校督導的程度？（如接受膳食衛生協調委員會的督導，若不符規定是否願意接受罰款或其他處罰？）

(7) 由何人推薦？

4. 面談及筆試：宜遴選出具有衛生觀念及熟悉餐廳作業程序等專業知識的承包商，並瞭解其心態，對日後管理餐廳上易與學校有相同理念，也較易溝通。

二、發包程序

（一）發包方式

1. 公開招標：由學校登報或上網公告為之。

2. 可詢問其他學校承辦之績優廠商，請其推薦之。

（二）領取資料

　　欲應徵的承包商先行領取承辦餐廳的相關資料，以明瞭學校作法及實際狀況（餐廳、廚房場地大小，現有設備等）。資料有：

1. 空白合約書：使應徵的承包商瞭解本校餐廳的承辦合約之各項條款，明列對承包商的各種要求，以明雙方之權利、義務。

2. 承包的應徵須知：使應徵的承包商瞭解、遵循發包作業流程，以便於限期內準備證件、資料等。

（三）應徵須知項目

1. 承包名稱。

2. 承包地點。

3. 承包資格：由學校依需要訂定之，如營業執照、資本額、營業負責人資格、在同類型學校承包過否、有幾年經驗等。

4. 承包方式：

(1) 總價承包：每月由學校酌收固定的水電維護及管理費用，其餘收支由承包商自行負責盈虧，學校從旁督導，並給予必要協助。

(2) 以營業總收入的部分百分比，作為餐廚設備的保養費用或福利金。

(3) 委託餐飲業者代工：介於自辦伙食與招商發包間的一種承包方式，除主管與主要廚師外，其餘人員均由學校統一聘用支付薪津；而整個作業流程之設計、管理與經營計畫皆由代工的餐飲業者負責，學校僅就每月盈餘中發給一定百分比獎金給予餐飲業者。

5. 瞭解學校現有的廚房及餐廳設備。

6. 繳交經營計畫書。

7. 資料審查：學校經過書面資料審查後，需再確認與承包商本人無誤，以免有冒名頂替之虞。

8. 收取押標金：目的是為了減少無心承包的廠商湊熱鬧或其他因素的人員參與，可減少承辦工作人員的工作負擔及困擾。押標金的收取應於發包領取資料時，即於其上明列繳納金額、繳納方式、繳納期限、退還方法等。繳納金額可依承辦業務所花費的時間及人力訂出合理的數字；或以保證金之特定百分比繳交。決定得標廠商後，得標者押標金移作保證金用，未得標者，開標後無息退還。

9. 得標者之訂約期限：若得標者未於得標日起多少天內完成合約簽訂手續則以棄權論，且沒收押標金。

10. 其他：若未依約接受學校管理，其罰則的訂定。或因物價波動必須調整售價之約定條件。

三、餐廳委外經營常見問題與處理建議

（一）餐廳與廚房的衛生管理

1. 問題：最常見為承包商與學校對立，認為衛生檢查是學校找麻煩；或是在學校督導人員至餐廳、廚房檢查前，才特別做清掃動作。

2. 建議：餐廳承包商的遴選過程應慎重，且最好不要經常更換，因為學校經營餐廳的理念、對餐食的衛生要求、工作人員訓練等，均屬長期投資，不是半年、一年就可以看出改革效果的；特別是工作人員的工作習慣與衛生訓練，通常需要校方給予長期督導及訓練才能養成良好習慣。因此，在與承包商面談時，即須再三強調學校對衛生或其他方面的重點要求，配合合約的罰則約束，且在有誠意接受知識與訓練的廚師及願意配合的負責人通力合作下，才能達成良好衛生管理的目標。

（二）廚房設備購買費用的分擔

1. 問　題：
   (1) 全由承包商負擔，商人可能以賺錢為目的，設備能省則省導致清潔衛生堪慮，且其可能會減少廚房面積而增加餐廳面積。
   (2) 承包商會顧及繼續承包的時間有限，而不願投資購買。
   (3) 若合約到期時學校不願續約，則承包商可能認為投下過多資本，不甘心解約而向學校索賠。更糟的情況為：承包商私下與下一承包商協議，由下一承包商支付權利金，或仍使用現有承包商名義但實際運作者已非原承包商的轉包情況，皆會造成校方極大的困擾。

2. 建　議：
   (1) 資金充裕時，所有設備全由學校出資，承包商以這些設備作為餐食製作、供應份數等的考量，學校在管理上較易控制，由承包商租用或負擔維護保養費、折舊費，設備歸學校所有。
   (2) 由承包商投資設備時，學校設計完善的**餐廳廚房規劃圖**（或可提供設備規格及品牌）予承包商，規定承包商依圖施工，若設備資本太大，可依設備需要緩急來分期添購。
   (3) 因廠商不一定會持續續約，因此若由承包商出資購買設備，則於合約中應明訂：「因業務需要，廠商購置之設備，於合約屆滿或因故解約後半個月內，由廠商自行無條件搬離，不得要求學校或下一承包商收購，如有留置以拋棄論。」或者承包商購置的設備，依使用年限算出折舊率，解約時，由下一承包商按折舊比率折算之費用承購之，設備歸下一承包商所有。

四、餐廳委外經營的合約簽訂內容

　　合約簽訂的目的旨在保護學校與承包商雙方的權利與義務，內容需明訂管理重點及違約條款、供應食物及衛生管理品質、膳食衛生管理組織及管理人員的權限，以收約束、監督執行之效果（範例1-3）。

 **範例** 1-3

合約內容：^{（註4）}

1. 承辦餐廳、廚房之名稱：
2. 立合約書人：甲方：（學校）　乙方：（承包商）
3. 訂約之有效期限：民國　　年　　月　　日至民國　　年　　月　　日
4. 設備折舊費（福利金）之繳納：
   (1) 繳納金額：
   (2) 繳納方式：
   (3) 繳納期限：
   若為承包商自購之設備，則為福利金之繳納。
5. 保證金：
   (1) 繳納金額：
   (2) 繳納方式：
   (3) 繳納期限：
   (4) 退還方法：
   保證金金額的訂定可依：a. 學校提供多少設備；b. 若學校要求設備維護保養費或福利金費用時，其金額應以一次繳交的福利金再多20％的估算值為之，以避免不續約時與承包商的糾紛。
6. 水、電、瓦斯等費用的給付辦法。（瓦斯大多為廠商自行負擔）
7. 有關逃稅、漏稅、借貸金錢等法律方面的責任。
8. 學校提供設備的相關規定，如：設備財產的點收、設備維護保養及修繕責任、設備損壞時之賠償…等。
9. 學校方面的管理規定，如：食物品質管理、人員操作衛生管理、環境清潔衛生管理、安全管理等。

10. 違約條款的訂定，包括：違約情形的認定、罰款金額的標準、繳納罰款的方式與期限、無故解約及其他情形等。

11. 解約時的相關規定條文，包括：(1) 在何種情形下，學校或承包商可依合約規定解約；(2) 雙方欲解除合約前，應於幾個月前以書面通知對方；(3) 若合約到期，雙方不再續約之規定。12. 簽約保證人資格：乙方應覓資本額在多少萬元以上之殷實舖保或其他保證人。

13. 簽章欄，包括：雙方代表人、雙方身分證字號、住址、電話，乙方連帶保證商號、營業執照號碼、保證人、保證人身分證字號、住址、電話，對保人及對保日期等項目，以完成法定程序。主管單位需確實對保，以免發生問題時無人負賠償責任。

14. 簽約日期：中華民國　　　年　　　月　　　日

15. 附件：如（學校提供的設備明細表、衛生規範、衛生法令等）

五、外購餐盒

　　除了委外經營餐廳、學校自辦，學校教職員生亦常有機會外購餐盒，站在學校關懷學生、教職員之立場，應對外購餐盒的廠商有所約束，介紹如下：

1. 簽訂責任契約：承辦提供學生餐盒的廠商必須依法與學校簽訂合約，廠商提供的餐盒同時需負意外事故的全責，學校為了保護自己及學生的安全，所簽訂的合約宜權責分明，對廠商從嚴約束，衛生上的要求絕不可放鬆。可參考國立臺灣大學外訂餐盒衛生管理要點（範例 1-4）、國立中山大學外訂餐盒衛生管理注意事項（範例 1-5）。

2. 學校派員突擊檢查烹煮、包裝過程：學校要經常不定期派人抽查或監督廠商製作過程，發現有異樣，應立即予以溝通，請其改善；若不從，可通報衛生主管單位或不再訂購其餐盒。

3. 烹調完成的食物盡量於 3 個小時內食用完畢：廠商以餐盒配膳較費時，常提早烹調時間，提早將菜餚分裝至餐盒，較易發生食物中毒狀況。若能以班級為單位，每一道菜餚以一個不鏽鋼桶盛裝，分發至各班級後，由同學打菜，廠商可免於趕時間，亦可使食物於時間內完成供食。若該廠商設備、人員數量足夠，餐盒配膳至配送到消費者手中可於 3 個小時內完成，以餐盒供食亦無不可。

4. 由二、三個廠商承包伙食：除了可比較衛生、菜色外，更可分散風險，使廠商彼此競爭、觀摩，以選擇能提供最符合學校衛生要求的良好廠商。

 範例 1-4

國立臺灣大學外訂餐盒衛生管理要點

中華民國 78 年 1 月 21 日第 16 次膳食協調委員會核定
中華民國 87 年 3 月 24 日第 2049 次行政會議通過
中華民國 89 年 1 月 26 日第 20 次膳食協調委員會修訂通過
中華民國 94 年 1 月 19 日膳食協調委員會修正通過
中華年國 97 年 1 月 15 日膳食協調委員會修正通過

一、為維護本校教職員工學生用餐衛生及安全，加強本校各教學研究單位、行政單位及各餐廳、福利社、小吃部、販賣部等販售外訂盒餐單位（以下簡稱各單位）之盒餐衛生管理，訂定本要點。

二、膳委會執行小組應定期向衛生行政機關索取優良盒餐廠商評鑑名單，並行文轉知校內各單位作為外訂盒餐之參考。各單位外訂盒餐應以優良盒餐廠商為對象。前項優良盒餐廠商係指取得政府機關優良食品標誌認證或經衛生主管機關稽查、抽檢、評鑑為衛生優良者。

三、各單位外訂盒餐，除情況特殊外，應向衛生行政機關所遴選之優良廠商訂購，並提供兩家以上之盒餐，以利食用者選擇。

四、各販售外訂盒餐單位之權責管理單位應於每學年開學後半個月內或異動時，將所擇定之盒餐業之公司（工廠）營利事業登記證影本、最近 1 個月內之當地衛生機關檢驗報告、盒餐業者相關資料（負責人、公司或工廠地址、電話、每日供應本校盒餐數概量）等收繳齊備，由膳委會執行小組彙整後，統一呈報至教育部備查；並行文臺北市（縣）衛生局以促其加強盒餐業公司（工廠）之查核及檢驗。

各權責管理單位並應於轄下各出售盒餐之地點，公布盒餐廠商相關資料及近期檢驗報告。

五、本校膳食協調委員會應派員於每學期初至各盒餐製造場所實地瞭解其衛生狀況。

六、各販售外訂盒餐單位應依相關法令與供應食品之廠商訂定書面契約，載明供應之食品應安全衛生及違約罰則並應依規定投保產品責任險。

七、各單位應規定廠商依規定時間送達盒餐，其時間以盡量接近用餐時刻為宜，最早不超前 1 小時為限，各單位應做初步抽檢，檢視其內容、味道、包裝、標示…等，如果有衛生安全之虞時，應予退還。

八、 各單位應注意盒餐暫存保管之場所衛生，不得置於地面、太陽直接照射、病媒出沒
或塵污、積水、濕滑等處。

九、 販售盒餐之保存期限夏天不超過 2 個小時，冬天不超過 3 個小時為限。當日未售完
者應予丟棄，不可再販售。

十、 各單位應建立盒餐抽存備驗制度，將當日訂購之盒餐各隨機抽存 1 份，包覆保鮮膜，
標示日期，餐別及廠商名稱，立即置於攝氏 7 度以下，冷藏 48 小時，以備查驗，並
應防範遭受污染。

十一、 本校員生消費合作社應依膳委會執行小組指定抽檢日期將轄下販售之外訂盒餐自
行送臺北市衛生局檢驗，檢驗項目包括：防腐劑、大腸桿菌最確數、大腸桿菌群
最確數等。檢驗報告送除膳委會執行小組備查外，並應公布於各出售盒餐之地點。

十二、 校內各單位人員如發現所進食之盒餐有異味或異樣時，應立即向本校膳食協調委
員會（學務處學生住宿服務組）或衛生保健及醫療中心報告，俾採必要措施。

十三、 發現教職員工學生有疑似食物中毒跡象（噁心、嘔吐、腹痛、腹瀉…等症狀）時，
應將病患送醫檢查治療或採取必要緊急救護措施，並通知家屬。同時，應盡速向
教育部提報實際情況與處理過程，並聯繫當地衛生行政機關。

十四、 各販售外訂盒餐單位之權責管理單位應每週、本校膳食協調委員會應每學期兩次
派員至各販售外訂盒餐單位抽查其盒餐抽存備驗狀況。

十五、 未依本要點規定辦理者，依「國立臺灣大學餐廳及福利社膳食衛生安全管理辦法」
第十條辦理。

十六、 本要點由本校膳食協調委員會會議核定後公告實施，修訂時亦同。

 1-5

國立中山大學餐廳及福利社膳食衛生管理要點

中華民國 99 年 04 月 28 日學校衛生委員會通過

中華民國 104 年 06 月 09 日學校衛生委員會修訂通過

中華民國 108 年 06 月 12 日學校衛生委員會修訂通過

一、目的

　　為維護學校良好的飲食環境，促進餐廳及福利社改善膳食品質，確保膳食衛生、安全，特制定本要點。

二、管理作業

（一）衛生檢查依「國立中山大學餐廳膳食衛生檢查表」、「國立中山大學福利社衛生檢查表」、「學校餐廳廚房員生消費合作社衛生管理辦法」及衛生相關主管單位之法令規定。

（二）各餐廳及福利社包商須負責對雇（聘）用員工之個人衛生、安全、作業方式等予以管理與教育，以確保膳食之營養衛生及安全。

（三）餐飲從業人員應先經公私立醫院健康檢查合格後，始得雇（聘）用開始工作，雇（聘）用後每年應主動辦理健康檢查乙次。同時應養成良好之個人衛生習慣，及依正確之方式調理與烹調食品，以保證膳食之品質，防範影響衛生及安全之情事發生。

（四）各餐廳及福利社員工均應每學期參加本校舉辦衛生講習或衛生機關認可機構辦理衛生講習及訓練至少 8 小時，不得藉故缺席。

（五）各餐廳及福利社包商之協力外訂餐盒廠商應於合約起始後六個月內，通過 HACCP 食品安全管制系統（HACCP 衛生合格評鑑）認證或餐飲（盒）業衛生自主管理標章認定。

三、衛生檢查

（一）衛生安全檢查

1. 本校得派專人至各餐廳及福利社檢查個人衛生及作業環境之衛生安全，不合格者輔導改進，並追蹤複檢。

2. 膳食督導小組每週不定期檢查，發現缺失，立即督促餐廳及福利社包商改進。

（二）食品微生物抽驗

1. 包商所販售之食品及外訂餐盒，必須接受校方不定期微生物抽檢驗。

2. 檢驗結果在安全標準以外時，按罰則規定處理，並督促限期改進。

四、罰則

各包商應遵守「國立中山大學餐廳（福利社）膳食衛生安全檢查表」、「學校餐廳廚房員生消費合作社衛生管理辦法」，違者受以下處分：

（一）包商經營期間，應遵守校方督導考核及衛生檢查，經檢查有違規者，第一次由營養師採書面警告，第二次罰違約金新台幣伍佰元，爾後每次罰新台幣壹仟元，由營養師填寫餐飲衛生通知單提交空間規劃管理暨公共藝術委員會（以下簡稱空間規劃委員會）並請公告周知，如情況嚴重影響飲食安全，得提報空間規劃委員會審議，得視情節決議是否停止營業或解除合約。

（二）餐飲從業人員應每學期參加本校舉辦衛生講習或衛生機關認可機構辦理衛生講習及訓練至少 8 小時，未依規定者，由營養師填寫餐飲衛生通知單提交空間規劃委員會，每位應繳交違約金新台幣壹仟元。

（三）餐飲從業人員應於每學年開學前二週內或新進用前經健康檢查合格，並將檢查表繳交至體衛組，未於期限內繳交，由營養師填寫餐飲衛生通知單提交空間規劃委員會辦理，每人應繳交違約金新台幣壹仟元，並得以連續罰款，第二次通知仍未繳交，請空間規劃委員會公告周知，連續罰款 3 次得提報空間規劃委員會審議，視情節決議是否停止營業至補齊資料。

（四）包商所販售之食品及外訂餐盒，必須不定期接受校方微生物抽檢驗，並由空間規劃委員會公告週知。同一檢驗項目如未符合標準，第一次罰款新台幣壹仟元，由營養師填寫餐飲衛生通知單提報空間規劃委員會，廠商接獲通知後應暫停販售檢驗不合格之產品，並於二週內限期改善，改善後由廠商申請第二次複驗，複驗通過後始得恢復販售；第二次複驗同一業者同一產品若仍未符合標準，由營養師填寫餐飲衛生通知單提報空間規劃委員會審議，得視情節決議是否停止營業或解除合約。

（五）所有食品或食品原料應在保存期限內使用，未合格者由營養師填寫餐飲衛生通知單提報空間規劃委員會，並請廠商立即下架，逾有效期限 3 天內（含 3 天）罰款伍佰元，逾有效期限超過 3 天罰款壹仟元，同樣商品得以連續罰款，並請空間規劃委員會公告周知。

（六）其他重大缺失足以嚴重影響用餐者之健康及安全時，由營養師填寫餐飲衛生通知單提報空間規劃委員會審議，未於期限內複檢合格者，得視情節決議是否停止營業或解除合約。

（七）各餐廳及福利社包商之協力外訂餐盒廠商應於合約起始後六個月內，通過 HACCP 食品安全管制系統 (HACCP 衛生合格評鑑) 認證或餐飲（盒）業衛生自主管理標章認定，規定時間內未取得認證，由營養師填寫餐飲衛生通知單提報空間規劃委員會，責令暫停營業，直至取得合格認證方可開始營業，未於規定期限內複檢合格者，提報空間規劃委員會審議，得視情節決議是否停止營業或解除合約。

（八）餐廳業者應配合行政院食品追溯雲及教育部推動校園食材登錄平臺之規定，未依規定者由營養師填寫餐飲衛生通知單提報空間規劃委員會。

前項罰款執行，由營養師填寫餐飲衛生通知單，交由空間規劃委員會開立廠商罰款繳付通知單，廠商憑繳付通知單於期限內至出納組繳交罰款，出納組製作收據和憑證後送至主計室，將違規罰款收入納入校務基金。

五、附則

（一）本要點規定如有未盡事宜，依本校及衛生主管機關規定辦理。

（二）本要點經學校衛生委員會議通過，陳請校長核定後實施，修訂時亦同。

國立中山大學外訂餐盒衛生管理注意事項

一、為維護本校教職員工學生用餐衛生及安全，加強本校福利社販售外訂餐盒之衛生管理，訂定本注意事項。

二、各販售外訂餐盒福利社應於每學年開學後半個月內或異動時，將所擇定之餐盒業之公司（工廠）營利事業登記證影本、最近一次之當地衛生機關檢驗報告、餐盒業者相關資料（負責人、公司或工廠地址、電話、每日供應本校餐盒數概量）等收繳齊備，交由衛保組彙整後，統一呈報至當地衛生單位備查。

三、各販售外訂餐盒福利社應依相關法令與供應餐盒之廠商訂定書面契約，載明供應之食品應安全衛生及違約罰則。

四、各販售外訂餐盒福利社應規定廠商依規定時間送達餐盒，其時間以儘量接近用餐時刻為宜，最早不得早於上午 10 點半為限，下午 2 點前未售完餐盒應予丟棄，不可再販售。

五、各販售外訂餐盒福利社應注意餐盒暫存保管之場所衛生，不得置於地面、太陽直接照射、病媒出沒或塵垢、積水、濕滑等處。

六、各販售外訂餐盒福利社應建立餐盒抽存備驗制度，將當日訂購之餐盒各隨機抽存一份，包覆保鮮膜，標示日期、餐別，立即置於攝氏七度以下，冷藏四十八小時，以備查驗，並應防範遭受污染。

七、各販售外訂餐盒福利社應接受每週由本校檢驗單位派員抽查餐盒微生物檢驗。檢驗項目包括：總菌數及大腸桿菌數等。

八、發現教職員工學生有疑似食物中毒跡象〔噁心、嘔吐、腹痛、腹瀉…等症狀〕時，福利社應採取必要緊急救護措施，並通知家屬。同時，應儘速向本校衛保組提報實際情況與處理過程。

九、本注意事項未盡事宜，悉依相關法令辦理。

📄 **註釋 BOX**

註1　蘇尚毅(1979)．*團體膳食管理*（1頁）．自版。

註2　蘇尚毅(1979)．*團體膳食管理*（2頁）．自版。

註3　教育部(1987)．*學校餐廳管理作業手冊*（6頁）．臺北市：教育部。

註4　教育部(1987)．*學校餐廳管理作業手冊*（23-25頁）．臺北市：教育部。

(　) 1. 下列何者非團膳定義的精神？　 (1) 均有菜單內容（或專人設計菜單），經採購、驗收、貯存、撥發、前處理、製備、配份（或稱配膳、裝盤、打菜）、配送、銷售、善後等過程　 (2) 依產品價格高低均帶有某種程度的服務　 (3) 具有一定的供餐數量　 (4) 以家庭式小炒鍋，每次只製作出少份數餐點數量

(　) 2. 下列何者非團體膳食管理的精神？　 (1) 在執行者與管理者之間，因為「管理」的關係，工作與責任的分配不相等；執行者的工作多、管理者負擔的責任多，執行者不用承擔工作的不完善　 (2) 應發展完善與標準化的器具設備與製程　 (3) 選擇願意接受最佳工作方法的員工，並訓練之，以完成機構的標準化產品　 (4) 發展膳食團體個別作業的管理知識

(　) 3. 下列何者非團體膳食管理欲達到的目標？　 (1) 把管理、人力、場地、資本同列為四個團膳機構生產要素，藉由管理要素將另外三者串聯組合以期達成最大生產效率　 (2) 是整合食物與飲料的採購、貯存、製備及服務系統，期望充分達到顧客滿意和創造利潤的雙重目標　 (3) 以提供衛生、營養、美味、合理價格的餐食予消費者為職志；業者在進行各業務作業時，自定嚴格的作業程序要求，訓練員工並教導員工標準工作程序，給予員工良好的工作環境，並隨時考核自身作業系統是否有不合理處，以使機構能以最佳效率賺取利潤，獲致良好企業形象　 (4) 合作性高的員工是機構最佳的資產，若員工不合作，應給予包容關懷，不可以懲處

(　) 4. （複選）下列何者屬營利型的團膳機構？　 (1)公營安養院　 (2)監獄餐食　 (3)團膳餐盒公司　 (4) 郵輪餐廳

(　) 5. （複選）下列選項，何者為學校供應營養午餐的正向意義？　 (1) 可使學生攝取均衡飲食，降低慢性病罹患率，改善國民營養、培養健康的下一代　 (2) 可對學童進行用餐前、中、後的飲食衛生指導、生活指導，美化用餐環境、輔導正確的用餐禮儀、良好的用餐態度、習慣　 (3) 可對學童進行提領餐具、打菜、領取菜餚的安全指導，養成互助合作分工的習慣　 (4) 可進行營養教育的

推廣、介紹各類食物營養成分與人類健康的關係，建立正確飲食觀念及行為，並可進行偏食及營養不良學童的飲食指導

( ) 6. 學校在選擇餐廳承包商時，首要考量的因素應為 (1) 承包商的背景資料：如是否具有公司執照？資本額多少？經營管理的型態？供應的形式？曾在哪些單位承包過相似業務？有多少經驗？供應量多少？⋯等 (2) 參酌該承包商以往的承包狀況：如歷年來的業績、合作態度、工作人員的素質⋯等 (3) 願意接受學校督導的程度（膳食衛生協調委員會的督導，若不符規定是否願意接受罰款或其他處罰？）、對餐廳的衛生、安全之作法？⋯等 (4) 經營本校餐廳的計畫及供應方式

( ) 7. （複選）對外購餐盒的廠商，應如何約束？ (1) 簽訂責任契約，廠商負意外事故的全責 (2) 學校要經常不定期派人抽查 (3) 監督廠商製作過程，發現有異樣，應立即予以溝通，請其改善；若不從，可通報衛生主管單位或不再訂購其餐盒 (4) 由二、三個廠商承包伙食，除了可比較衛生、菜色外，更可分散風險

參考答案

| 1.4 | 2.1 | 3.4 | 4.34 | 5.1234 | 6.4 | 7.1234 |

Quantity Food Production
Management

2 CHAPTER

團體膳食設計

 **2-1 膳食設計應考慮的因素**

目前的飲食趨勢為高纖、高鈣、低脂、低膽固醇、低鹽、低糖；大量外食人口的健康全仗餐飲業者，為了國人的健康著想，團體膳食業者均應深切體認，健康營養的餐食，不是大魚大肉，而是依其年齡、工作量、個人的身體狀況等決定營養需求及各類食物的攝取量。可參考衛生福利部發行之國民飲食指標、每日飲食指南，以往人們飲食過量，造成肥胖、心血管疾病等，為了提升全體國民的健康，每個人都應進食適量的各類食物。身為團體膳食業者更應以供應國人優質的飲食為任。

一、膳食設計者應具備的條件

膳食設計是團體膳食作業流程的首要工作，一旦完成膳食設計才能依菜單內容採購食物材料種類、規格，繼而依其所訂規格、食物特性進行驗收、貯存等作業。若未進行膳食設計即至市場採購，易發生買了未能立即使用的食材，不能精確地控制採購成本，無法完美地掌握採購數量及食材特性的搭配，易因採購者的個人喜好而有所偏執，且長期下來食物種類有變化太少之虞。因此，為了簡化任務，使更圓滿的完成供膳目的，應先設計好菜單再進行採購工作，而非到達市場後才看到什麼買什麼，如此非計畫性的採購經常會買了不知如何搭配在菜餚中的食材。因此，膳食設計者應具備下列幾項條件：

1. 確實瞭解團體膳食廚房處理大量食物的工作內容，以設計可實際執行的方法。

2. 膳食設計者能領導廚房工作者，使其願意配合製作所設計的菜單。

3. 本身具備精曉專業的食物知識、烹調法、食物搭配等。

4. 身邊有可利用的各式表格、食譜、過去的菜單紀錄、市場食材價格等以設計菜單，並經常接受新知、新食物的資訊。

5. 能於幾天前與廚房工作人員充分溝通，如菜單內容是否前處理工作太過繁重？是否有未用完的食材可加入菜單中使用？需要修改與否等。

二、設計團體膳食菜單前必須掌握的條件

（一）供應對象的營養需求

可根據行政院衛生福利部民國 109 年修訂之國人膳食營養素參考攝取量 (dietary reference intakes, DRIs)，見表 2-1，表中明列不同生命週期、不同工作勞動者之各類營養素及熱量需求值。除了年齡、性別、職業、生理狀況不同（如疾病、懷孕等），營養需求亦須作調整。表 2-2 則列出不同的生命週期飲食設計熱量分配原則。

（二）供應對象的飲食習性

1. 家庭因素：個人飲食習慣是自小養成的，主要有三個方面受家庭影響頗深：
   (1) 傳統觀念：有些家庭傳統上不吃牛肉，有些是農家種田須藉助牛犁田而不食用牛肉。
   (2) 個人小時候不愉快的進食經驗：被逼迫吃某種食物的情境，如不進食時，大人以棍子威脅之，此種情境導致看見該食物即心理不愉快、恐懼，造成不願食用該食物。
   (3) 受家庭膳食採購者或製備者的影響：例該成員不喜歡吃茄子，很少或從不買茄子，不製備茄子的菜餚，家庭成員則嚐不到該食物的滋味，也可以說剝奪了嘗試新食物的機會。
2. 個人居住地的氣候狀況適宜何種作物生長，則該作物常成為當地的主要糧食。如蘭嶼的代表食物─芋頭即是當地的主食，中國人南稻北麥亦是氣候影響所致。
3. 地形影響飲食形態：高山天冷環境，需進食熱量較高的食物；平原物產富饒，各類食物取得容易，進而講究菜餚的烹調技巧，高原地區只適宜飼養家畜、禽，食肉容易，造成蔬果、魚肉不易取得。
4. 交通便利：可互通各地之有無，食物種類多變化，會減輕地域性的限制；如港口，各國人口來往，當地的飲食內容可能有各種口味，如美式、印度、義大利等。
5. 社會經濟的影響：工商業愈發達，步調愈快，飲食內容愈是簡單，愈注重達到營養需求。
6. 宗教信仰：不同宗教各有不同的飲食禁忌，回教不吃豬肉，佛教不吃葷〔屬葷的香辛料：蔥、蒜、韭菜、洋蔥、蒜苔（即青蒜）、薤（即路蕎）〕，印度教不吃牛，喇嘛教不吃魚，摩門教不喝酒、不喝含咖啡因飲料（如茶、咖啡、可樂、汽水、奶茶、可可）與不吃含咖啡因的食物（如巧克力），道教不吃牛，一貫道不吃葷，有些人吃素尚須瞭解是否食用蛋或奶。

表 2-1　國人膳食營養素參考攝取量第八版 (Dietary Reference Intakes, DRIs)

衛生福利部國民健康署　中華民國 109 年 4 月

						EAR DRA		AMDR			AI			
營養素	身高		體重		熱量(2)(3)		蛋白質(4)		碳水化合物(10)			膳食纖維		維生素A(6)	
單位	公分		公斤		大卡		公克		公克	總熱量		公克		微克	
年齡(1)	(cm)		(kg)		(kcal)		(g)		(g)	%		(g)		(µg RE)	
	男	女	男	女	男	女	男	女				男	女		
0～6月	61	60	6	6	100／公斤		2.3／公斤		AI=60					AI=400	
7～12月	72	70	9	8	90／公斤		2.1／公斤		AI=95					AI=400	
1～3歲	92	91	13	13	男	女	20		100 130	50~65%				400	
（稍低）					1150	1150						16	16		
（適度）					1350	1350						19	19		
4～6歲	113	112	20	19			30		100 130	50~65%				400	
（稍低）					1550	1400						22	20		
（適度）					1800	1650						25	23		
7～9歲	130	130	28	27			40		100 130	50~65%				400	
（稍低）					1800	1650						25	23		
（適度）					2100	1900						29	27		
					男	女								男	女
10～12歲	147	148	38	39			55	50	100 130	50~65%				500	500
（稍低）					2050	1950						29	27		
（適度）					2350	2250						33	32		
13～15歲	168	158	55	49			70	60	100 130	50~65%				600	500
（稍低）					2400	2050						34	29		
（適度）					2800	2350						39	33		
16～18歲	172	160	62	51			75	55	100 130	50~65%				700	500
（低）					2150	1650						30	23		
（稍低）					2500	1900						35	27		
（適度）					2900	2250						41	32		
（高）					3350	2550						47	36		

						EAR	DRA	AMDR		AI	
營養素	身高		體重		熱量 (2)(3)		蛋白質 (4)		碳水化合物 (10)			膳食纖維		維生素 A (6)	
單位	公分		公斤		大卡		公克		公克		總熱量	公克		微克	
年齡 (1)	(cm)		(kg)		(kcal)		(g)		(g)		%	(g)		(μg RE)	
19～30 歲	171	159	64	52			60	50	100	130	50~65%			600	500
（低）					1850	1450						26	20		
（稍低）					2150	1650						30	23		
（適度）					2400	1900						34	27		
（高）					2700	2100						38	29		
31～50 歲	170	157	64	54			60	50	100	130	50~65%			600	500
（低）					1800	1450						25	20		
（稍低）					2100	1650						29	23		
（適度）					2400	1900						34	27		
（高）					2650	2100						37	29		
51～70 歲	165	153	60	52			55	50	100	130	50~65%			600	500
（低）					1700	1400						24	20		
（稍低）					1950	1600						27	22		
（適度）					2250	1800						32	25		
（高）					2500	2000						35	28		
71 歲～	163	150	58	50			60	50	100	130	50~65%			600	500
（低）					1650	1300						23	18		
（稍低）					1900	1500						27	21		
（適度）					2150	1700						30	24		
懷孕 第一期					+0		+10		+0	+0	50~65%	+0		+0	
第二期					+300		+10		+35	+45	50~65%	+5		+0	
第三期					+300		+10		+35	+45	50~65%	+5		+100	
哺乳期					+500		+15		+60	+80	50~65%	+7		+400	

營養素 單位 年齡 (1)	AI 維生素 D(7) 微克 (μg)	AI 維生素 E(8) 毫克 (mg α-TE)	AI 維生素 K 微克 (μg)		維生素 C 毫克 (mg)	維生素 B₁ 毫克 (mg)	
0～6月	10	3	2.0		AI=40	AI=0.3	
7～12月	10	4	2.5		AI=50	AI=0.3	
1～3歲 （稍低） （適度）	10	5	30		40	0.6	
						男	女
4～6歲 （稍低） （適度）	10	6	55		50	0.9	0.8
7～9歲 （稍低） （適度）	10	8	55		60	1.0	0.9
10～12歲 （稍低） （適度）	10	10	60		80	1.1	1.1
13～15歲 （稍低） （適度）	10	12	75		100	1.3	1.1
16～18歲 （低） （稍低） （適度） （高）	10	13	75		100	1.4	1.1
			男	女			
19～30歲 （低） （稍低） （適度） （高）	10	12	120	90	100	1.2	0.9

營養素 單位 年齡 [1]	維生素 D [7] 微克 (μg) AI	維生素 E [8] 毫克 (mg α-TE) AI	維生素 K 微克 (μg) AI		維生素 C 毫克 (mg)	維生素 B$_1$ 毫克 (mg)	
31 ～ 50 歲 （低） （稍低） （適度） （高）	10	12	120	90	100	1.2	0.9
51 ～ 70 歲 （低） （稍低） （適度） （高）	15	12	120	90	100	1.2	0.9
71 歲～ （低） （稍低） （適度）	15	12	120	90	100	1.2	0.9
懷孕　第一期	+0	+2	+0		+10	+0	
第二期	+0	+2	+0		+10	+0.2	
第三期	+0	+2	+0		+10	+0.2	
哺乳期	+0	+3	+0		+40	+0.3	

營養素 單位 年齡 [1]	維生素 B_2 毫克 (mg)		菸鹼素 [9] 毫克 (mg NE)		維生素 B_6 毫克 (mg)		維生素 B_{12} 微克 (μg)		葉酸 微克 (μg)
0～6月	AI=0.3		AI=2		AI=0.1		AI=0.4		AI=70
7～12月	AI=0.4		AI=4		AI=0.3		AI=0.6		AI=85
1～3歲 （稍低） （適度）	0.7		9		0.5		0.9		170
	男	女	男	女					
4～6歲 （稍低） （適度）	1	0.9	12	11	0.6		1.2		200
7～9歲 （稍低） （適度）	1.2	1.0	14	12	0.8		1.5		250
							男	女	
10～12歲 （稍低） （適度）	1.3	1.2	15	15	1.3		2.0	2.2	300
					男	女			
13～15歲 （稍低） （適度）	1.5	1.3	18	15	1.4	1.3	2.4		400
16～18歲 （低） （稍低） （適度） （高）	1.6	1.2	18	15	1.5	1.3	2.4		400

營養素 單位 年齡 [1]	維生素 B$_2$ 毫克 (mg)		菸鹼素 [9] 毫克 (mg NE)		維生素 B$_6$ 毫克 (mg)		維生素 B$_{12}$ 微克 (μg)	葉酸 微克 (μg)
19～30 歲	1.3	1.0	16	14	1.5	1.5	2.4	400
（低）								
（稍低）								
（適度）								
（高）								
31～50 歲	1.3	1.0	16	14	1.5	1.5	2.4	400
（低）								
（稍低）								
（適度）								
（高）								
51～70 歲	1.3	1.0	16	14	1.6	1.6	2.4	400
（低）								
（稍低）								
（適度）								
（高）								
71 歲～	1.3	1.0	16	14	1.6	1.6	2.4	400
（低）								
（稍低）								
（適度）								
懷孕 第一期	+0		+0		+0.4		+0.2	+200
第二期	+0.2		+2		+0.4		+0.2	+200
第三期	+0.2		+2		+0.4		+0.2	+200
哺乳期	+0.4		+4		+0.4		+0.4	+100

	AI		AI	AI	AI	AI
營養素 單位 年齡 [1]	膽素 毫克 (mg)		生物素 微克 (µg)	泛酸 毫克 (mg)	鈣 毫克 (mg)	磷 毫克 (mg)
0～6月	140		5.0	1.7	300	200
7～12月	160		6.5	1.8	400	300
1～3歲 （稍低） （適度）	180		9.0	2.0	500	400
4～6歲 （稍低） （適度）	220		12.0	2.5	600	500
7～9歲 （稍低） （適度）	280		16.0	3.0	800	600
10～12歲 （稍低） （適度）	350	350	20.0	4.0	1000	800
	男	女				
13～15歲 （稍低） （適度）	460	380	25.0	4.5	1200	1000
16～18歲 （低） （稍低） （適度） （高）	500	370	27.0	5.0	1200	1000

營養素 單位 年齡 [1]	AI 膽素 毫克 (mg)	AI 生物素 微克 (μg)	AI 泛酸 毫克 (mg)	AI 鈣 毫克 (mg)	AI 磷 毫克 (mg)
19～30 歲	450	390	30.0	5.0	1000	800
（低）						
（稍低）						
．（適度）						
（高）						
31～50 歲	450	390	30.0	5.0	1000	800
（低）						
（稍低）						
（適度）						
（高）						
51～70 歲	450	390	30.0	5.0	1000	800
（低）						
（稍低）						
（適度）						
（高）						
71 歲～	450	390	30.0	5.0	1000	800
（低）						
（稍低）						
（適度）						
懷孕 第一期	+20	+0	+1.0	+0	+0
懷孕 第二期	+20	+0	+1.0	+0	+0
懷孕 第三期	+20	+0	+1.0	+0	+0
哺乳期	+140	+5.0	+2.0	+0	+0

				AI	RDA		AI
營養素 單位 年齡 (1)	鎂 毫克 (mg)		鐵 (5) 毫克 (mg)	鋅 毫克 (mg)	碘 微克 (μg)	硒 微克 (μg)	氟 毫克 (mg)
0～6月	AI=25		7	5	AI=110	AI=15	0.1
7～12月	AI=70		10	5	AI=130	AI=20	0.4
1～3歲 （稍低） （適度）	80		10	5	65	20	0.7
4～6歲 （稍低） （適度）	120		10	5	90	25	1.0
7～9歲 （稍低） （適度）	170		10	8	100	30	1.5
	男	女					
10～12歲 （稍低） （適度）	230	230	15	10	120	40	2.0
				男　女			
13～15歲 （稍低） （適度）	350	320	15	15　12	150	50	3.0
16～18歲 （低） （稍低） （適度） （高）	390	330	15	15　12	150	55	3.0

營養素 單位 年齡[1]	鎂 毫克 (mg)		鐵[5] 毫克 (mg)		鋅 (AI) 毫克 (mg)	碘 (RDA) 微克 (μg)	硒 微克 (μg)	氟 (AI) 毫克 (mg)
	男	女	男	女				
19～30歲	380	320	10	15	15　12	150	55	3.0
（低）								
（稍低）								
（適度）								
（高）								
31～50歲	380	320	10	15	15　12	150	55	3.0
（低）								
（稍低）								
（適度）								
（高）								
51～70歲	360	310	10	15	12	150	55	3.0
（低）								
（稍低）								
（適度）								
（高）								
71歲～	350	300	10	15	12	150	55	3.0
（低）								
（稍低）								
（適度）								
懷孕　第一期	+35		+0		+3	+75	+5	+0
懷孕　第二期	+35		+0		+3	+75	+5	+0
懷孕　第三期	+35		+30		+3	+75	+5	+0
哺乳期	+0		+30		+3	+100	+15	+0

* 表中未標明 AI（足夠攝取量 Adequate Intakes）值者，即為 RDA（建議量 Recommended Dietary allowance）值。

附註： 1. 年齡係以足歲計算。

2. 1 大卡 (Cal; kcal)=4.184 仟焦耳 (kj)。

3. 「低、稍低、適度、高」表示生活活動強度之程度。

4. 動物性蛋白在總蛋白質中的比例，1 歲以下的嬰兒以占 2/3 以上為宜。

5. 日常國人膳食中之鐵質攝取量，不足以彌補婦女懷孕、分娩失血及泌乳時之損失，建議自懷孕第三期至分娩後兩個月內每日另以鐵鹽供給 30 毫克之鐵質。

6. R.E.(Retinol Equivalent) 即視網醇當量。

   1μg R.E.=1μg 視網醇 (Retinol)=6μg β - 胡蘿蔔素 (β -Carotene)

7. 維生素 D1μg=40 I.U. 維生素 D3

8. α -T.E.(α -Tocopherol Equivalent) 即 α - 生育醇當量。1mg α -T.E.=1mg α -Tocopherol

9. N.E.(Niacin Equivalent) 即菸鹼素當量。菸鹼素包括菸鹼酸及菸鹼醯胺，以菸鹼素當量表示之。

10. 根據大腦葡萄糖需要量設定碳水化合物之 EAR 或 RDA。

* 107 年新增碳水化合物、膳食纖維，以及檢討修訂鈣、碘及維生素 D。

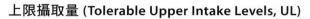

上限攝取量 (Tolerable Upper Intake Levels, UL)

營養素	維生素 A	維生素 D	維生素 E	維生素 C	維生素 B6	菸鹼素	葉酸
單位	微克	微克	毫克	毫克	毫克	毫克	微克
年齡	(μg RE)	(μg)	(mg α-TE)	(mg)	(mg)	(mg NE)	(μg)
0～6 月	600	25					
7～12 月							
1～3 歲	600	50	200	400	30	10	300
4～6 歲	900		300	650	40	15	400
7～9 歲						20	500
10～12 歲	1700		600	1200	60	25	700
13～15 歲	2800		800	1800		30	800
16～18 歲							900
19～30 歲	3000		1000	2000	80	35	1000
31～50 歲							
51～70 歲							
71 歲～							
懷孕 第一期	3000	50	1000	2000	80	35	1000
懷孕 第二期							
懷孕 第三期							
哺乳期	3000	50	1000	2000	80	35	1000

上限攝取量 (Tolerable Upper Intake Levels, UL)（續）

營養素	膽素	鈣	磷	鎂	鐵	鋅	碘	硒	氟
單位	毫克	毫克	毫克	毫克	毫克	毫克	微克	微克	毫克
年齡	(mg)	(mg)	(mg)	(mg)	(mg)	(mg)	(µg)	(µg)	(mg)
0～6月		1000			30	7		40	0.7
7～12月		1500				7		60	0.9
1～3歲	1000			145		9	200	90	1.3
4～6歲	1000		3000	230	30	11	300	135	2
7～9歲	1000			275		15	400	185	3
10～12歲	2000			580		22	600	280	
13～15歲	2000					29	800	400	
16～18歲	3000	2500							
19～30歲			4000						
31～50歲	3500			700	40	35	1000	400	10
51～70歲									
71歲～			3000						
懷孕 第一期									
懷孕 第二期	3500	2500	3500	700	40	35	1000	400	10
懷孕 第三期									
哺乳期	3500	2500	4000	700	40	35	1000	400	10

資料來源： 衛生福利部國民健康署國人膳食營養素上限攝取量，2021 年 7 月 5 日更新。

表 2-2　不同生命週期飲食設計熱量分配原則

生命週期	年齡（歲）	熱量（kcal／日）		蛋白質（g／日）		飲食設計
		男	女	男	女	
幼兒期 學齡前期	4~6	稍低 1,550 適度 1,800	1,400 1,650	30	30	• 熱量：醣類 50~65%，蛋白質 12~18%，脂肪 25~30%；每日蛋白質應有 1/2~2/3 來自完全蛋白質 • 三餐及點心之熱量分配：早餐 30%、午餐 30%、晚餐 25%、點心 15%；點心（早點、午點供應）於正餐前 1.5~2 小時前食用 • 每日：碳水化合物至少攝取 130 克、膳食纖維至少攝取 23 克以上 • 鈣、磷、鐵、碘、維生素 A、D、B₁、B₂、水份需多攝取 • 菜餚調味宜清淡，切割小塊，顏色多樣
學齡期	7~9	稍低 1,800 適度 2,100	1,650 1,900	40	40	• 熱量：醣類 50~65%，蛋白質 12~18%，脂肪 25~30% • 每日：碳水化合物至少攝取 130 克、膳食纖維至少 27 克以上 • 鈣、鐵、維生素 A、D、B₂、C • 培養良好飲食習慣，正確選擇食物
	10~12	稍低 2,050 適度 2,350	1,950 2,250	55	50	• 熱量：醣類 50~65%，蛋白質 12~18%，脂肪 20~30% • 每日：碳水化合物至少攝取 130 克、膳食纖維至少 32 克以上 • 鈣、鐵、碘、維生素 A、D、B₂、C
青春期	13~15	稍低 2,400 適度 2,800	2,050 2,350	70	60	• 熱量：醣類 50~65%，蛋白質 12~18%，脂肪 20~30% • 每日：碳水化合物至少攝取 130 克、膳食纖維至少 33 克以上 • 鈣、鐵、碘，注意攝取
	16~18	低　 2,150 稍低 2,500 適度 2,900 高　 3,350	1,650 1,900 2,250 2,550	75	55	• 熱量：醣類 50~65%，蛋白質 12~18%，脂肪 20~30% • 每日：碳水化合物至少攝取 130 克、膳食纖維至少 32 克以上 • 鈣、鐵、碘，注意攝取

▸ 表 2-2 不同生命週期飲食設計熱量分配原則（續）

生命週期	年　齡 （歲）	熱　量 （kcal ／日）		蛋白質 （g ／日）		飲食設計
		男	女	男	女	
青春期	19~30	低　1,850 稍低 2,150 適度 2,400 高　2,700	1,450 1,650 1,900 2,100	60	50	• 熱量：醣類 50~65%，蛋白質 12~18%，脂肪 20~30% • 每日：碳水化合物至少攝取 130 克、膳食纖維至少 27 克以上 • 鈣、鐵、碘，注意攝取
中年期	31~50	低　1,800 稍低 2,100 適度 2,400 高　2,650	1,450 1,650 1,900 2,100	60	50	• 熱量：醣類 50~65%，蛋白質 12~18%，脂肪 20~30% • 每日：碳水化合物至少攝取 130 克、膳食纖維至少 27 克以上 • 碘注意攝取
壯年期	51~70	低　1,700 稍低 1,950 適度 2,250 高　2,500	1,400 1,600 1,800 2,000	55	50	• 熱量：醣類 50~65%，蛋白質 12~18%，脂肪 20~30% • 每日：碳水化合物至少攝取 130 克、膳食纖維至少 25 克以上 • 維生素 D（飲食、適度曬太陽）、碘，注意攝取
老年期	71~	低　1,650 稍低 1,900 適度 2,150	1,300 1,500 1,700	60	50	• 熱量：醣類 50~65%，蛋白質 15~20%，脂肪 20~30% • 每日：碳水化合物至少攝取 130 克、膳食纖維至少 24 克以上 • 維生素 D（飲食、適度曬太陽）、碘，注意攝取 • 少量多餐（4~5 餐／日），多利用香辛料製備菜餚，多利用質軟食材，多喝開水 • 動物性蛋白質占每日蛋白質總攝取量之 1/3 • 碘注意攝取

（三）餐食的供應型態

1. 餐桌服務 (table service)：菜餚價格高，用餐時間長，餐廳裝潢華麗，由服務人員上菜、上飲料及收拾。如美式服務、法式服務、英式服務、俄式服務。

2. 自助式服務 (buffet service)：訂出一人份售價，食物種類多，客人可自由取用食物或部分食物由分膳者分給用膳者，重視餐台的布置，由服務人員收拾餐桌。

3. 櫃台服務 (counter service)：開放式廚房，用膳者圍坐餐台上用餐的方式，菜單多為易製作的菜餚，用餐時間短。如鐵板燒、涮涮鍋。

4. 速簡餐食服務 (cafeteria service)：不同主菜搭配沙拉、甜點、飲料、湯品，點餐後主菜由服務人員供餐，其餘自行拿取食用。多為組合式套餐，如龐德羅莎。

5. 外賣服務 (take-out service)：具成品易攜帶的特色，且由店外帶後至食用地點，其食品口感、品質不致變化太大。

6. 車內餐飲服務 (drive-in service)：客人坐於車內進入餐廳的車道，透過視訊螢幕向店內服務人員點餐，待至下一窗口結帳，同時取拿餐點的服務方式，是免下車進入餐廳就可享用餐點的簡速服務。如麥當勞的得來速 (drive-thru)。

7. 小吃攤 (refreshment stands service)：臺灣特殊飲食型態。

8. 自動販賣機服務 (vending machine service)：依操作指令投入硬幣，選擇按鈕，即可得到所需食品或飲料的自助服務方式。如泡麵、飲料、三明治。

　　縱使餐食供應型態多種，但經營者可依自己需求或當地飲食習慣調整之，大部分的餐食供應型態多已非單獨屬性，而是由上述幾種型態取其優點綜合為之；如中式自助餐，由客人點餐裝盒後，在店內食用可視為自助式服務；若外帶，則可視為外賣服務。

（四）市場狀況的掌握

　　隨時親臨各類食物的消費市場，瞭解市場的語言（重量計量單位），明瞭各季節的食物種類、品質、價格及供銷情況，是否有哪些速簡食品、冷凍蔬菜、罐頭、加工品可替代？供膳地點與各市場的遠近等。如此可控制食物採購成本、運輸成本，對於食物的品質要求更能掌握。

（五）售價制訂

　　菜餚售價的訂定須先訂出食物成本百分比（範例 2-1）：

$$食物成本百分比 = \frac{食物成本}{售\ \ 價} \times 100\%$$

範例 2-1

製作 100 人份青椒牛肉，食物材料費：青椒 100 元、牛肉 650 元、香辛料 50 元，已知食物成本百分比為 40%，問一人份青椒牛肉售價？

食物材料費：100+650+50 ＝ 800（元）

$$\frac{食物成本}{一人份售價\times100}\times100\% = 40\%$$

$$\frac{800}{一人份售價\times100}\times100\% = 40\%$$

一人份售價＝ 20（元）

（六）員工數及其專業技巧

　　員工數多寡及其工作技巧的優劣、工作效率的高低與菜單應作配合，須在可及時完成的時間範圍內設計工作量適宜的菜單內容。若是製備四菜一湯，前處理時可分配二道菜須切片、切絲，一道菜（主菜）切大塊供應，其餘菜餚不用切割，否則前處理時又得削皮，又得切片、切絲，葉菜類得仔細清洗，工作須較專注，員工會頗疲累。建議安排工作時，75% 的工作內容須工作技巧，25% 則否[註5]，並依員工身心狀態良好與否搭配調整。

（七）廚房設備、種類、數量與工作動線

　　菜單設計應與主廚商量討論食材切割形狀、烹調方法，如切片、切絲、切丁，煎、蒸、烤、炸等，依廚房是否有該項調理設備或烹調設備而定，且須考慮該設備單位時間內的產量及設備數量，是否可以在供餐前製備完成所有的成品？若須切片、切絲，無切菜機、切肉片機等，員工工作負荷是否承擔得了？工作動線是否順暢？會重疊否？動線順暢，員工不易互相碰撞，食材、成品的搬運不易打翻、燙傷，可避免意外傷害亦可省時省力。

（八）供膳地點的季節與氣候

氣候會影響人類的食慾與身體需求，天氣冷喜好熱能高的食物且口味較重（如辣味）、較濃（如濃湯或菜餚勾芡等）；夏季天氣熱，大多數人食慾較差，吃得較清淡。

（九）食物的特性與搭配

食物成品必須是吸引人的，引人食慾，全賴菜單設計者豐富的食物知識，對製備方法的瞭解及其具藝術性的組合，完成完美的餐食。搭配時，須注意：

1. 顏色 (color)：可利用互補色、對比色作多樣變化，避免同一餐的四、五道菜餚同一色系出現，顯得太過單調貧乏。令人愉悅的食物顏色：黃、橙、紅、紫、棕、橘紅、奶油黃、翠綠、淺綠；不易引起食慾的顏色：橄欖綠、灰、芥末黃、黃綠。

2. 形狀 (form)：同一道菜餚，食材形狀需一致，有協調感。如青椒牛肉絲，牛肉切絲、青椒亦切絲。不同道菜餚則有絲、有片、有大塊狀以增加整體豐富性。

3. 風味 (flavor)：各種食物有不同的口味，酸、甜、苦、辣、鹹的搭配宜恰到好處，避免兩種強烈風味的食物搭配在一起，分不出誰是主角，甚至使菜餚味道過重（如又辣又鹹）得反效果。

4. 組織 (texture)：有軟、硬、Q、滑、脆、黏等口感，可應用組織對比，使具平衡感。例軟配硬—蝦仁腰果（平滑細膩與脆感相搭配）。

5. 稠度 (consistency)：忌每道菜均勾芡，將稀流狀、膠體狀（凝狀）、堅實狀三者作適宜搭配。調味汁液亦須有濃稀之分，勿每道菜餚均用澱粉水調味，使產品均為同一稠度，過於單調、統一。

6. 盤飾 (decoration)：利用盤飾可增加菜餚吸引力及質感，如鋁箔紙包雞腿、紙包雞，或者利用成品擺盤成各式圖形，較常用於西式自助餐、中式冷盤。

7. 製備方式 (preparation)：不同的製備方式影響食物的質地、性狀。例如豬肚本身具脆感，經燉則軟爛、炒則爽脆，依同一餐菜餚所需口感而決定烹調法。同一餐的菜餚避免使用相同的烹調方式。同一種食物的食譜，可依烹調法列出整理，利於循環菜單的製成。

8. 溫度 (temperature)：不同菜餚有其適宜的食用溫度，要掌握熱食熱供應、冷食冷供應的原則。如涼拌竹筍、醉雞均需低溫供應。

🍴 三、如何瞭解設計製作的膳食可被接受

（一）觀察法

在供膳現場觀察用膳者的餐食食用情形，以盤餘量多寡作為辨別喜好與否的標準。通常應用於現場供膳的營業方式，或者可回收剩菜的方式；如學校的營養午餐或盛裝量以班為供應單位的學童營養午餐，在收拾各班菜桶時，即可知學童對菜餚的喜好程度。

（二）問卷調查法

可分供膳前及供膳後的問卷調查，以三等量表或五等量表為之，供膳前以「食物飲食喜好調查法」問卷可瞭解用膳者的喜好，製作其喜歡的食物，如此盤餘量會減少亦可增加銷售量；供膳後的調查可針對菜餚價格、哪幾道菜餚較受歡迎等問題作瞭解，各機構可依其欲瞭解的問題自行設計相關問卷為之。亦可製作各類菜餚（主食、主菜、半葷素、蔬菜、豆蛋類、湯品等）銷售狀況分析表^(註6)，以分析預估份數、實際銷售份數、銷售時間、未售出份數、未售出份數的原因（如表 2-3）。

（三）訪問法

與用膳者面對面訪談，但與觀察法、問卷調查法相比太過耗時，所需人力頗多，實行上不容易，有時用膳者亦不會當面說出真正的意見。

表 2-3　主菜銷售分析表　　　　　　　　　**日期：108 年 1 月 8 日　餐次：中餐**

菜餚名稱	售價（元／份）	預估份數	實際銷售份數	銷售時間（小時）	未售出份數	未售出份數百分比 (%)
烤雞腿	20	100	90	2	10	10
清蒸鱈魚	15	80	50	2	30	37.5
豆豉排骨	15	50	35	2	15	30
京醬肉絲	15	80	80	0.8	0	─

註：未售出份數百分比 $= \dfrac{未售出份數}{預估份數} \times 100\%$

1. 未售出份數的原因：烤雞腿售價較高、清蒸鱈魚稍小塊、豆豉排骨成品色澤不佳。
2. 京醬肉絲售完後，仍有消費者詢問購買，下次應增加銷售份數。
3. 銷售時間愈短，銷售量愈多，表示該道菜餚愈受歡迎。

2-2　團體膳食設計步驟

1. 依衛生福利部民國 109 年提出修正之國人膳食營養素參考攝取量 (DRIs)（見表 2-1），查出供應對象的熱量需求。

2. 決定蛋白質、醣類、脂肪三營養素的熱量比例及克數，依不同生命週期分配三餐供應熱量百分比；我國飲食指標訂為蛋白質 15%(12~18%)、脂肪 25%(20~30%)、醣類 60%(50~65%)。

3. 依均衡飲食原則：估計一日或一餐奶類、蔬菜類、水果類、主食類、豆魚蛋肉類、油脂類各類食物所需份數。

4. 分配各類食物份數至三餐菜單中，三餐熱量分配─早餐：午餐：晚餐＝ 2：3：3。

5. 計算菜單中各類食品之熟品供應量、生品供應量、購買量，估算採購成本（詳見範例 2-2）。

 範例 2-2

　　設計 500 人份，國小四年級營養午餐，每人份 35 元食物成本，請設計其菜單並估計食物材料用量。

1. 依 DRIs，適度工作勞動量 10 歲（國小四年級）學童男生每日熱量攝取 2,350 kcal，依三餐熱量分配（早餐：午餐：晚餐＝ 2：3：3），則午餐提供的熱量占全日的 $\frac{3}{8}$，

   即 $2,350(\text{kcal}) \times \frac{3}{8} = 881.25(\text{kcal})$。

2. 計算三類營養素提供的克數：

   蛋白質 (12~18%) 取 15%：881.25(kcal)×15%÷4(kcal/g) ≒ 33.04 ≒ 33(g)。

   脂肪 (20~30%) 取 25%：881.25(kcal)×25%÷9(kcal/g) ≒ 24.47 ≒ 24.5(g)。

   醣類 (55~65%) 取 60%：881.25(kcal)×60%÷4(kcal/g) ≒ 132.18 ≒ 132.2(g)。

3. 估計一餐各類食物份數：

食物類別	Ex 數	蛋白質 (g)	脂肪 (g)	醣類 (g)
蔬菜類	2	2	0	10
水果類	1	0	0	15
全穀雜糧類	7	14	0	105
豆魚蛋肉類（中脂）	2.5	17.5	12.5	0
油脂類	2.5	0	12.5	0
總計		33.5	25	130

1. 依均衡飲食原則，訂出蔬菜類之 2 Ex、水果類 1 Ex，共提供蛋白質 2 g、醣類 25 g。

2. 全穀雜糧類 Ex 數：$[132.2 - (10 + 15)] \div 15$ g/Ex ≒ 7.14 Ex 取 7 Ex。

   豆魚蛋肉類 Ex 數：$[33 - (2 + 14)] \div 7$ g/Ex ≒ 2.428 Ex 取 2.5 Ex。

   油脂類 Ex 數：$(24.5 - 12.5) \div 5$ g/Ex ≒ 2.4 Ex 取 2.5 Ex。

   確定 Ex 數後，三類營養素的克數，可能會有所增減，以不超過 ±3 g 為原則。

4. 設計菜單

班級：＿＿＿＿＿＿　組別：＿＿＿＿＿＿　姓名：＿＿＿＿＿＿　學號：＿＿＿＿＿＿

份數：500 份

菜單名	食物材料名稱	食物材料份數(Ex)	1人份熟重 供應量(g)	1人份膨脹收縮率%	1人份生品可食重(g)	生廢棄率%	1人份購買量(g)	500人購買量(g)	總購買量/重量	單價 元/重量	總金額(元)	每道菜餚成本 元/份
糙米 地瓜飯	白米	4	160	100	80	0	80	40000	40公斤	25元/公斤	1000	
	糙米	1	40	100	20	0	20	10000	10公斤	30元/公斤	300	
	地瓜	2	132	20	110	12	125	62500	104.2斤	20元/斤	2084	
	小計										3384	6.768
豆干 炒肉絲	胛心肉絲	1	28	20	35	0	35	17500	29.2斤	90元/斤	2628	
	小方豆干	0.5	20	0	20	0	20	10000	16.7斤	26元/斤	434.2	
	芹菜	0.2	14.4	4	20	10	22.3	11150	18.6斤	27元/斤	502.2	
	蔥段	0.1	4.8	4	5	6	5.32	2660	4.5斤	30元/斤	135	
	小計										3699.4	7.3988
炒青 江菜	青江菜	0.7	65.8	6	70	10	77.8	38900	64.9斤	20元/斤	1298	
	鴻喜菇	0.1	9.4	6	10	7	10.8	5400	9斤	70元/斤	630	
	蒜頭	0.03	3	0	3	3	3.1	1550	2.6斤	60元/斤	156	
	小計										2084	4.168
雙色 炒蛋	紅蘿蔔	0.5	48	4	50	8	54.4	27200	45.4斤	20元/斤	908	
	洋蔥	0.4	38	5	40	3	41.3	20650	34.5斤	20元/斤	690	
	蛋	1	50.6	8	55	12	62.5	31250	52.1斤	40元/斤	2084	
	小計										3682	7.364
水果	橘子	1					150	75000	125斤	25元/斤	3125	6.25
烹調 用油	沙拉油	2.5			12.5		12.5	6250	6.25公斤	50元/公斤	312.5	0.625
合計											16428.9	32.5738

調味料成本，粗估為食材成本 ×10%

總食物成本 = 16428.9×(1+10%)= 18071.79（元）

(1) 表格中收縮率、膨脹率、生廢棄率的計算方式：

    A. AP(as purchased)：購買量。

    B. EP(edible portion)：生品可食重量。

    C. 膨脹（收縮）率 $=\dfrac{|\text{生品重}-\text{熟品重}|}{\text{生品重}}\times 100\%$；若熟品重小於生品重，則為收縮率；熟品重大於生品重，則為膨脹率。

    D. 生品可食率 $=\dfrac{EP}{AP}\times 100\%$，$1-$ 生品可食率 = 生廢棄率 $=\dfrac{AP-EP}{AP}\times 100\%$。

(2) 各類食物的 1 Ex 生品可食重 (EP)，請查閱衛福部食物代換表。

(3) 食物的廢棄率、收縮率，由每一次實際經驗獲得（課堂上可由營養學實驗、每次的團膳實驗累積獲知）。

(4) 依菜單設計表格，可得知食物材料總金額，將食物材料（含生鮮辛香料，如蔥薑蒜等）總金額 $\times 10\%$ 作為粗估菜餚製作時添加調味料的金額，二者加總後即為該菜單所花費的總金額。

(5) 特別注意：經計算得出之一人份購買量，千萬不可將小數點後數字捨去再乘以總份數，否則會造成配份量不足。

(6) 表中所列，膨脹收縮率、生廢棄率是依經驗為之。各團膳機構應建立其所使用食物材料之膨脹收縮率、生廢棄率，每次採購食材等級、廠商不同、烹調方法不同，其膨脹收縮率、生廢棄率均可能有所改變，待施行一年後，即能累積經驗，掌握不同食材、不同品質等級的生廢棄率，不同烹調法的膨脹收縮率。

5. 計算：

(1) 糙米地瓜飯各材料購買量：均以生品可食量計算

    白米購買量＝一人份生品可食量／（100%- 生廢棄率）×500 份

            ＝一人份生品可食量／(100%-0%)×500 份＝ 80g ／份 ×500 份

            ＝ 40000g ＝ 40 公斤

    糙米購買量＝ 1 人份生品可食量／(100%-0%)×500 份＝ 20g ／份 ×500 份

            ＝ 10,000g ＝ 10 公斤

    地瓜購買量＝ 1 人份生品可食量／(100%-12%)×500 份

            ＝ 110g ／份 ÷0.88×500 份＝ 62,500 g ≒ 104.2 斤

    總金額＝白米的單價 × 白米購買量＋糙米的單價 × 糙米購買量＋地瓜的單價 × 地瓜購買量

        ＝ 25 元／公斤 ×40 公斤＋ 30 元／公斤 ×10 公斤 +20 元／斤 ×104.2 斤

        ＝ 3,384 元

    此道菜餚，食材成本＝ 3,384 元／ 500 份＝ 6.768 元

(2) 豆干炒肉絲：

豆干炒肉絲，兩項主材料搭配於同一道菜餚，除注意食物 Ex 數外，應注意其視覺量搭配是否得當，避免豆干很多、肉絲很少；若拌炒在一起看不到肉絲，會被消費者質疑食譜名稱與內容物不符。

胛心肉絲購買量＝一人份生品可食量／（100%- 生廢棄率）×500 份

$\qquad$ ＝一人份生品可食量／(100%-0%)×500 份＝ 35g ／份 ×500 份

$\qquad$ ＝ 17500g ≒ 29.2 斤

豆干購買量＝一人份生品可食量／（100% －生廢棄率）×500 份

$\qquad$ ＝一人份生品可食量／(100%-0%)×500 份＝ 20g ／份 ×500 份

$\qquad$ ＝ 10000g ≒ 16.7 斤

芹菜購買量＝一人份生品可食量／（100%- 生廢棄率）×500 份

$\qquad$ ＝一人份生品可食量／(100%-10%)×500 份 ≒ 22.3g ／份 ×500 份

$\qquad$ ＝ 11150g ≒ 18.6 斤

蔥段購買量＝一人份生品可食量／（100%- 生廢棄率）×500 份

$\qquad$ ＝一人份生品可食量／(100%-6%)×500 份 ≒ 5.32g ／份 ×500 份

$\qquad$ ＝ 2660g ≒ 4.5 斤

總金額＝胛心肉的單價 × 胛心肉購買量＋豆干的單價 × 豆干購買量＋

$\qquad$ 芹菜的單價 × 芹菜購買量＋蔥段的單價 × 蔥段購買量

$\qquad$ ＝ 90 元／斤 ×29.2 斤＋ 26 元／斤 ×16.7 斤＋ 27 元／斤 ×18.6 斤＋

$\qquad$ 4.5 斤 ×30 元／斤

$\qquad$ ＝ 3,699.4 元

此道菜餚，食材成本＝ 3,699.4 元／ 500 份＝ 7.3988 元

(3) 炒青江菜：

青江菜購買量＝一人份生品可食量／（100%- 生廢棄率）×500 份

$\qquad$ ＝ 70/(100%-10%)×500 份 ≒ 77.8g ／份 ×500 份

$\qquad$ ＝ 38900g ≒ 64.9 斤

鴻喜菇購買量＝一人份生品可食量／（100%- 生廢棄率）×500 份

$\qquad$ ＝ 10/(100%-7%)×500 份 ≒ 10.8g ／份 ×500 份

$\qquad$ ＝ 5400g ＝ 9 斤

蒜頭購買量＝一人份生品可食量／（100%- 生廢棄率）×500 份

$\qquad$ ＝ 3/(100%-3%)×500 份 ≒ 3.1g ／份 ×500 份

$\qquad$ ＝ 1550g ≒ 2.6 斤

總金額＝青江菜的單價 × 青江菜購買量＋鴻喜菇的單價 × 鴻喜菇購買量＋
蒜頭的單價 × 蒜頭購買量

＝ 20 元／斤 ×64.9 斤＋ 70 元／斤 ×9 斤＋ 60 元／斤 ×2.6 斤＝ 2,084 元。

此道菜餚，食材成本＝ 2,084 元／ 500 份＝ 4.168 元。

(4) 雙色炒蛋：

紅蘿蔔購買量＝一人份生品可食量／（100%- 生廢棄率）×500 份

＝ 50/(100%-8%)×500 份 ≒ 54.4g ／份 ×500 份

＝ 27200g ≒ 45.4 斤

洋蔥購買量＝一人份生品可食量／（100%- 生廢棄率）×500 份

＝ 40/(100%-3%)×500 份 ≒ 41.3g ／份 ×500 份

＝ 20650g ≒ 34.5 斤

雞蛋購買量＝一人份生品可食量／（100%- 生廢棄率）×500 份

＝ 55/(100%-12%)×500 份＝ 62.5g ／份 ×500 份

＝ 31250g ≒ 52.1 斤

總金額＝紅蘿蔔的單價 × 紅蘿蔔購買量＋洋蔥的單價 × 洋蔥購買量＋
雞蛋的單價 × 雞蛋購買量

＝ 20 元／斤 ×45.4 斤＋ 20 元／斤 ×34.5 斤＋ 40元／斤 ×52.1 斤

＝ 3,682 元。

此道菜餚，食材成本＝ 3,682 元／ 500 份＝ 7.364 元。

(5) 水果橘子：

購買橘子要求：4 個／斤，即 1 斤有四個，易配份

橘子總購買量：150g ／個 ×500 個 ÷600g ／斤 ×25 元／斤

＝ 125 斤 ×25 元／斤 =3,125 元

此道菜餚，食材成本 =3,125 元／ 500 份＝ 6.25 元

一人份此餐之成本金額：四道菜餚＋水果＝ 6.768+7.3988+4.168+7.364+6.25=31.9488 元

 ## 2-3　團體膳食菜單設計程序

在思考菜單設計程序時，通常依供應餐次、收集菜單、菜單類型、製作份數、組合菜單後，再評估菜單內容以確認菜單的完整性。

一、決定供餐餐次

早餐、午晚餐、宵夜的菜單內容差異大。

二、收集菜單

收集適合該餐次內容（早餐、午晚餐、宵夜等）的團體膳食各類菜單，並予以分類。如主食、牛肉、豬肉、雞肉、魚肉、半葷素、蔬菜、粥品、湯品、水果等，分別予以編號，可應用於循環菜單，增加菜餚的豐富性。

三、決定菜單類型

各團膳機構自行決定採用選擇性菜單或非選擇性菜單，因牽涉了員工人數、設備數量、供餐形式的不同，而有不同的菜單類型。

（一）選擇性菜單

1. 可讓消費者依自己喜好作選擇的菜單形式。盤餘量較少。供應者（團膳機構）應注意：菜式種類要多，菜單內容變化亦需多，但因菜式種類多，員工工作內容繁複，難度較高，挑戰性大。
2. 每類食物（如主食製作白飯、炒米粉、炒麵三種，主菜製作炸豬排、烤雞腿、炸魚排、半葷素製作榨菜炒肉絲、青椒肉絲、芹菜魷魚等）製作二道以上菜單供消費者選擇。

（二）非選擇性菜單

1. 消費者對菜單沒有選擇性，一類只供應一道菜餚的菜單形式。盤餘量較多，無法兼顧消費者對膳食內容的嗜好及需求，如一般的餐盒，供應三配菜、一主菜、一主食。供應者製備菜餚種類少，省時間，可提供方便快速之服務。

2. 每類只製作一道菜餚提供予消費者食用（如主食只製作白飯、主菜只製作豬排、半葷素只製作榨菜炒肉絲、蔬菜只製作炒空心菜等）。

四、預估製作份數

（一）選擇性菜單 [註7]

主　食：2 道
主　菜：4 道
素　菜：3 道
半葷素：8 道
豆蛋類：3 道

每道菜的預估製作份數（如範例2-3）

$$= \frac{\text{預估每一人可能選的菜單道數} \times \text{預估用膳總人數}}{\text{該類菜單道數}}$$

 **範例 2-3**

　　某餐廳中餐的用餐人次為 500 人次，該餐廳每日中餐供應主菜 4 道、半葷素 8 道、蔬菜 5 道，估計每人可能選擇的菜單道數為主菜 1 道、半葷素 2 道、蔬菜 2 道，試問主菜、半葷素、蔬菜各應製作幾人份始夠應付客人需要？

1. 每道主菜的製作份數＝ 1×500÷4 ＝ 125（份）
2. 每道半葷素的製作份數＝ 2×500÷8 ＝ 125（份）
3. 每道蔬菜的製作份數＝ 2×500÷5 ＝ 200（份）

（二）非選擇性菜單

主　食：1 道
主　菜：1 道
素　菜：1 道
半葷素：1 道
豆蛋類：1 道

每道菜的預估製作份數（如範例2-4）

$$= \frac{\text{預估每一人可能選的菜單道數} \times \text{預估用膳總人數}}{\text{該類菜單道數}}$$

＝ 總供應人數

　　由於是「非選擇性菜單」，每類食物只製作一道，所以預估每一人可能選的菜單道數：1 道，該類菜單道數：1 道，代入公式如範例 2-4：

 **範例 2-4**

豆蛋類製作份數

∵ 豆蛋類的預估製作份數

　　＝ 1× 預估用膳總人數／ 1

　　＝預估用膳總人數

　　＝總供應人數

∴ 非選擇性菜單的每類預估製作份數＝總供應人數

五、列出組合菜單

應註明如供應餐次（早、午、晚餐、宵夜等）、菜單類型（選擇性菜單、非選擇性菜單等），以及菜單類別（主食、主菜、半葷素、蔬菜、豆蛋類、湯品、水果等）。一般菜單內容設計順序為：先列出主食，再依序決定主菜、配菜（半葷素、蔬菜、豆蛋類）、湯品、水果及點心等。

六、菜單評估

菜單設計者於設計完成後自行審視所設計的菜單是否能配合現實狀況實際運作的評估方式，可依以下幾點思考：

1. 營養均衡否？是否包括六大類食物？
2. 售價價格合理否？是否符合成本預算？
3. 是否應用當季食材、食物的特性與搭配是否利用透徹？
4. 是否配合現有設備種類及數量、工作人員數、工作量及其能力、器具使用等是否恰當？
5. 每套菜單內是否有重複的菜餚？
6. 最重要的是顧客是否接受此菜單？

2-4 循環菜單

　　循環菜單 (Cyclical Menu) 乃是依一定週期循環的菜單。此週期不宜過短，至少以一個月為宜；週期太短，隔週、幾天就吃到相同菜餚，易吃膩。依臺灣一年設計四季菜單，即可成一年的循環菜單。現行以學校、工廠、醫院較常採用，通常為一個月循環一次。

一、設計程序

（一）食譜編號

　　將可製作的各類食譜編號分類：主食類 (A)、主菜類─豬肉類 (B)、雞肉類 (C)、魚肉類 (D)、牛肉類 (E)、半葷素類 (F)、蔬菜類 (G)、蛋類 (H)、豆腐類 (I)、湯品 (J)，如表 2-4。

表 2-4 各類食譜編號表

| 主食類 (A) | 主菜類 | | | | 半葷素類 (F) | 蔬菜類 (G) | 蛋類 (H) | 豆腐類 (I) | 湯品 (J) |
	豬肉類 (B)	雞肉類 (C)	魚肉類 (D)	牛肉類 (E)					
A1	B1	C1	D1	E1	F1	G1	H1	I1	J1
A2	B2	C2	D2	E2	F2	G2	H2	I2	J2
·	B3	C3	D3	E3	F3	G3	H3	I3	J3
·	·	·	·	·	·	·	·	·	·
·	·	·	·	·	·	·	·	·	·
A8	·	·	·	·	·	·	·	·	·
A9	·	·	·	·	·	·	·	·	·
·	·	·	·	·	·	·	·	·	·
	B31	C25	D18	E15	F19	G35	H10	I20	J16

（二）搭配菜單

　　將菜單填入表格（以一個月為例），見表 2-5。各類菜單道數不同，排列搭配之後，可增加豐富性。雖然一個月 20 天的餐食中（以國小營養餐為例），主食種類只有 9 道，

看似單調，但與其他類組合時，不會搭配到相同菜餚，毋須擔心菜色貧乏問題。循環菜單使用後，由於相同菜餚重複製作，累積次數後，經驗、製作程序、員工製作技巧均增加熟練度，能思考工作程序的簡化，分工的合理性及利於製程標準化，也節省了菜單設計者設計菜單的時間。

循環菜單若遇颱風、節慶時，仍有必要作菜單修正，以採購替代食材或應景材料。在搭配菜單時應考慮設備的維修、保養問題，安排該設備保養時，菜單應去除利用該設備烹調法的菜餚。如欲烤箱保養，烤雞腿可事先改成滷雞腿。

表 2-5　循環菜單（以 20 天為範例）

天　數	星　期	主食類	主菜類	半葷素	蔬　菜	豆或蛋類	湯　品
第 1 天	一	A1	B1	F1	G1	H1	J1
第 2 天	二	A2	C1	F2	G2	I1	J2
第 3 天	三	A3	D1	F3	G3	H2	J3
第 4 天	四	A4	E1	F4	G4	I2	J4
第 5 天	五	A5	B2	F5	G5	H3	J5
第 6 天	一	A6	C2	F6	G6	I3	J6
第 7 天	二	A7	D2	F7	G7	H4	J7
第 8 天	三	A8	E2	F8	G8	I4	J8
第 9 天	四	A9	B3	F9	G9	H5	J9
第 10 天	五	A1	C3	F10	G10	I5	J10
第 11 天	一	A2	D3	F11	G11	H6	J11
第 12 天	二	A3	E3	F12	G12	I6	J12
第 13 天	三	A4	B4	F13	G13	H7	J13
第 14 天	四	A5	C4	F14	G14	I7	J14
第 15 天	五	A6	D4	F15	G15	H8	J15
第 16 天	一	A7	E4	F16	G16	I8	J16
第 17 天	二	A8	B5	F17	G17	H9	J1
第 18 天	三	A9	C5	F18	G18	I9	J2
第 19 天	四	A1	D5	F19	G19	H10	J3
第 20 天	五	A2	E5	F1	G20	I10	J4
第 1 天	一	A3	B6	F2	G21	H11	J5
第 2 天	二	A4	C6	F3	G22	I11	J6

二、檢視循環菜單

1. 設計各類（主食類、主菜類、半葷素類）菜單的循環道數時，建議勿與星期或每月供應天數相同。如某人每星期四均會訂購光明盒餐公司的餐盒，該公司每星期四的循環菜單均為滷雞腿、炒三絲、菜脯蛋、炒A菜，下星期四又是同樣的菜色，則真的是太單調無變化了。有的循環菜單設計是各類菜單循環道數均等或成倍數，如以1個月30天為一循環，這個月第1天的菜色與下個月第1天的菜色相同，建議：各類菜單道數在7道以上（數量多則循環排列後，重複性小），且數量不要相同、不成倍數，如此可降低菜單重複性，更可將原本的循環天數拉長（如1個月延長為1季），嚴格遵守一循環週期內，任二天無一道以上的菜餚相同。

2. 循環週期內避免固定間隔天數有相同菜單出現。由表2-5檢視循環菜單重複性，可知第4天（星期四）的菜單內容為A4、E1、F4、G4、I2、J4；第9天（星期四）的菜單內容為A9、B3、F9、G9、H5、J9；第14天（星期四）為A5、C4、F14、G14、I7、J14；第19天（星期四）為A1、D5、F19、G19、H10、J3，以營養午餐20天一循環看來，每逢星期四均是不同的菜色（未重複）。以菜單數最少的主食類（A1……A9，9道）來看，第1天A1的菜色於第二個星期的星期五才會吃到，學童可能已忘記了吃過該菜色（因時間間隔較長而降低菜單重複性的感覺），當然，若能再增加循環菜單道數是最好不過的了。

2-5 標準食譜

團體膳食乃是大量製作的一種膳食供應方式，必須講求科學化的管理，在數學上的準確度是必須掌握的。試想一供應兩萬人份／天的餐盒工廠，每個餐盒成本多個 0.5 元，整體就少賺了 10,000 元，而製作菜餚的食譜份量若估計有誤、口味若不穩定，怎能建立口碑、良好商譽？因此，團體膳食的科學化管理中，建立標準食譜乃是必需的。有了標準食譜，可以確知食材的使用等級並可預估使用成本。

一、何謂標準食譜 (Standardized Recipe)

為製備一固定份數（大多使用 100 人份）的食譜表格，其中載明食物材料名稱、用量、製作程序、使用設備、一人份營養量（含蛋白質、脂肪、醣類克數）、供應份數、前處理及烹調時間、烹調次數等，將全部製程及器具設備予以標準化，任何人只要依循相同作業流程操作，應可製備相同質量的菜餚。有時更以照片呈現正確的半成品、成品外觀。須特別注意的：

1. 標準食譜中所載之食物材料重量均為生品可食重量（EP 重），不論所購買食材之品質、等級為何，購買量去除生廢棄量後所得重量應為食譜中之食材重量。試想一道糖醋小排骨成品供應量為 100 g，假設扣除配料洋蔥、鳳梨、紅蘿蔔塊 30 g，所剩 70 g 的小排骨有一半的重量均為骨頭，消費者會有受騙之感。因此，依標準食譜計算購買量時，應加估生廢棄率。

2. 各機構所訂定之標準食譜，其使用的設備、器具種類、機型不同，產能亦不同；雖名為 100 人份之標準食譜，仍是將 100 人份的份量均分成幾次烹調（尤其是炒製蔬菜類）。

3. 同一道菜餚有二項以上材料搭配時，須注意視覺上材料的均衡性。例如：青椒牛肉絲供應 100 g，切絲後，青椒與牛肉若各 50 g，視覺上青椒會多過牛肉絲，宜調整二者的比例。

標準食譜的製作頗費時費力，一旦制訂了符合自己機構的標準食譜，就易估算食材採購量，員工的工作量、工作內容、操作程序與使用之設備、器具也明確不少；而且廚房中不需有大廚師就能製備出美味的菜餚了。

二、標準食譜的製作

1. 首先尋找適宜自己機構製備的食譜（考量有無該項設備？及設備數量）（通常市面上食譜多為 4、5、6 人份）。

2. 依機構預定之一人份供應量 ×5，試作烹調後，請數位人員品評（任何人均可擔任品評工作）。

3. 依品評結果（含調味料量、食材切割形狀、材料搭配、成品外觀等）重新製作烹調調整之。

4. 若品評結果不佳，則再重新修正缺點，重新烹調直至品評結果適當。

5. 將步驟 4 的食材數量（5 人份）×5，烹調 25 人份。

6. 品評 25 人份之餐食，若適當，則繼續 ×2，製作 50 人份。

7. 品評 50 人份之餐食，若適當，則繼續 ×2，製作 100 人份。步驟 6、7 可能需反覆操作，始能達成。

8. 品評結果適當，則再試作幾次，使符合大多數人的口味；並確定標準化的製作流程，至此，始確定食譜內容。

9. 食譜建檔，製作成標準食譜卡（表 2-6），並輔以半成品、成品照片。

　　標準食譜的製作步驟，乃是依循上述步驟反覆製作、品評、調整、倍數製作、品評和調整等，最後訂出確切的食譜份量。每一次製作出的餐盒，須經多次重複製作，除口味確定外，製備流程的簡化須利於大量製備的操作，份量增加，每一項工作的處理更形繁複、時間增加，這是標準食譜不易製作之處。初學者常使用市面上之食譜（未標準化）施以倍數調整，即稱標準食譜，殊不知調味料之份量若是等倍為之通常味道過重。

▶ 表 2-6　標準食譜卡格式

食譜名稱：_____　　　　　　　　　　　類別：_____類

一人份供應量：____公克　　　　　　　　生品主、副材料比例＝____公克：____公克

一人份營養量：醣類─____公克、蛋白質─____公克、脂肪─____公克　　　　100人份

食物材料	製備方式（分____次製備）

品　名　　重量或份量	

1.
2.
3.
4.
5.
6.
7.
8.
9.

調味料	製備方式

品　名　　重量或份量	

1.
2.
3.
4.
5.

醃　料	製備方式

品　名　　重量或份量	

1.
2.
3.
4.

設　備

前處理時間：　分鐘
烹調時間：
烹調法：
火候（或溫度）：

🖋 三、標準食譜的使用

（一）標準食譜卡

標準食譜卡格式如前表 2-6，內容包括：

1. 食譜名稱、類別分類。
2. 份數（通常為 50 人份或 100 人份）、一人份供應重量、生品主材料與副材料比例（視菜餚而異，可僅標明主材料重量）、一人份營養量醣類、蛋白質、脂肪提供之克數。
3. 食物材料、調味料之名稱、重量（或容量）及製備方式（註明分幾次烹調）。
4. 使用的設備、器具之種類及數量。
5. 前處理、烹調花費時間，火候（或溫度）。
6. 製備過程的品質要求。
7. 半成品、成品照片。

（二）調整係數的使用

使用調整係數可簡化各項食材購買量估算的繁複過程（如範例 2-5）。公式為：

$$調整係數 = \frac{欲製作份數}{標準食譜份數}$$

將標準食譜內之食物數量 × 調整係數＝各食材所需之總生品可食量

總購買量＝各食材所需總生品可食量 ÷（1－生廢棄率）

（三）標準食譜使用說明

1. 標準食譜所列食物材料重量為 EP（生品可食），已去掉廢棄量，不論所買品質等級為何，去掉不可食之部分，剩下的重量應等於食譜上的重量，即可作成 100 人份。本食譜的內容、食物材料均為 EP 且洗淨（範例 2-6）。
2. 炒菜鍋是使用 29 吋中式炒鍋。
3. 湯鍋 20 吋直徑、高度 50 公分。
4. 醣類、蛋白質、脂肪克數，僅就「食物材料」欄內容計算之。
5. 設備一欄空下，使用原則：
   (1) 綠葉蔬菜平盤盛裝（上層有孔洞，下層為一底盤有高度）。
   (2) 湯汁多、不怕燜變色的菜餚可用深鍋盛裝。
   (3) 油炸食物可以 (1) 之容器瀝油後，裝至深鍋中。

 **範例 2-5**

製作 10,000 人份餐盒,請估量。

標準食譜卡

食譜名稱:炒絲瓜	類別:蔬菜類

一人份供應量:100公克　　　　　　　　　　　　　生品主、副材料比例:無
一人份營養量:醣類－5公克、脂肪－0公克、蛋白質－1公克　　　　　100人份

食物材料		製備方式(分 2 次製備)
品　名	重　量	1. 絲瓜對剖,切 0.3 公分片
絲　瓜	10 公斤	2. 熱鍋後,下 1.5 杯油、3T 鹽,爆香薑絲,下 5 公斤絲瓜,待絲瓜變 3 分透明,入 5 杯水同煮,至全部煮沸變透明即可
嫩薑絲	300g	
沙拉油	3C	
鹽	6T	3. 分 2 次製備
水	10C	

	設　備
前處理時間:30 分鐘 +5 分鐘	1. 29 吋中式炒鍋一個
烹調時間:16 分鐘	2. 萬能切菜機切 0.3 公分片
火候:中火、小火	

$$調整係數 = \frac{10,000}{100} = 100$$

1. 絲瓜(10,000 人份)EP 重:10 公斤 × 調整係數 = 10 公斤 ×100 = 1,000 公斤

   生廢棄率 18%(依經驗為之)

   ∴ 絲瓜採購量為 1,000 公斤 ÷(1-18%) ≒ 1219.52 公斤

   至市場實際採購 1,220 公斤(無條件進位),因市場商人為求方便頂多可購買 0.5 公斤,少有 0.52 公斤此種不易交易的數字。

2. 薑絲(10,000 人份)EP 重:300 g ×100 = 30 公斤

   生廢棄率 5%(依經驗為之)

   ∴ 薑絲採購量為 30 公斤 ÷(1-5%) ≒ 31.58 公斤

   至市場實際採購 32 公斤,剩下的 0.42(32-31.58) 公斤則留予下次使用。

 **2-6**

食譜名稱：茭白筍炒肉絲 類別：半葷素類

一人份供應量：95公克

生品主、副材料比例＝里肌肉：茭白筍：紅蘿蔔
＝35公克：50公克：10公克

一人份營養量：醣類－3公克、蛋白質－7.6公克、脂肪－3公克 100人份

食物材料		製備方式（分 2 次製備）
品　名	**重量或份量**	1. 豬肉絲以醃料抓麻 15 分鐘，醃 20 分鐘，過油
1. 豬里肌肉絲	3.5 公斤	2. 茭白筍、紅蘿蔔切 0.3 公分 ×4 公分絲，蔥切 4 公分段
2. 茭白筍	5 公斤	3. 熱油鍋，加油 1½C、鹽 1½T 爆香蔥段，放入茭白筍、紅
3. 紅蘿蔔	1 公斤	蘿蔔翻炒至熟，拌入肉絲即可
4. 蔥	0.5 公斤	4. 分 3 次製備

調味料		製備方式
品　名	**重量或份量**	
1. 鹽	4½T	
2. 沙拉油	4½C	
3. 油炸油	6 公斤	

醃　料		製備方式
品　名	**重量或份量**	
1. 醬油	1C	
2. 太白粉	1C	
3. 鹽	1/2T	
4. 米酒	1/4C	
5. 胡椒粉	1/6C	
6. 糖	2T	

	設　備
前處理時間：40 分鐘	1. 29 吋中式炒鍋一個
烹調時間：40 分鐘	
烹調法：過油、炒	
火候（或溫度）：中火	

食譜名稱：糖醋里肌　　　　　　　　　　　　　　　　類別：主菜類

一人份供應量：95公克　　　生品主、副材料比例＝里肌肉：洋蔥：鳳梨片：紅蘿蔔
　　　　　　　　　　　　　　　　　　　　　　　＝70公克：20公克：20公克：20公克

一人份營養量：醣類－5公克、蛋白質－14.4公克、脂肪－6公克　　　　　100人份

食物材料		製備方式（分 3 次製備）
品　名	重量或份量	1. 里肌肉切 1.5×1.5×1.5 立方公分塊，醃料醃 20 分鐘，沾太白粉炸熟
1. 里肌肉	7 公斤	
2. 洋　蔥	2 公斤	2. 洋蔥、鳳梨片、紅蘿蔔切與里肌肉塊同大小，蔥切 2 公分粗珠。
3. 鳳梨片（罐頭）	2 公斤	
4. 紅蘿蔔	2 公斤	3. 起油鍋，加油 4C 爆香蔥珠，入洋蔥、紅蘿蔔炒軟，入 A 料燒（小火）至沸騰勾芡後，拌入鳳梨片、里肌肉塊，起鍋
5. 蔥　段	0.4 公斤	
		4. 分 2 次製備

調味料		製備方式
品　名	重量或份量	1. A 料：番茄醬、糖、白醋、水、鳳梨罐頭汁液、鹽一起煮溶，備用。
1. 太白粉（裹粉）	2 公斤	
2. 油炸油	10 公斤	2. B 料：(9+10) 成太白粉水，勾芡用
3. 沙拉油	8C	
4. 番茄醬	8 公斤	
5. 糖	6 公斤	
6. 白醋	8 公斤	
7. 水＋鳳梨罐頭汁液	2 公斤	
8. 鹽	3/4C	
9. 太白粉	2C	
10. 水	3C	

醃　料		製備方式
品　名	重量或份量	
1. 蛋黃	15 個	
2. 糖	1/2C	
3. 鹽	2T	
4. 太白粉	1C	
5. 水	1C	
6. 米酒	1/2C	
7. 醬油	1½C	

	設　備
前處理時間：1 小時	1. 油炸鍋一個
烹調時間：1.5 小時	2. 29 吋中式炒鍋一個
烹調法：炸、拌	
火候（或溫度）：中小火	

食譜名稱：三鮮水餃　　　　　　　　　　　　　　　　類別：主食類

一人份供應量：15個　　生品主、副材料比例＝胛心絞肉：草蝦仁：海參：韭黃：芹菜
　　　　　　　　　　　　　　　＝48公克：45公克：45公克：25公克：10公克

一人份營養量：醣類－58.5公克、蛋白質－28.6公克、脂肪－15.85公克　　　100人份

食物材料		製備方式（分 30 次製備）
品　名	重量或份量	1. 胛心絞肉剁碎，加 2T 鹽攪拌成稠狀，入 2C 水，草蝦仁去腸泥切 0.5 公分正段，海參切 0.5 立方公分，韭黃切 0.5 公分正段，蔥、芹菜切末
1. 胛心絞肉	4.8 公斤	
2. 草蝦仁	4.5 公斤	
3. 海參	4.5 公斤	2. 將所有材料、調味料攪拌均勻，再拌 20 分鐘，置冷藏庫冷藏（3 公斤一袋，壓扁成 2 公分厚冷藏）2 小時備用
4. 韭黃	2.5 公斤	
5. 芹菜末	1 公斤	3. 包餡，每個餡重 12 g。以不鏽鋼平盤盛裝，上灑高筋麵粉防黏，以保鮮膜包覆，整盤入大型冷凍庫冷凍
6. 蔥	1 公斤	
7. 餃子皮	25 斤（15 張／份 ×100 份）	4. 煮大鍋水，水沸下水餃 50 個，以漏勺推鍋底（防水餃黏住）至水再次沸騰，入 1 公升冷水，水沸騰後，再點一次水，至浮於水面，即撈起，上淋香油（防黏）
		5. 煮 30 次，每次煮完餃子撈起後，大鍋水須加冷水煮沸，再下下一批餃子

調味料		製備方式
品　名	重量或份量	
1. 鹽	1/2C	
2.(1) 水	1C	
(2) 水	2C	
3. 麻　油	2C	
4. 醬　油	1/2C	
5. 醬油膏	1C	
6. 米　酒	1/2C	
7. 胡椒粉	1/4C	
8. 細砂糖	1/2C	

醃　料		製備方式
品　名	重量或份量	備註：
1.		1. 市售餃子皮：60 張／斤，1500 張 ÷60 ／斤 =25 斤
2.		2. 餡重 12 g ／份，胛心絞肉：蝦仁：海參：（韭黃＋芹菜＋蔥）= 3 g：3 g：3 g = 4,500 g：4,500 g：4,500 g：4,500 g（1,500 個餃子）（一人份供應 15 個餃子）
3.		

設　備	
前處理時間：30 分鐘＋3 小時	1. 不鏽鋼長方盤數個
烹調時間：40 分鐘	2. 29 吋中式炒鍋一個
烹調法：水煮	
火候（或溫度）：中火	

📄 **註釋 BOX** ▶

註5　黃韶顏(1999)·*團體膳食製備*（增修十版，69頁）·臺北市：華香園。
註6　黃韶顏(1986)·*自助餐菜單的設計*（三版，77頁）·臺北市：圓山企業公司圖書出版部。
註7　黃韶顏(1999)·*團體膳食製備*（增修十版，77頁）·臺北市：華香園。

習 題

(　　) 1. 一份學童午餐的熱量為 700 大卡，蛋白質、脂肪、醣類各提供 15%、30% 及 55% 的熱量，則午餐之脂肪應為幾克？　(1)21　(2)23　(3)25　(4)28

(　　) 2. 青江菜生廢棄率（生廢棄量／購買量 ×100%）為 12%，12/13 午餐菜單為每人供應 1 份炒青江菜（每份為 100 克生重），欲供餐 10000 份，需使用多少公斤的青江菜？　(1)880　(2)1000　(3)1120　(4)1137

(　　) 3. （複選）膳食設計者應具備哪些條件？　(1) 確實瞭解團體膳食廚房處理大量食物的工作內容，以設計可實際執行的方法　(2) 膳食設計者能領導廚房工作者，使其願意配合製作所設計的菜單　(3) 本身具備精曉專業的食物知識、烹調法、食物搭配等　(4) 身邊有可利用的各式表格、食譜、過去的菜單紀錄、市場食材價格等以設計菜單，並經常接受新知、新食物的資訊　(5) 能於幾天前與廚房工作人員充分溝通，如菜單內容是否前處理工作太過繁重？是否有未用完的食材可加入菜單中使用？需要修改與否等

(　　) 4. 不同宗教各有不同的飲食禁忌，下列敘述何者錯誤？　(1) 回教不吃豬肉　(2) 佛教不吃蔥、蒜、韭菜、洋蔥　(3) 一貫道不吃葷　(4) 喇嘛教不吃刺激性食物（如茶、咖啡、酒、可樂、汽水）

(　　) 5. 依據 2018 新版「每日飲食指南」，提供蛋白質營養素的食物選擇，其建議優先順序為何？①肉②蛋③豆④魚　(1) ①②③④　(2) ④③②①　(3) ③④②①　(4) ②①④③

（　　） 6. 某醫院的病人餐設計，每一份盤餐的莧菜供應量為 90 公克，收縮率為 20%，生廢棄率為 8%，要供應 200 人份的餐量，約需購買多少的莧菜量？ (1)13 公斤　(2)15 公斤　(3)20 公斤　(4)25 公斤

（　　） 7. 製作 1000 人份青椒牛肉，食物材料費：青椒 1000 元、牛肉 6500 元、香辛料 500 元，已知食物成本百分比為 40%，問一人份青椒牛肉售價？　(1)13.3 元　(2)20 元　(3)25 元　(4)30 元

（　　） 8. （複選）對於菜餚中食物的特性與搭配，選出敘述正確者？　(1) 同一餐的四、五道菜餚以同一色系出現為宜　(2) 同一道菜餚，食材形狀需一致，有協調感；不同道菜餚則有絲、有片、有大塊狀以增加整體豐富性　(3) 每道菜均勾芡，可幫助銀髮族食用　(4) 不同菜餚有其適宜的食用溫度，要掌握熱食熱供應、冷食冷供應的原則

（　　） 9. 使用銷售分析表，可以得知菜餚受消費者歡迎狀況，下列敘述何者最受消費者歡迎？　(1)30 分鐘內銷售出 60 份的麻婆豆腐　(2)30 分鐘內銷售出 80 份的滷百頁麵腸　(3)20 分鐘內銷售出 60 份的京醬肉絲　(4)2 小時銷售出 120 份照燒雞腿

（　　） 10. 某餐廳中餐的用餐人次為 500 人次，該餐廳每日中餐供應主菜 4 道、半葷素 8 道、蔬菜 5 道，估計每人可能選擇的菜單道數為主菜 1 道、半葷素 2 道、蔬菜 2 道，試問主菜、半葷素、蔬菜各應製作幾人份始夠應付客人需要？ (1) 每道主菜的製作份數 125 份、每道半葷素的製作份數 125 份、每道蔬菜的製作份數 200 份　(2) 每道主菜的製作份數 250 份、每道半葷素的製作份數 250 份、每道蔬菜的製作份數 200 份　(3) 每道主菜的製作份數 125 份、每道半葷素的製作份數 250 份、每道蔬菜的製作份數 200 份　(4) 每道主菜的製作份數 125 份、每道半葷素的製作份數 125 份、每道蔬菜的製作份數 100 份

（　　） 11. （複選）菜單設計完成後，是否符合實際運作的評估方式，有哪些？　(1) 營養均衡否？是否包括六大類食物？是否應用當季食材、食物的特性與搭配是否利用透徹？　(2) 售價價格合理否？是否符合成本預算？　(3) 是否配合現有設備種類及數量、工作人員數、工作量及其能力、器具使用等？　(4) 每套菜單內是否有重複的菜餚？　(5) 消費者是否接受此菜單？

(　　) 12. 對於循環菜單的敘述，何者錯誤？ (1) 依一定週期循環的菜單，至少以一個月為宜 (2) 循環菜單使用多次，相同菜餚重複製作，製作程序、員工製作技巧均累積經驗，增加熟練度，能思考工作程序的簡化，分工的合理性及利於製程標準化 (3)節省菜單設計者設計菜單的時間 (4)若遇天候、節慶，不須作菜單修正

(　　) 13. 對於標準食譜的敘述，何者錯誤？ (1) 一固定份數（大多使用 100 人份）的食譜表格，其中載明食物材料名稱、用量、製作程序、使用設備、一人份營養量（含蛋白質、脂肪、醣類克數）、供應份數、前處理及烹調時間、烹調次數等 (2) 將全部製程及器具設備予以標準化，任何人只要依循相同作業流程操作，應可製備相同質量的菜餚，輔以照片呈現正確的半成品、成品外觀 (3) 標準食譜中所載之食物材料重量均為生品可食重量（EP 重），依標準食譜計算購買量時，應加估生廢棄率 (4)A 家團膳工廠的標準食譜，可適用 B 家

(　　) 14. A 家團膳工廠其標準食譜以 100 人份為單位，100 人份的烤豬排，需 8 公斤大里肌肉（生品可食重），欲製作 650 人份的烤豬排，其調整係數為 (1)5 (2)6 (3)6.5 (4)7

(　　) 15. A 家團膳工廠其標準食譜以 100 人份為單位，100 人份的烤豬排，需 8 公斤大里肌肉（生品可食重），其生廢棄率為 0%、收縮率為 20%〔（生品可食重－成品重）／生品可食重 ×100%〕；欲製作 650 人份的烤豬排，應購買豬大里肌肉多少公斤？ (1)60 (2)64 (3)65 (4)80

(　　) 16. 下列何種敘述，不符合標準食譜之內容？ (1) 胡椒粉：適量 (2) 火候：中小火 (3) 類別：半葷素類 (4) 一人份供應量：100 公克

參考答案

1.2　　　 2.4　　　 3.12345 4.4　　　 5.3　　　 6.4　　　 7.2　　　 8.24　　 9.3　　　 10.1
11.12345 12.4　　 13.4　　 14.3　　 15.3　　 16.1

81

MEMO

Quantity Food Production Management

Quantity Food Production
Management

3

CHAPTER

採購與驗收

 **3-1　採購工作**

一、何謂採購 (Purchase)

在合宜的時間、地點，選購適材適質的食品，以低成本達到高效率的使用，是採購工作的極致表現。採購是一項不容易的工作，表面上是訂貨、選貨、交貨付款的過程，實際上從預估購買數量、品質等級與價格的掌握，各類供貨市場的選擇，各食材當令產季和最佳品質、產地的瞭解及如何選擇良好廠商，訂定採購合約等，在在都需要敏感度高的優秀採購人員。

二、採購人員應具備的條件

1. 本身具誠實廉潔的品德，不討好、不勾結廠商、不貪污，以公司企業的利益為利益，此為首要條件。

2. 清楚明瞭市場的營運情形、採購方式、市場行情、收集各類食材優良廠商名錄備用。

3. 熟悉食材選擇與基本烹調，各類食材的名稱、部位及其最佳品質的產地，深諳各類食材的選購要領，知曉各式烹調法及各式食材的搭配，於採購時能依成品需求尋找最適宜的食材。

4. 深諳採購談判技巧，能分辨廠商的不正當手法。

三、採購政策 (Purchasing Policies)

（一）依選擇供應商的來源分類

1. 獨家採購：同一食材向同一廠商採購，可能是該食材只有該廠商販賣（獨家進口或廠商收購了所有產地的該食材，獨家販賣），此方法使購買者可對該食材獲得專業的相關知識與技術；相反地則因無同業競爭採購成本無法壓低。建議團膳食材宜向專業廠商採購，即豬肉向豬肉商採購、魚和海鮮向魚商採購、蔬果向蔬果商採購、米向米商採購，因專一商品的商家對食品規格、成分等十分瞭解。

2. 多家採購：可同時向多家廠商採購，由於競爭者眾，價格上較有商討彈性，且可確保食材來源不致缺乏；甲家買不到，可向乙家、丙家購買。

（二）依有無庫房分類^{（註8）}

1. 無庫房：採用現用現購政策 (hand-to-mouth buying)，又名零星採購，食材當日採購當日使用完畢，可節省庫房空間、資金或倉儲成本（租用他人庫房租金），但須天天或經常採購，數量少無法享大批採購的折扣優惠，且遇物價上揚時，付出的採購成本相形提高。

2. 有庫房：

    (1) 預購備用 (forward buying)：此種採購政策為團膳機構較常採用，為避免食材短缺，可依庫房存貨訂出最低—最高庫存量或安全庫存量，若已達此標準即應採購備用。通常機構設有庫房空間或向其他廠商承租庫房，依庫房大小決定預購量多寡。

    (2) 投機採購政策 (speculation buying)：可能因食材缺乏或季節性缺貨問題，機構於低價時大量買進，可節省採購成本，但資金無法靈活運用，且須有大空間庫房貯放之，並需小心食材過期問題。

四、採購類型與方法

（一）採購類型 (Purchasing Types)

團體膳食採購類型可分為：

1. 直接向產地採購：大多用於蔬菜類、水果類、米之採購，採購人員看過食品品質後直接向生產該產品的人員購買現貨；或以契約方式約定購買未來收成之作物。

2. 向各類批發市場或承銷人採購：如果菜批發市場、漁產批發市場是將種類眾多的果菜、漁產品大量集中於一處，並聚集眾多的承銷人（指向批發市場承購果菜、漁產品的業者），以公開方式形成公正的價格，迅速完成交易，確保食物品質，節省買賣雙方各自尋覓對象的時間和費用，由於貨色齊備，能滿足消費者需求，有利於產銷雙方。

3. 零售商採購：零售商是市場營運系統（消費地批發市場 → 承銷人（即零批商）→ 零售商 → 消費者）中售價最高的，商品種類多，適宜少量購買和緊急、臨時性的採購。

4. 大量採購：適用於可長久貯存的食材或貨品，例如：米、調味料、罐頭、冷凍食品、紙餐盒等。一次大量進貨，可降低進貨價格，但經營者應考慮若把資金投注於此，是否造成資金積壓問題、或是否有足夠的貯存空間等。

5. （集中）聯合採購：數個單位一起進行採購工作：

- 優點有：

  (1) 將採購量集中，可以較低價格、較多折扣優惠、較多的服務（如免費送貨等）採購到品質不錯的食材。

  (2) 可節省各單位採購工作，由一批工作人員執行採購工作，各單位毋須再編制採購人員。

  (3) 節省驗收人員及設備，只要準備一組驗收人員、設備即可敷用。

- 缺點有：

  (1) 申購程序繁複，不敷急用：單位多，申購單的填寫數量、品質、規格要清楚明確，須於使用日之前（各機構自訂申請期限）先行填具申購單，由採購單位彙整後，再進行採購，因此過程繁複。

  (2) 驗收工作增加、工作時間增長、驗收項目複雜，對各食材的驗收標準不易確實掌握；撥發工作量也相對增加。

（二）採購方法 (Purchasing Methods)

採購方法通常包括不公開的採購法（報價採購、訂購採購、議價採購、詢價現購）、公開的採購法（招標採購、比價採購、牌價收購、期貨交易、拍賣採購等）兩類。

◎ 不公開的採購法 (Informal Purchase)

1. 報價採購 (quoted purchase)：由團膳機構發給各商家詢價單，單上列明品名、規格、等級、數量、交易條件、有效期限及特殊條件等，請廠商以正式報價單報價，再由其中選出條件最優、價格最低的廠商與之進行交易（因已列明各項條件，應選擇價格最低者進行交易）。通常書面為之，是最常用的採購方法。

2. 訂購採購 (purchase order)：團膳機構已選擇好商家（大多是經常合作、有信用、送貨貨品品質不錯的商家），只需填具訂購單（標明品名、規格、數量）或以電話口頭訂貨即可。此種採購法手續簡便，亦常使用，惟需經常審視該商家價格是否合理，避免成為花大錢的冤大頭。

3. 議價採購 (negotiated purchase)：買賣雙方面對面依行情、品質直接洽談細節條件，而議訂價格的交易方式。最適用於緊急採購或只獨家（少數幾家）供應的貨品，有利於政策性或互惠條件之運用。因採不公開方式進行磋商，易令採購人員有舞弊機會，且僅對一家議價也易造成廠商哄抬價格。

4. 詢價現購 (purchase at inquiry price)：利用通訊設備（如電話、傳真或電子郵件等）向不同廠商詢問貨品價格，或請其郵寄目錄價格表，經過比價後再行下訂購單訂貨。通常用於小金額的貨品採購。

◎ **公開的採購法 (Formal Purchase)**

　　大多用於米、油等需大宗採購且不易腐敗的食品：

1. 招標採購 (open tender)：又名公開競標採購，通常於報紙、雜誌等公開刊登招標消息，依發標、投標、開標、決標、訂定合約之程序進行，以符合規定的最低價者得標。具公平競爭、杜絕徇私、防止舞弊的優點，但耗時費事、手續繁雜，不適用於緊急採購。

2. 比價採購 (restricted tender)：只找幾個廠商進行比較欲購買之貨品價格品質、等級等，與招標類似，但不須公告。

3. 牌價收購 (purchase at published price)：貨品使用量多且來源分散各地無法集中收購者，採購部門可訂定價格與之定期收購；通常依生產成本、合理利潤、市場行情訂出價格，再依固定價格、每月牌價、保證價格三種類型收購。

4. 期貨交易 (commodity future trading)：買賣雙方委託商品交易所，以公開拍賣方式議定商品價格、品質、數量，並保證按期交貨的遠程買賣。

5. 拍賣採購 (auction)：市場交易開始時，買賣雙方集中一處，由拍賣員站在公正立場，於公開、公平的情況下彼此叫價（或利用電子儀器按出價格）或以手勢、擊掌表示接受該價格的交易過程。拍賣的好處有：

   (1) 公開拍賣、公平競爭，形成公正價格。

   (2) 大量交易，節省交易時間。

   (3) 避免不法情事的發生。

五、採購食品的考慮因素

1. 瞭解各類食品的國家標準、等級分類、規格標準等，選用符合自己機構所採用之食材標準。

    (1) 明瞭各種包裝的重量（淨重、粗重）、數量（幾個／箱），以利大量製作之分配。例如：分配給國小學童營養午餐水果，以完整個數計算較方便，購買橘子以 1 斤 4 個的此種規格，橘子（150 g／個）可一人一個，而勿購買 1 斤 6 個的規格，造成分配時 1.5 個／人的困擾。

    (2) 罐頭食品或冷凍食品的規格：冷凍食品，如冷凍蝦仁，須瞭解蝦仁包冰重量，冰塊的重量有時甚至占冷凍蝦仁 50%，遇此情形，須多買一倍之冷凍蝦仁，解凍後才夠使用。

    (3) 半成品、成品的採購：要注意主、副材料、添加物的種類及百分比，以維護團膳食品的安全（盡量少用半成品或委外製作成品）。

2. 購買新鮮安全、衛生、來源清楚的食材，明確瞭解該食品於生產、加工製造、運銷、貯存等過程是安全的；避免選購摻有有害人體成分之食品，如含防腐劑、螢光劑、非食用色素、漂白劑、農藥殘留等；必要時，可請廠商出具食品來源、添加成分之證明。

3. 分類向專業廠商採購，可確切掌握食品品質：礙於採購量少，只得向一菜商購買生鮮材料（如肉、魚、海鮮、蔬菜、水果、乾貨、米、調味料等）；若一機構能達一定數量之採購量，或幾個小機構一起集中訂購，則可分別向肉商、魚商、海鮮商、米商、蛋商、蔬菜商、水果商等購買。長久販賣一類商品的商家能深知該類食品在不同烹調方法的優缺點，何種產季的產品最美味，何種部位適用於何種產品的使用等，可藉商家的專業素養，補足自己的不足，並能使用最佳品質、最適用的材料。

4. 價格：依機構的評估，在所能付出的價格範圍內，決定採購品質、等級。

5. 採購數量多寡、食品種類與有無庫房貯存：庫房有無及其大小與食品易腐敗與否均會影響採購量的多寡。庫房大，不易腐敗的食品，可一次採購多量；庫房小甚至無庫房，易腐敗的食品，則建議宜少量採購，足夠當天用量即可。

六、建立採購規格制度

採購規格是一種市場的交易語言，一種消費者與供貨商的直接溝通方式，由於市場上的原物料種類眾多，每一種原物料又有各式品種，每一品種又有不同的品質、等級等，相對其價格就有不同。每一個團體膳食經營管理者，若要生產一定品質的餐食，其在原物料的採購上就得多費心，能買到合用又便宜的物料真是可喜。合用之意即符合自己機構生產線上的規格、大小、等級等。管理者應與菜單設計者、採購人員、驗收人員、廚房製備人員等，共同討論制訂出符合自己機構使用的採購規格標準(establishing and using specifications)。

要建立一完整的食物採購表格，其中需列出各個食物材料的特色要求，初期是很複雜且須花費大量時間的。但對一欲建立有效率採購的企業體是必須進行的工作。在作這些食品基本採購表格時，需列出品牌、種類、大小、包裝形式、等級、輕重和其他事項（包括其特性、區別的特徵及所想要購買的品質等）。這些詳細特徵的描述就是所謂的「標準採購規格」。通常這些分類標準是由政府的相關機構制訂的，適用於一般市場。如中國國家標準(CNS)（見表 3-1）、果菜分級包裝手冊（一）、（二）、（三）（見光碟附錄四）－臺北農產運銷公司等。但團體膳食機構可參考政府的制訂規格，自訂出更嚴謹的規格標準，蔬菜、水果可考量分級包裝，魚海產類、豬、牛、雞、鴨等則需考慮市場對該食材的切割型態、規格，如冷凍墨魚只要身體抑或要全身？雞腿是 8 支／一公斤抑或 4 支／1 台斤的？大里肌肉是要 10 片／1 台斤或 8 片／1 台斤的？正確的訂出採購部位，採購回來的食材可直接前處理、醃拌，節省人力切割時間，可減少人力處理廢棄部位與廢棄物處理等問題。試舉幾例中國國家標準的食品規格，詳見表 3-1(1)~(9)。

採購規格標準一旦制訂了，應令員工瞭解此一標準，並訓練員工遵循這些標準及其作業程序，並讓供貨商正確瞭解所想買的食物規格。一旦標準採購規格建立起來，就能列印、分送給各個有能力的供貨商，以令其完整地瞭解團體膳食機構的正確採購需要。標準採購規格制訂之後，仍須依狀況隨時修訂；標準採購規格的制訂對團膳機構作用如下：

1. 依標準採購規格，主管可事先決定每項產品的正確規格。
2. 有了標準採購規格，可以減少菜單設計者、採購者與供貨者之間的誤會。[註9]

3. 標準採購明列出每一產品規格，將其提供給幾個供貨商，能作為團膳機構比價、競價的依據。(註10)

4. 標準採購規格明列之後，可省去每一次訂購時詳細的核對每一項產品口頭描述的麻煩，也免去每次親赴市場採購的麻煩。

5. 標準採購規格可作為驗收時點收食品的依據。

表 3-1(1)　西瓜 (watermelon)　　　　　　　中國國家標準 (CNS) 總號： 1449

等級	合格標準	容許度
特　等	1. 果實須屬同一品種，且須成熟適當，清潔、形狀端正、發育良好、色澤優良、肉質脆及具有該品種固有之甜味 2. 無腐爛或瓜實蠅侵害、破裂、過熟、水浸果、水傷及果頂破裂之傷痕等易腐品 3. 無傷疤、機械傷、日燒、落蒂、蟲孔、炭疽病、蒂腐病	每批樣品不合於左列標準之規定者，按個數計以 10% 為限，其中腐爛者以 1% 為限。但容許度不及 1 個者，得許可 1 個
優　等	1. 果實須屬同一品種，且須成熟適當，清潔、形狀尚端正、發育良好、色澤優良、肉質脆及具有該品種固有之甜味 2. 無腐爛或瓜實蠅侵害、破裂、過熟、水浸果、水傷及果頂之傷痕等易腐品 3. 無顯著傷疤及機械傷且無日燒、落蒂、蟲孔、炭疽病、蒂腐病	每批樣品不合於左列標準之規定者，按個數計以 15% 為限，其中腐爛者以 1% 為限。但容許度不及 1 個者，得許可 1 個
良　等	1. 果實須屬同一品種或特性類似，且須成熟適當，清潔、形狀尚端正、發育良好、色澤尚優良、肉質脆及具有該品種固有之甜味 2. 無腐爛或瓜實蠅侵害、破裂、過熟、水浸果、水傷及果頂破裂之傷痕等易腐品 3. 無嚴重傷疤及機械傷且無日燒、落蒂、蟲孔、炭疽病、蒂腐病	每批樣品不合於左列標準之規定者，按個數計以 15% 為限，其中腐爛者以 1% 為限。但容許度不及 1 個者，得許可 1 個

等級：西瓜依其品質及大小規格分為特等、優等及良等，各等級大小應分別符合表中之規定

規　格	超　大	特　大	大	中　大	中	中　小	小	特　小
重　量 （公斤）	15 以　上	12 至未滿 15	10 至未滿 12	8 至未滿 10	6 至未滿 8	4 至未滿 6	2 至未滿 4	小於 2

大小規格：西瓜依其重量，分為超大、特大、大、中大、中、中小、小、特小 8 種，詳如表中規定。
註 1：超大、特大、大、中大、中果，同一包裝內，每果果實重量差異不得超過 1 公斤。
註 2：中小、小、特小果，同一包裝內，每果果實重量差異不得超過 0.5 公斤。

表 3-1(2)　白米 (milled rice)　　　　中國國家標準 (CNS) 總號：2425

類	等	性	最高限度										
粒	級	狀	水分(%)	損(被)害粒		白堊(粒)質粒(%)	碎型粒(%)	異型粒(%)	夾雜物		糙米(%)	稻穀(%)	未變糯粒(%)
				總計(%)	變色粒(%)				總計(%)	固體殘渣(%)			
梗米	一等	米粒充實飽滿、粒型均一、米澤鮮明	14.5	1	0.1	5	5	1	0.1	0	0	0	—
	二等		14.5	2	0.3	10	10	3	0.2	0	0	0	—
	三等		14.5	4	0.5	15	15	5	0.3	0	0.1	0.1	—
秈米	一等		14.5	1	0.1	5	10	1	0.1	0	0	0	—
	二等		14.5	2	0.3	10	15	3	0.2	0	0	0	—
	三等		14.5	4	0.5	15	20	5	0.3	0	0.2	0.2	—
圓糯			13.5	4	0.5	—	15	3	0.3	0	0.1	0.1	4
長糯			13.5	4	0.5	—	20	3	0.3	0	0.2	0.2	4

表 3-1(3)　花椰菜等級 (grades of cauliflower)　　　　中國國家標準 (CNS) 總號：2095

等級	合格標準	容許度
甲　等	1. 須同一品種，成熟適度，花球緊密，修整良好（包葉切除者例外），色澤良好，新鮮、清潔，各小花柱未伸長 2. 無腐爛、過熟、變色、黑點變形包葉、莖空心、污染、病蟲或機械損害者	每批不合於左列之規定，按個數計，以 10% 為限，其中腐爛者，不得超過 1%
乙　等	1. 須同一品種，成熟適度，花球尚緊密，修整尚良好（包菜切除者例外），色澤尚良好、新鮮、清潔 2. 無腐爛、過熟、變色、莖空心、污染、嚴重病蟲或機械損害者	每批樣品不合於左列之規定，按個數計，以 10% 為限，其中腐爛者，不得超過 1%
丙　等	1. 同一品種或類似品種，花球尚緊密，修整尚良好（包菜切除者例外），新鮮、清潔 2. 無腐爛、凋萎、嚴重變色、污染、嚴重病蟲或機械損害者	每批樣品不合於左列之規定，按個數計，以 15% 為限，其中腐爛者，不得超過 1%

註：外銷品以甲、乙等為限。

表 3-1(4)　糙米 (brown rice)　　　　　　　　　中國國家標準 (CNS) 總號：2424

| 類 | 等 | 性 | 最低限度 完整粒 (%) | 水分 (%) | 最高限度 屑米、損(被)害粒、白堊(粉)質米、碎粒、異型粒 | | | | | | | 夾雜物 (%) | 稻穀 (%) | 未變糯粒 (%) |
					總計 (%)	屑米 (%)	變色粒 (%)	發芽粒 (%)	白堊(粒)質粒 (%)	碎粒 (%)	異型粒 (%)			
粳米	一等	米粒充實飽滿、粒型均一、米澤鮮明	75	14.5	15	4	0.2	0.3	3	2	1	0.2	0.2	—
粳米	二等		65	14.5	20	6	0.3	0.4	5	3	3	0.3	0.3	—
粳米	三等		55	14.5	25	8	0.5	0.5	7	4	5	0.5	0.5	—
秈米	一等		70	14.5	15	4	0.2	0.3	2	4	1	0.2	0.3	—
秈米	二等		60	14.5	20	5	0.3	0.4	3	6	3	0.3	0.4	—
秈米	三等		50	14.5	25	6	0.5	0.5	5	8	5	0.5	0.6	—
圓糯			65	13.5	20	6	0.3	0.4	—	3	3	0.3	0.3	4
長糯			60	13.5	20	5	0.3	0.4	—	6	3	0.3	0.4	4

表 3-1(5)　鮮乳 (fresh milk, pasteurized milk)　　　　中國國家標準 (CNS) 總號：3056

種類：本標準產品包括高脂鮮乳、全脂鮮乳、中脂鮮乳、低脂鮮乳、脫脂鮮乳、強化營養鮮乳、低乳糖鮮乳及鮮羊乳

非脂肪乳固形物：應在 8.0% 以上

乳脂肪含量：

1. 高脂鮮乳：應在 3.8% 以上

2. 全脂鮮乳：應在 3.0% 以上未滿 3.8%

3. 中脂鮮乳：應在 2.0% 以上未滿 3.0%

4. 低脂鮮乳：應在 0.5% 以上未滿 2.0%

5. 脫脂鮮奶：應在 0.5% 以下

6. 強化營養鮮乳：脂肪含量依各項鮮乳標準明確標示

7. 低乳糖鮮乳：脂肪含量依各項鮮乳標準明確標示（乳糖含量不得高於 1.5%）

8. 鮮羊乳：應在 3.2% 以上

表 3-1(6)　雞蛋 (shell chicken eggs)　　　　　　中國國家標準 (CNS) 總號： 2100

項　目		特　等	優　等
外觀檢查	1. 蛋　殼	潔淨，無破損，無裂縫，殼形正常，色澤一致	潔淨，無破損，無裂縫，殼形無明顯異常，色澤一致
透光檢查	2. 蛋　黃	位置固定，輪廓模糊，胚盤無發育	位置稍移動，輪廓略明，面積略見擴大，胚盤無發育
	3. 蛋　白	透明無異物	透明無異物
	4. 氣　室	深 6 mm 以下，位置固定	深 10 mm 以下，位置固定
內容檢查	5. 蛋　黃	圓、高	稍扁平
	6. 厚蛋白	大量聚集於蛋黃周圍，呈較高狀	小量，呈扁平狀
	7. 稀蛋白	小　量	稍大量

重量分數	特大蛋	大　蛋	中　蛋	小　蛋	特小蛋
代　號	LL	L	M	S	SS
每個重量	66 至 72 公克	60 至未滿 66 公克	54 至未滿 60 公克	48 至未滿 54 公克	42 至未滿 48 公克

表 3-1(7)　盒裝充填豆腐 (packed tofu)　　　　　中國國家標準 (CNS) 總號： 12729

項　目	嫩豆腐、涼拌豆腐	高蛋白、家常、火鍋豆腐
外觀及形態	色澤白色至淡黃色，組織細緻，膨軟適度，包裝完整	色澤白色至淡黃色，組織細緻，膨軟適度，包裝完整
氣　味	具固有氣味，不得有異味，或不良氣味	具固有氣味，不得有異味，或不良氣味
夾雜物	不得有外來夾雜物	不得有外來夾雜物
水份 (%)	90 以下	87 以下
蛋白質 (%)	4.3 以上	5.0 以上

註：水份係按豆腐淨重計算。

表 3-1(8)　一般醬油 (soy sauce)　　　　　　中國國家標準 (CNS) 總號： 423

區　分	甲級品	乙級品	丙級品
性　狀	具優良釀造醬油固有之色澤與香味，且無異味、異臭	具良好醬油固有之色澤與香味，且無異臭、異味	具良好之色澤與香味，且無異臭、異味
總氮量 (g/100 ml)	1.4 以上	1.1 以上	0.8 以上
胺基態氮 (g/100 ml)	0.56 以上	0.44 以上	0.32 以上
總固形物（食鹽除外）(%)	13 以上	10 以上	7 以上
夾雜物	不得含有	不得含有	不得含有
內容量	須與標示之容積符合	須與標示之容積符合	須與標示之容積符合

註：釀造醬油果糖酸含量不得超過 0.1%。

1. 定義：以植物性蛋白質經醱酵、熟成所製得調味液，包括加食鹽、糖類、酒精、調味料、防腐劑等製成者。

2. 方法：
   (1) 釀造法：以大豆、脫脂大豆、黑豆及小麥、米等穀類，經煮熟或以其他方法處理並經培養麴菌製成之「醬油麴」，或在此加入蒸熟米或蒸熟米以麴菌糖化，並注入食鹽水，或加入生醬油、醬油醪使其醱酵，及熟成所得者。
   (2) 速釀法：植物性蛋白質以酸分解處理所得之胺基酸液或添加醬油醪、生醬油，經發醱酵熟成後所得者。
   (3) 混合法：將第 2.(1) 或 2.(2) 中添加酸分解法或（及）酵素分解法所得者。

3. 種類：
   (1) 一般醬油：以大豆、脫脂大豆、黑豆及小麥、米等穀類為原料，依上述方法製得之醬油。
   (2) 黑豆醬油：以黑豆及小麥、米等穀類，經蒸煮或以其他方法處理並經培養麴菌製成之「醬油麴」，依傳統釀造法製成之醬油。
   (3) 醬油膏：凡醬油中添加黏稠劑，使其黏度於 25℃時達 250 cps 以上者，包括蔭油、壺底油。
   (4) 生醬油：指發酵熟成後之醬油醪，經壓榨所得之未經任何處理之液體。
   (5) 淡色醬油：其色度 (Abs 555nm) 小於 3.0 或標準色大於 19 以上之醬油。
   (6) 薄鹽醬油：其鹽度 (NaCl) 以氯離子計算低於 12%，且不得添加防腐劑之醬油。

❖ 表 3-1(9)　麵粉 (wheat flour)　　　　　　　　　中國國家標準 (CNS) 總號： 556

品質項目／類別	高筋麵粉	中筋麵粉	低筋麵粉
水　分	14.0% 以下	14.0% 以下	13.5% 以下
粗蛋白質	13.5% 以上	11.0% 以上、未滿 13.5%	7.5% 以上、未滿 11.0%
灰　分	0.80% 以下	0.65% 以下	0.60% 以下
脂肪酸度	中和 100 g 麵粉中游離脂肪酸之氫氧化鉀量不得高於 50 mg		
顆粒粒徑	100% 通過測試驗篩 0.212 mm CNS 386		

七、採購合約 (Purchasing Contract)

　　合約採購乃是買賣雙方為共同履行有法律效力規範之條例事項所簽訂的文件。通常以書面合約為之，亦有以訂購單、詢價單或口頭約定之形式，但若遇採購糾紛，例如：貨品規格不符、價格波動太大、送貨時間延遲而趕不及製備和配膳等，則不易處理。

　　合約的訂定中，可以依機構常用的食品種類向廠商提出訂定「固定價格合約」；當然採購人員必須充分瞭解各食品的行情，能以較低於市場之價格訂立合約，可使機構節省食物成本；即使市場價格上揚，依合約廠商仍須以合約中之價格售予機構。

　　合約內容通常包括兩個部分：第一部分是通則合約內容，包括簽約目的、簽約雙方機構名稱、負責人、地址，簽約日期，合約有效期間；第二部分主要是採購交易的內容：

1. 供貨的品質、規格、價格之約定。
2. 供貨種類。
3. 訂貨方式和時間，遇偶發事件之處理方法。
4. 交貨時間、地點及點收；若遇品質不符之處理方法，如何補救或賠償。
5. 付款方式。
6. 保證金的設立。
7. 違約事件之賠償，如廠商未供貨導致的損失。
8. 未盡事宜之補充。

　　以下列舉學校午餐副食採購契約[註11]（範例 3-1），以及農產運銷的蔬果供應採購合約書兩例以茲參考[註12]（範例 3-2）。

 **3-1**

合 約 書

合約者：甲方：　　　　　　　　　　　　　　　　　　　　以下簡稱甲方
　　　　乙方：　　　　　　　　　　　　　　　　　　　　以下簡稱乙方　為辦理

學校自立午餐副食供應業務特立合約如後：

本契約有效期間：自民國　　　　年　　　　月　　　　日起至

　　　　　　　　　民國　　　　年　　　　月　　　　日止

本契約簽訂日期：民國　　年　　月　　日

第1條：乙方供應應本誠信之精神及原則，為學校師生提供副食供應服務。

第2條：乙方供應之副食應保證品質與規格及價格標準如下：

（一）品質與規格：依據雙方所定之標準作為驗收之依據。

（二）價格：由乙方向甲方每星期報價乙次，經甲方同意後實施。若價格明顯高於
　　　　　　一般市價，乙方得主動向甲方提出說明，如未事先言明，經甲方查知情節重
　　　　　　大者，甲方得要求乙方賠償損失或由甲方逕予解約。

第3條：副食品供應項目：

甲方委託乙方供應副食品為：

（一）魚、肉：必須是 CAS 冷凍或是有蓋章之合格新鮮產品，不可隔夜，運送時要
　　　　　　冷凍，以防肉類變質，如有違犯而中毒，乙方應負賠償之責。

（二）蔬菜、水果及其他加工食品，均不含有非食用色素及添加物。

第4條：訂貨方式：

（一）甲方需於三天前（週五）將下週副食品需求量填妥採購單交乙方。如有遺漏
　　　　　　時乙方自動清查於週六上午十一時前通知甲方，立即補辦手續。

（二）遇偶發事件，必須停止供應午餐時（如停課、補假、停電…等）甲方至遲應
　　　　　　於前一天晚上十一時前通知乙方，否則甲方不得拒收乙方送達之副食品。

第5條：送貨驗數：

（一）乙方應於每日上午八時三十分至九時間（如逾十分鐘以上，即視同違約，累
　　　　　　積達三次以上，甲方得主動解除或終止合約）將副食品送達，由甲方派員當
　　　　　　面點清、過磅，如有不足，乙方應於一小時內設法補足。

（二）如有品牌不符、質地不良，甲方驗收時可拒絕簽收並要求乙方於一小時內更
　　　　　　換。

第 6 條：付款方式：

　　每十天結帳一次，甲方於結帳後十日內，將貨款匯入乙方所指定之帳戶。

第 7 條：品質管制：

　　（一）乙方所提供之副食品，其品質、規格應依據雙方訂定之標準供貨。

　　（二）乙方所提供之副食品若因疏於管制檢驗，致發生中毒事件時，乙方應付相關
　　　　　民、刑事責任。

第 8 條：檢討與改進：

　　甲方得成立研究規劃小組，每學期召開會議，全面檢討品質、價格、輸送及其他午
　　餐副食品供應相關事宜。

第 9 條：履行協議及保證：

　　（一）乙方於協議成立後或供應期間，未能履行協議事項時，甲方得主動解除或終
　　　　　止合約，乙方不得異議。乙方因故未能履行協議時，至遲應於十五天前，以
　　　　　書面通知甲方，並經甲方同意。

　　（二）合約期滿，應另行簽訂合約，均不得要求對方賠償。

第 10 條：本合約未盡事宜，依據有關規定及經雙方協議修正或補充之。

第 11 條：本合約一式二份，甲、乙雙方各執一份。

　　甲　　方：

　　乙　　方：（商　　號）：
　　　　　　　（負責人）：
　　　　　　　（地　　址）：

　　保證人：（商　　號）：
　　　　　　（負責人）：
　　　　　　（地　　址）：

　　中　華　民　國　　　　　　年　　　　　　月　　　　　　日

 範例 3-2

採購合約書

臺北農產運銷股份有限公司（以下簡稱甲方）雙方約定由甲方供應乙方所需果菜，並經協定遵守下列條款：

一、甲方每日依果菜拍賣價行情酌加必要費用後之價格，逐日供應乙方所需果菜。

二、乙方應於每日將所需果菜提前一日提出訂貨單，以電話或傳真方式向甲方訂貨，否則甲方得不予供應。

三、甲方供應之水果、蔬菜，應力求新鮮、衛生，除因貨源短缺，採購困難不得已時，經乙方同意後，甲方得以類似果菜代替外，應依乙方訂貨種類及數量供應，乙方經簽收後之果菜不得要求退貨。

四、提貨時乙方應會同甲方人員當面過磅、點收，如有短缺，甲方應即處理，事後甲方則不負補充責任。

五、乙方應付甲方之貨款，　　　天結算一次，以現金或即期支票如數交付。

六、訂立合約時，乙方應繳付甲方保證金新台幣　　　元正，於期滿解約時，甲方即無息退還乙方。

七、甲方除乙方違反第二、五條條款所列情形外，不得無故停止供應果菜，否則應賠償乙方當日之損失。

八、本合約有效期間自民國　　年　　月　　日起至民國　　年　　月　　日止，期滿後經雙方同意得協議續約。

九、本合約如有未盡事宜，經雙方同意得隨時修改之。

十、本合約書一式參份，甲方收執貳份，乙方存執壹份。

甲　方：臺北農產運銷股份有限公司

代表人：營業部經理　○○○

地　址：臺北市中山區 104 民族東路 336 號 5 樓

電　話：（○二）二五一六二五一九

乙方：

代表人：

地　址：

電　話：

中　華　民　國　　　　年　　　　月　　　　日

 八、各類食物的採購原則

購買新鮮、適用等級的食物材料以及正確貯存是製備良好餐點的先決要件。以下將依序介紹各類食物的採購原則 (purchasing principles)：[註13]

（一）包裝食品

1. 應購買完整包裝者，拒買無標示、標示不全、標有醫療功效或完全以外文標示者。

2. 完整的食品標示應包含品名、內容物名稱、內容物重量及容量或數量，若為液汁與固形物相混合之包裝食品，應標明內容量與固形量；另外還應標示食品添加物名稱、製造廠商名稱、地址，國外進口之產品應註明進口廠商名稱、地址、製造日期：

   (1) 油脂類：依使用目的購買該類油脂。購買食用油，應選有正字標記、包裝容器不透明、販賣環境優良者；不買來源不明或散裝的油。

   (2) 五穀類：穀粒完整飽滿圓潤，形狀大小均勻、不易碎、無霉味、無異物、無小蟲混於其中者為佳。可依產品製作需要選購各式米種，如糙米、胚芽米、營養強化米等。若食用量不大，以選購小包裝為宜，或可存放冷藏室，增加貯存期限。一次所購買之米量以一個月之食用量為宜（依米商建議），防止變質。

   (3) 奶類：注意包裝完整、無破損，製造日期、保存期限標示清楚者。可依需要選購全脂、低脂、脫脂鮮奶、蒸發奶、優酪乳或罐裝奶粉。

（二）生鮮食品

1. 水果類：選擇果皮完整，無斑點、水份多、無腐爛、蟲咬或破皮等現象者，以當季盛產者為佳。臺灣常見水果產季及選購法一覽表（見表 3-2 和 3-3）。

2. 蔬菜類：以選擇當季蔬菜為佳，首重新鮮，需注意顏色是否正常，質地脆嫩而無斑點、蟲蛀、外型完整、柄蒂新痕或重量較重，切開時水份多的為佳。莖菜類鮮嫩肥厚、質脆，葉面光滑，葉面光潤，型態完整，無斑痕、破裂、枯萎，且斷口部分水份充足，無泥土附著者。瓜類敲打所生之聲響愈清脆愈好，且需果實飽滿、表皮無斑點者。根菜類不可冒芽，最好無傷痕，皮不乾縮，肥嫩圓實者為佳。綠葉蔬菜顏色愈綠愈好，花菜類應選擇花苞愈緊密愈好。現市面上有售如產銷履歷農產品標章、臺灣有機農產品標章、CAS 臺灣優良農產品標章等字樣者，可保無農藥殘留問題。臺灣常見蔬菜產季及選購法一覽表（見表 3-4 和 3-5）。

表 3-2　臺灣常見水果產季一覽表

項次	品名	別名	種類	出產季節	產地	食用方法
1	椪柑		高牆、低牆、軟枝椪柑	10 月至翌年 2 月	新竹、苗栗、臺中、南投、雲林、嘉義、臺南	剝皮鮮食
2	柳橙	柳丁	甜橙、臍橙、血橙、糖橙	12 月至翌年 3 月	雲林、嘉義、臺南	切片鮮食或榨汁飲用
3	桶柑	蕉柑、招柑	大果桶柑、小果柑	12 月至翌年 2 月	臺北、宜蘭、新竹、臺中、臺東	剝皮鮮食
4	麻豆文旦	柚子		9 月初至 10 月底	苗栗、臺南、花蓮	剝皮鮮食
5	檬果	芒果	早熟種愛文，海頓、台農一號、二號，中熟種聖心、金煌一號，晚熟種凱特	早熟種 5~7 月 中熟種 7~9 月 晚熟種 8~10 月	臺南、高雄、屏東	鮮食、製罐、榨汁、冷凍、製造果醬、幼果可製成情人果
6	荔枝	離枝、麗枝	極早熟有三月紅，早熟有玉荷苞，中熟有黑葉、沙坑，晚熟有糯米滋，極晚熟有桂味、淮荔	4 月初至 8 月初	高屏、嘉南、南投、彰化	鮮食、荔枝乾、荔枝汁、荔枝酒
7	龍眼	荔枝奴、桂圓、龍目	粉殼、紅殼、青殼	7 月下旬至 10 月	高雄、臺南、嘉義、南投、臺中	鮮食、龍眼乾、龍眼蜜
8	香蕉	芭蕉、甘蕉	北蕉、仙人蕉	全年均有，但以 3、4 月品質最佳	南投、彰化、雲林、臺南、高雄、屏東	鮮食
9	梨		橫山梨、溫帶梨	橫山梨 4~9 月，溫帶梨 8 月下旬至 10 月中旬	橫山梨在苗栗、臺中、南投、嘉義、宜蘭、臺東，溫帶梨在桃園、臺中、南投	削皮後鮮食

表 3-2 臺灣常見水果產季一覽表（續）

項次	品名	別名	種類	出產季節	產地	食用方法
10	蓮霧		大紅色種、淡紅色種、白色種、青綠色種、麻六甲種	10月底至翌年8月下旬	屏東、高雄、宜蘭、臺北	鮮食、鹽漬、糖漬、製罐或果汁
11	梅		大青、山連、長藤、桃形梅、胭脂梅、萬山	3月下旬至月中旬	南投、臺東、臺中	不宜生食、須經加工
12	桃		早紅桃、台農甜桃、P101、佛州紅、鶯歌桃、福州大桃、大久保、白鳳、中津白桃	5~8月	臺中、苗栗、宜蘭	鮮食、醃漬桃
13	柿		石柿、四周柿、牛心柿、富有、次郎	9月中旬至10月下旬	新竹、苗栗、臺中、嘉義	生食、柿餅
14	葡萄		巨峰、意大利、無子喜樂鮮食、金香、黑后	6月中旬至8月中旬、9月上旬至11月下旬、12月上旬至翌年2月下旬、3月下旬至6月上旬	苗栗、臺中、彰化、南投	剝皮鮮食、製果汁、罐頭、葡萄乾、釀酒
15	枇杷		茂木、田中	2~4月	苗栗、臺中、南投、宜蘭、臺東	剝皮鮮食、製罐、果膏、果醬
16	番石榴	拔仔、那拔、藍拔、扒仔	中山月拔、梨子拔、宜蘭白拔、泰國拔、無籽拔	全年皆有收獲	宜蘭、彰化、南投、雲林、嘉義、臺南、高雄、屏東	鮮食、打果汁、製造芭樂冰
17	楊桃	五斂子、五稜子、羊桃	二林、歪尾、秤錘、馬來西亞、台農一號、酸味	全年生產	臺北、宜蘭、新竹、苗栗、臺中、彰化、南投、雲林、嘉義、臺南、高雄、屏東、花蓮	鮮食、水果沙拉、調酒點綴、加工後食用

> 表 3-2　臺灣常見水果產季一覽表（續）

項次	品　名	別　名	種　類	出產季節	產　地	食用方法
18	鳳　梨	旺　來	黃皮、有刺紅皮、無刺紅皮、青葉、烏皮、正常開英、砂勞、越系、突目系、三菱系、台農四號、六號、十一號、十三號	全年皆有	彰化、南投、臺南、高雄、屏東、臺東	削皮後切片生食、製罐、飲料、酒醋
19	木　瓜	乳　瓜	日陞、蘇魯一號、台農一號、二號、三號、五號	全　年	南投、臺南、高雄、屏東、花蓮、臺東	生食、打果汁、加工後食用
20	印度棗	棗　子	碧雲、肉龍、特龍、黃冠、金龍、五十種	10月中旬至翌年3月中旬	苗栗、嘉義、臺南、高雄、屏東、臺東	鮮　食
21	番荔枝	釋迦、梨子	粗鱗種、細鱗種、軟枝種	7月至翌年3月	臺東、臺南、高雄、屏東	鮮　食
22	洋香瓜	網仔瓜、澎湖瓜、哈蜜瓜、美濃瓜	**網紋洋香瓜**：臺南九號、天蜜、秋蜜、秋香、紅蜜 **蜜瓜型洋香瓜**：蜜世界、銀嶺、翡翠綠、狀元 **太陽哈密瓜**：新世紀、雪裡華	全　年	宜蘭、桃園、雲林、嘉義、臺南	鮮食、製成果汁或布丁
23	草　莓		春香、桃園一號、二號、久能早生、愛貝利	12月至翌年4月	臺北、桃園、新竹、苗栗、臺中、南投、雲林、臺南、高雄	鮮食、製果醬、草莓汁、冰淇淋、糖果、餅乾、釀草莓酒
24	百香果		紫色種、黃色種、台農一號	5月下旬至翌年2月	基隆、宜蘭、苗栗、南投、嘉義、臺南、臺東	生食、榨汁、製冰或酒

表 3-2　臺灣常見水果產季一覽表（續）

項次	品名	別名	種類	出產季節	產地	食用方法
25	番茄	甘仔蜜、奧柿仔	農友 301、員林黑柿、臺中亞蔬四號、FMTT33、櫻桃番茄	5~9 月、11 月至翌年 3 月	全臺皆有	生食、水果沙拉
26	仙桃	蛋黃果			臺東縣少數山坡地	鮮食、製成素食蛋黃
27	人心果	查某李仔、人參果			嘉義、臺南、臺東	鮮食
28	波羅蜜				零星栽培	鮮食
29	晚崙西亞	美國柳丁、香丁			臺東、南美洲巴西、美國加利福尼亞洲	切片食用、榨汁
30	椰子				屏東、臺東	椰子汁、吃椰肉
31	水蜜桃				梨山、拉拉山、新竹	鮮食
32	大西瓜			3~7 月初	屏東、臺中、苗栗	鮮食、榨汁
33	小西瓜	小玉	小鳳、金蘭、紅鈴	3~7 月	臺南、嘉義、雲林、桃園	鮮食、榨汁
34	楊梅				陽明山、三芝	鮮食、加工後食用
35	鳳眼果				南投	製造菜餚
36	李子		加洲、沙蓮、接桃、黃柑、紅肉李		宜蘭、臺中、南投、嘉義、臺南、新竹	鮮食、醃漬、釀酒
37	蘋果				梨山	鮮食、榨汁
38	酪梨	鱷梨			嘉義、臺南	鮮食、製成果汁
39	葡萄柚	葡萄果	白肉、紅肉種		嘉義、臺南	鮮食、榨汁

> 表 3-2　臺灣常見水果產季一覽表（續）

項次	品　名	別　名	種　類	出產季節	產　地	食用方法
40	金　棗	金　橘			宜　蘭	鮮食、製成陳皮
41	檸　檬				南投、屏東	飲料、佐料
42	獼猴桃	奇異果、獼猴梨			紐西蘭、美國、法國	剝皮食用
43	櫻　桃		紅色種、白色種		美國、加拿大	直接食用
44	紅龍果				南投、屏東	鮮　食
45	榴　槤	果　王			泰　國	鮮食、打成汁
46	山　竹	果　后			泰　國	剝皮鮮食
47	紅毛丹				泰　國	鮮　食

> 表 3-3　臺灣常見水果選購法一覽表

項次	品　名	選購法
1	椪　柑	選擇平圓形或稍扁圓形果實，果頂部凹下且寬廣，果梗蒂部平，果色為橙黃色者
2	柳　橙	選擇果色橙黃，果皮油胞細緻，果實成橢圓形者
3	桶　柑	選擇 150~200 g，果皮油胞細緻，色澤橙黃者
4	麻豆文旦	選擇 400~450 g 果實，果形呈尖梨形或接近三角形，果面油胞細緻者
5	檬　果	選擇果皮黃或紅色達 80% 以上面積，有油亮物質的後熟果，外表光滑而且無黑斑
6	荔　枝	選擇黑色轉紅，但未轉暗紅近紫，試吃 1~2 粒，若品質風味尚可，則其餘應不會太差
7	龍　眼	選擇果實大小適度，果肉晶瑩透明，無病蟲害為佳
8	香　蕉	選擇果皮深黃、無擦壓傷者。春蕉品質風味最好
9	梨	選擇果實大小適中，果形圓整無瓣、呈扁圓形、果實尾端凹陷，果面呈光滑感者為佳
10	蓮　霧	選擇色紅、成熟飽滿、果臍開展、萼片緊縮、無裂果、傷疤、病蟲害及其他不潔物者

表 3-3 臺灣常見水果選購法一覽表（續）

項 次	品 名	選購法
11	梅	大果、無病斑者為佳
12	桃	選擇底色（果皮未著色的顏色）已由綠色變成白色或乳白色，而且著色鮮明者
13	柿	軟柿、硬（脆）柿、柿餅，各有適宜的加工品種，選購時要注意
14	葡 萄	選擇穗形呈圓錐狀，沒有副穗，果粒呈微橢圓形，附著均勻果粉，果色紫黑或紫紅色者
15	枇 杷	選擇果粒大，果梗附近果肉多，果皮茸毛密著而均勻，果肉比率高，易剝皮，果肉軟，果汁多，酸甜適口，食後無殘渣，風味清馥者
16	番石榴	選擇果色黃綠或白綠色，果肉呈白色者
17	楊 桃	選擇果形完整，肉厚飽滿，色澤鮮艷有蠟質，9~10 分熟
18	鳳 梨	用食指或中指在果實外皮打彈，發出肉聲者，品質優良
19	木 瓜	選擇以網室栽培，成熟度適當，果形端正飽滿，果皮深黃色帶粉質，無碰擦傷及病蟲害者
20	印度棗	選擇果皮色澤較為黃綠並帶少許白色，果頂部分光華圓潤，成熟度很好但不過熟，果皮薄且亮麗，果形正常，無擦傷，無病蟲害的果實
21	番荔枝	選擇果實大、鱗目大且大小一致、鱗目間鱗溝展開，沒有病蟲害和藥斑，呈奶黃色、尚硬熟者，待軟熟後食用
22	洋香瓜	網紋香瓜選擇外皮網紋明顯而豐滿，色澤鮮明、果蒂新鮮者。蜜瓜類選擇果皮淡乳黃色或金黃色，果蒂新鮮，果形端正者
23	草 莓	選擇 7~8 分熟，果肩為白色，其餘部分已紅熟者
24	百香果	選擇具有品種特色的成熟果
25	番 茄	選擇顏色鮮艷，有光澤、無裂痕或病斑者。櫻桃番茄則選硬度高者
26	仙 桃	果皮顏色完整，愈重愈好
27	人心果	重量較重且較乾淨
28	波羅蜜	果實較重，沒有損傷
29	晚崙西亞	果實結實，具彈性，愈重愈新鮮愈好
30	椰 子	果實重且愈接近圓形，外皮以綠色較多汁
31	水蜜桃	果實飽滿，表皮顏色轉化完全的較好

表 3-3　臺灣常見水果選購法一覽表（續）

項　次	品　名	選購法
32	大西瓜	果皮薄，果肉組織均勻且不硬實
33	小西瓜	果頂中央臍部硬實，用手拍擊後平順震動感、瓜蒂乾者較好
34	楊　梅	果實碩大，顏色濃厚
35	鳳眼果	果莢內每粒果實大小均勻，且飽滿亮麗
36	李　子	愈熟愈軟酸度愈低
37	蘋　果	用手指彈擊回聲硬實
38	酪　梨	表皮亮麗，愈重愈好
39	葡萄柚	果實飽滿、略具彈性、表皮亮麗
40	金　棗	表皮光亮清潔，顏色以金黃色較好
41	檸　檬	硬、實、重、表皮亮麗
42	獼猴桃	茸毛完整，略具彈性
43	櫻　桃	果皮顏色亮麗，果實硬實
44	紅龍果	顏色豔麗，果實碩大且重量重
45	榴　槤	香味濃厚，外果皮堅硬
46	山　竹	果實較重，果皮顏色有少許光澤，果體稍硬實，果皮未木質化
47	紅毛丹	果實表面鮮艷，果體硬實

表 3-4　臺灣常見蔬菜產季一覽表

項次	品名	別名	出產季節	產地
1	白蘿蔔	菜頭、萊菔菜頭	**梅花品種**：12 月至翌年 4 月 **矸仔品種**：冬季盛產	以南投、新竹、臺中為主，臺南、彰化、嘉義產量較多
2	青蘿蔔	青菜頭	12 月至翌年 2 月	彰化、雲林為主
3	櫻桃蘿蔔	菜頭	12 月至翌年 3 月	臺北、彰化
4	胡蘿蔔	紅菜頭	10 月至翌年 4 月	臺南將軍鄉產量占全臺 90% 以上
5	馬鈴薯	洋芋	12 月至翌年 3 月	臺中市豐原地區產量占全臺 80% 以上，新北市次之
6	洋蔥	胡蔥、玉蔥	10 月至翌年 3 月	屏東縣枋山、枋寮地區產量占全臺 90% 以上
7	紅蔥頭	珠蔥頭	冬、春季	雲林、嘉義、臺南
8	韭菜		全年、春秋季盛產	全臺各地均可栽培，彰化最多
9	韭菜花		4~10 月盛產	全臺各地均可栽培，彰化最多
10	韭黃	韭菜黃	全年、春夏秋季盛產	全臺各地均可栽培，彰化最多
11	麻竹筍	巨麻竹、麻竹	5~9 月盛產	南投、雲林、臺南
	綠竹筍	綠竹筍	5~9 月盛產	新北市、陽明山、竹東、臺南、屏東
	烏殼綠竹筍	烏綠竹	5~9 月盛產、11 月至翌年 3 月無貨	雲林、嘉義、新北市
	孟宗竹筍	江南竹、茅竹	**冬筍**：11 月至翌年 2 月上旬 **春筍**：2 月中旬至 4 月下旬	南投鹿谷占全臺 70% 以上的產量
	桂竹筍	桂竹仔筍	只 3、4 月生產	苗栗大湖占 60% 的產量，三峽、花蓮、南投
	箭竹筍	臺灣箭竹	12 月至翌年 3 月盛產	大屯山、七星山、南投、阿里山
12	芋	芋頭、芋仔	5~12 月，8~10 月盛產	臺灣中南部均有產，屏東產量最多
13	甘藷	番薯、地瓜	全年，3~9 月盛產	苗栗以南、雲林以北最多
	甘藷葉	地瓜葉	全年，5~11 月盛產	苗栗以南、雲林以北最多
14	荸薺	馬蹄、地栗	11 月至翌年 3 月盛產	苗栗、彰化、雲林、嘉義

表 3-4　臺灣常見蔬菜產季一覽表（續）

項次	品名	別名	出產季節	產地
15	蓮藕	藕	6~9 月盛產	集中臺南白河、六甲，彰化、嘉義、臺中產量較多
16	牛蒡	梧母	1~4 月	嘉義、屏東
17	大蒜	蒜苗、青蒜	11 月至翌年 2 月盛產	雲林、彰化、新竹、宜蘭
	蒜苔	蒜花	2~3 月，產期只有 40 天	雲林、彰化、臺南
	大蒜頭	蒜頭、蒜瓣	3~5 月	雲林、彰化、新竹、宜蘭
18	茭白筍	茭白、腳白筍（臺語）	5~10 月盛產	臺北、臺中、嘉義、南投，南投埔里、魚池一帶產量達全省 80%
19	白蘆筍	白石刁柏	4~10 月盛產	嘉義、雲林
	綠蘆筍	綠石刁柏	4~10 月盛產	嘉義、雲林
	蘆筍花		11 月至翌年 2 月，7 月	嘉義六腳鄉
20	球莖甘藍	大頭菜、結頭菜	全年，1~3 月盛產	高雄、屏東、嘉義、彰化、雲林
21	黃豆芽	大豆芽	全年	全臺、人工孵化
22	綠豆芽	豆芽菜	全年	全臺、人工孵化
23	豌豆芽	豌豆嬰	不受季節限制	
24	甘藍	高麗菜、玻璃菜	「初秋」品種：10 月至翌年 5 月	彰化、雲林最多
			「初秋」品種：5~9 月	尚有梨山高冷地
			將軍、陸麟品種：5~9 月	全臺均產
	紫色甘藍	紅色高麗菜	12 月至翌年 3 月	雲林
	抱子甘藍	芽甘藍	12 月至翌年 2 月	彰化、嘉義
25	小白菜	白菜	全年，10 月最多	新北市、雲林、竹北最多
26	包心白菜	大白菜	包白品種：4~10 月	彰化
			成功品種：10 月至翌年 4 月	彰化、雲林
		山東白菜、煙台白菜	包頭蓮品種：10 月至翌年 4 月	全臺，彰化、雲林最多
	翠玉白菜	天津白菜	11 月至翌年 2 月	新竹、苗栗、彰化、雲林、嘉義

表 3-4　臺灣常見蔬菜產季一覽表（續）

項 次	品 名	別 名	出產季節	產 地
27	青江白菜	湯匙菜、青江菜	全年，12 月最多	新北市、雲林、彰化最多
28	蕹 菜	空心菜、甕菜	全年，春、夏、秋三季盛產	全臺，彰化、雲林、新竹最多
	水蕹菜	水甕菜	全年，春、夏、秋三季盛產	南投名間鄉的新街
29	芹 菜	旱 芹	在來品種：全年，10 月至翌年 4 月盛產	雲林、彰化、新北市
30	西洋芹菜	美國芹菜	12 月至翌年 1 月盛產	部分進口，雲林、彰化、嘉義
31	菠 菜	菠薐菜	秋冬春三季盛產	全臺，臺北、新竹、雲林、嘉義產量較多
32	廣東萵苣	生 菜、皺葉萵苣	全 年	
33	結球萵苣	美國生菜	11 月至翌年 2 月盛產	大多進口，或來自梨山高冷地
34	葉萵苣	鵝 仔 菜、A 仔菜	10 月至翌年 2 月盛產	新北市、新竹、雲林、彰化、嘉義
35	波士頓萵苣	美國萵苣葉	冬、春季盛產	桃園福岡
36	萵苣莖	嫩莖萵苣、萵仔菜心	10 月至翌年 4 月（1~4 月盛產）	新竹、雲林、彰化產量較多
37	大芥菜	長年菜、大葉芥菜	冬季盛產	臺北、雲林、彰化、嘉義
	包心芥菜	捲心芥菜、包心刈菜	11 月至翌年 3 月盛產	苗栗、雲林、彰化、嘉義
	大心芥菜		全年	雲林、彰化、嘉義
	大心菜	菜心、大菜心	11 月至翌年 3 月盛產，6~9 月無貨	雲林、彰化
	芥菜頭		12 月至翌年 3 月	苗栗、嘉義
38	綠葉甘藍	格藍菜、芥藍菜	黃金格藍：全年	全臺，彰化、雲林、高雄
			白花格藍：4~10 月	全臺，彰化、雲林、高雄
			黑格藍：4~11 月	全臺，彰化、雲林、高雄
			格藍芽：11 月至翌年 3 月	全臺，新北市

▶ 表 3-4　臺灣常見蔬菜產季一覽表（續）

項次	品名	別名	出產季節	產地
39	茼蒿	打某菜	10 月中旬至翌年 4 月上旬	全臺，臺北近郊、彰化、雲林
40	白莧菜	白杏菜、白荇菜	全年，冬至前後一週產量最多	全臺
	紅莧菜	赤莧、紅荇菜	全年，6~10 月盛產	高雄、彰化、新北市
41	油菜	胡菜	全年，4~12 月	全臺，高雄、雲林、彰化、新竹、臺北
	油菜心	油菜花苔	11 月至翌年 3 月盛產	全臺
42	紅鳳菜	紅菜	全年	全臺
43	雪裡紅		10 月至翌年 4 月	中部
44	胡瓜	大黃瓜、刺瓜	全年，3~11 月盛產	彰化、雲林、嘉義、南投、屏東、臺南、花蓮
45	花胡瓜	小黃瓜、花瓜	全年	高雄、嘉義、屏東、臺南、花蓮
46	越瓜	菴瓜	6~8 月盛產	高雄、嘉義、屏東、臺南
47	南瓜	金瓜	3~10 月盛產	屏東、嘉義、雲林、新北市
48	隼人瓜	佛手瓜	5~9 月盛產	全臺
	隼人瓜苗	佛手瓜鬚、龍鬚菜	4~10 月盛產	全臺，南投、雲林、嘉義、臺北、花蓮
49	冬瓜	東瓜、白瓜	白皮冬瓜：9 月至翌年 5 月	全臺
			黑皮冬瓜：4~10 月盛產	全臺
50	臺灣絲瓜	菜瓜	吊瓜：全年，5~9 月盛產	雲林、南投、高雄
	稜角絲瓜	角瓜（澎湖絲瓜）	全年	全臺
51	苦瓜	錦荔枝	5~10 月盛產	彰化、南投、花蓮、屏東
52	扁蒲	瓠瓜、蒲仔	全年，4~9 月盛產	全臺，雲林、嘉義、竹北、屏東、臺北

表 3-4　臺灣常見蔬菜產季一覽表（續）

項 次	品 名	別 名	出產季節	產 地
53	茄 子	茄 仔	胭脂茄：10 月至翌年 3 月	屏 東
			麻薯茄：5~12 月	彰化、雲林、高雄、南投
	圓茄子	日本茄	7~12 月	屏東、南投
54	番 茄	臭柿、柑仔蜜	1~5 月及 10~12 月盛產	彰化、雲林、屏東、南投、花蓮
	小番茄		金甘：10 月下旬至翌年 3 月上旬盛產	臺南縣產量占全臺 60% 以上
			阿波羅：11 月至翌年 2 月	臺南、嘉義
55	甜 椒	大東仔、青椒	1~8 月，12 月盛產	屏東、臺南、雲林、南投、花蓮
	紅甜椒	紅番椒	春季	竹山、屏東
	甜豌豆	甜荷蘭豆	11 月至翌年 3 月盛產	嘉義、彰化、雲林
56	豌 豆	荷蘭豆、莢豌豆	11 月下旬至翌年 3 月上旬盛產	彰化、雲林、嘉義
	豌豆仁	荷蘭豆仁	11 月下旬至翌年 4 月盛產	彰化、雲林、嘉義
	豌豆苗	豆苗、荷蘭豆苗	12 月至翌年 3 月盛產	嘉義、南投高冷地區
57	鵲 豆	肉豆、峨眉豆	11 月至翌年 2 月盛產	臺南、嘉義、雲林、臺北
58	豇 豆	角豆、長豇豆	5~9 月盛產	屏東、高雄、臺南、嘉義
59	敏 豆	四季豆	全年，11 月至翌年 5 月盛產	高雄、南投
60	萊 豆	皇帝豆	11 月下旬至翌年 4 月	臺南、高雄、彰化
61	毛 豆		8 月至翌年 1 月盛產	臺中、彰化、屏東
62	花椰菜	花 菜	11 月至翌年 4 月	高雄、臺南、屏東、彰化、雲林
63	青花苔	美國花菜	11 月下旬至翌年 4 月盛產	屏東、高雄、彰化、雲林、嘉義
64	金針菜	金針花、金針、萱草	6~10 月盛產，其他月份以乾燥品供應	臺東太麻里、花蓮玉里、嘉義梅山

表 3-4　臺灣常見蔬菜產季一覽表（續）

項 次	品 名	別 名	出產季節	產 地
65	甜玉米	玉蜀黍	10 月至翌年 5 月盛產	全 臺
	白玉米	玉蜀黍	1~3 月及 9~12 月盛產	嘉義以南至屏東、花蓮、臺東
	玉米筍	番麥筍	全年	全臺，嘉義占全臺 70% 的產量，雲林、臺南占全臺 20% 的產量
66	香 菇	香 蕈	人工栽培，全年	
67	金針菇	金絲菇、金菇	人工冷室栽培，全年	
68	鮑魚菇		全 年	
69	洋 菇	洋茸、洋蕈	人工栽培，全年	
70	草 菇	中國菇、廣東菇	全 年	中南部
71	落花生	土豆、長生果	11 月至翌年 1 月	雲林、嘉義、臺南沿海地區
72	木 耳	黑木耳	全 年	全臺均有零星栽培
73	豆 薯	涼薯、刈薯	春季盛產	
74	嫩 薑	生 薑	5~10 月	南投中寮、名間及宜蘭
	粉 薑		1~6 月	苗栗、新北市、嘉義
	老 薑	薑母、乾薑	3、4 月及 8~12 月盛產	臺東、嘉義、苗栗、新北市
75	紅 蔥	珠蔥、分蔥	冬、春季	
76	蔥	青蔥、大蔥	全 年	全 臺
77	九層塔	羅 勒	全 年	全 臺
78	芫 荽	香菜、胡荽	全年，冬季盛產	彰化、臺北近郊
79	美國香菜	巴西利、荷蘭芹菜	全 年	雲林、新北市、臺北北投
80	蕨 菜	過 貓	全年，產量不多	南 投
81	落 葵	皇宮菜、胭脂菜	2~6 月及 9~11 月盛產	全臺、雲林
82	辣 椒	紅辣椒	12 月至翌年 6 月盛產	全 臺

表 3-4　臺灣常見蔬菜產季一覽表（續）

項　次	品　名	別　名	出產季節	產　地
83	黃秋葵	秋　葵	5~9 月盛產	全　臺
84	菱　角	紅菱、菱	9~12 月盛產	臺南、嘉義、高雄、屏東
85	薤	蕗蕎、蕎頭	4~7 月	雲林、嘉義
86	山　藥	山薯、薯蕷	11 月至翌年 1 月盛產	嘉義、南投、屏東、花蓮、臺東、新北市
87	甜茴香	甘茴香	1~3 月，10~12 月	臺北社子
88	山　葵	哇沙米	春、夏季	阿里山
89	蒟蒻	雷公槍	10~11 月	南投埔里、魚池
90	紫　蘇	青紫蘇	3~8 月盛產	苗栗公館鄉占全臺 80% 以上之栽種面積

表 3-5　臺灣常見蔬菜選購法一覽表

項　次	品　名	選購方法
1	白蘿蔔	表皮光滑、有重量感，以手指彈擊聲音清脆、無空心、未抽苔、無鬚根者；帶有泥土者，耐存放
2	青蘿蔔	外皮青綠色、無斑點，根部顏色稍白，有辛辣味，手握有重量感者
3	櫻桃蘿蔔	外皮豔紅色、光滑完整者。櫻桃蘿蔔特徵：個體小、櫻桃形，外皮紅色、肉質白色，有辛辣味
4	胡蘿蔔	橙紅色，根肩不呈青綠色，肉質緻密、清潔、形狀整齊、表皮光滑者
5	馬鈴薯	耐貯存，不發芽，薯塊無青色狀，表皮未脫落，橢圓或扁球形狀，個體不大不小為上品
6	洋　蔥	耐貯存，莖葉乾枯、球莖堅實，外膜完整，無萌芽或腐軟者
7	紅蔥頭	外皮完整清潔，鮮紅色無斑點、顆粒結實不軟腐、乾燥耐貯者佳
8	韭　菜	全株脆嫩新鮮，莖端白色部分肥而長，葉片完整肥厚青綠不折斷，尾端不枯萎者佳
9	韭　黃	葉梢堅挺，莖葉完整、葉片寬厚，莖粗長，全株金黃或黃白色者佳者
10	韭菜花	花苞緊密未開，花梗青脆鮮嫩，不堅硬、不枯萎
11	麻竹筍	竹筍中個體最大品種，肉質稍粗、纖維多，多用於加工。以直立形、筍尖未出青、包葉金黃色為佳
12	綠竹筍	體型小，肉質細嫩，風味佳，十分容易老化；選擇以筍形彎曲如牛角，筍尖包葉緊密未展開，無出青，筍殼金黃色者
13	烏殼綠竹筍	為綠竹筍之變種，外殼呈淡黑綠色，選購筍尖包葉未出青，筍身略彎者
14	孟宗竹筍	冬季萌芽採嫩筍者為冬筍，外殼平滑無毛，筍體小，肉質細，纖維少，耐貯存。春季採收者為春筍，筍體大，風味較麻竹筍佳。冬筍以基部小，春筍以筍尖密實為佳
15	桂竹筍	筍體長條形，外殼平滑無毛，呈淡紫黑色，有不規則的斑紋或斑點。以筍尖不開叉、嫩白色（非死白色）、有筍香味為佳。市售多已煮熟壓破筍身、滴去苦水
16	箭竹筍	筍體細長條形，口感脆嫩，產量少，以筍殼長 40 公分、直徑 2 公分以上為佳

▸ 表 3-5　臺灣常見蔬菜選購法一覽表（續）

項次	品名	選購方法
17	芋	**檳榔心芋：**短圓筒形，皮黃褐色，肉質白色（帶有棕色纖維），有紫紅色斑紋，香瓜氣濃郁 **麵芋：**球形，皮黃褐色，肉灰白色，無斑紋，多加工成芋粉 **里芋：**俗稱芋頭，橢圓形，形體小（約 100 公克以內），皮黃褐色，肉白色，無香氣。選擇以個體碩大，表皮完整、無病蟲害、損傷者
18	番藷	紡錘形、頭尾較圓，薯塊完整、無病蟲害者
19	番藷葉	選擇葉片完整、寬大肥厚、質地細嫩，葉柄堅實者
20	荸薺	呈扁圓形，帶皮選購選擇外形勻稱，無蟲害。去皮者則以色澤白晰，味清純者佳
21	蓮藕	選擇藕節粗、長，皮光滑微紅色，莖中空、孔大為佳
22	牛蒡	整支以外形完整、表皮淡褐色、光滑均勻、細嫩不粗糙、不長鬚根、不空心，手掂有重量感者
23	蒜苗	蒜莖潔白、長、挺直、光滑、質細嫩，蒜葉柔軟鮮綠者
24	蒜苔	以長度 60 公分以上，梗粗大質細嫩，一折即斷，苔枝柔軟、花苔密合者
25	大蒜頭	顆粒結實完整、蒜瓣大片、不萎縮乾枯、無出芽者
26	茭白筍	選購不含外殼，且筍皮潔白、色澤光滑、筍身正直、中端不凸起、手掂有重量感者
27	白蘆筍	以全株潔白、形狀正直、筍尖花苞鱗片緊密，未長腋芽，頭端用手折即斷者佳，多用來製作罐頭蘆筍
28	綠蘆筍	莖皮綠色，筍頭柔嫩、緻密、苞葉鱗片緊密結合者
29	蘆筍花	選擇莖粗節短，翠綠色澤者
30	球莖甘藍	球莖底端葉梗未脫落，表皮鮮綠或粉綠，葉痕新鮮切除、莖肉未呈纖維狀者
31	黃豆芽	芽身金黃色，折斷芽身有清脆聲音，豆瓣未脫落者
32	綠豆芽	芽身瘦長潔白，折斷芽身有清脆聲音，豆瓣淡綠色者
33	甘藍	以球體蓬鬆不堅硬，葉片完整具輕、脆感，不黃萎、不裂開，潔淨、無蟲害，葉梗肋扁平不凸起者
34	紫色甘藍	成圓球形，紫紅色，葉梗肋扁平細嫩不粗化，葉脈潔白、無病蟲害者
35	抱子甘藍	球粒緊包，葉片完整細薄，青脆鮮麗，無病蟲害者

表 3-5　臺灣常見蔬菜選購法一覽表（續）

項 次	品 名	選購方法
36	小白菜	葉色翠白、不枯萎，葉片完整
37	包心白菜	**包白品種：**葉片完整，圓球形，結球密實無腐心，有重量感；宜炒、煮、滷 **成功品種：**長圓形，頭小尾大、頭部密實，葉尾寬鬆，無腐心，有重量感者。宜製作火鍋菜餚 **包頭蓮品種：**長圓形，葉片完整，結球緊密，無病蟲害、無腐心，有重量感者。個體最大，最宜製作廣式烤白菜
38	翠玉白菜	天津白菜：長圓筒形，形狀勻稱，包葉密實者。葉端帶綠色，葉片黃白色，無斑點及病蟲害；最宜製作泡菜
39	青江白菜	葉片完整，新鮮脆嫩，不枯萎、無病蟲害者
40	蕹 菜	全株脆嫩，葉片完好、無病蟲害、不長鬚根，枝易折斷者佳
41	水蕹菜	全株完整綠色，不枯黃、無病蟲害、葉片不破損腐爛、莖節間距越長，肥胖中空者
42	芹 菜	葉梗易折斷者佳，梗挺直光滑、葉不枯萎、清脆幼嫩、未抽苔者
43	西洋芹菜	葉柄肥厚、無病蟲害者。煮湯選購青色種；生食選購白色種
44	菠 菜	菜株完整、葉片不破碎、未抽苔、無蟲孔，顏色愈濃綠者
45	葉萵苣	選擇葉片新鮮翠綠、無斑點、不腐爛、未抽苔者
46	本島萵苣	新鮮、無腐損
47	廣東萵苣	葉片完整、無蟲害。常做菜餚襯底菜
48	結球萵苣	外觀新鮮青翠，無腐葉，葉脈扁平者。多用於生食
49	波士頓萵苣	整棵細嫩柔脆，葉片肥厚幼嫩者
50	萵苣莖	帶皮者，以割葉痕跡清新者，莖皮白綠色、薄、不空心、無抽苔、無裂痕為佳；去皮者莖部宜清澈透明
51	大芥菜	屬葉用芥菜，整棵葉片新鮮青綠、無枯萎、無病蟲害。葉菜類中葉片最大，長年菜
52	包心芥菜	屬葉用芥菜，葉片完整新鮮青綠、未抽苔、無枯萎、全株完整清潔、無斑點質細嫩者。食用葉梗為主
53	大心芥菜	屬葉用芥菜，葉片新鮮青綠、無枯萎。葉片粗老，通常用來製作酸菜用
54	大心菜	表皮鮮綠，葉痕新鮮、正直不空心。食用莖部為主

表 3-5　臺灣常見蔬菜選購法一覽表（續）

項次	品名	選購方法
55	芥菜頭	食用芥菜根為主，通常加工為榨菜
56	黃金格藍	葉片青綠、細嫩、完整清脆者
57	白花格藍	鮮嫩，葉綠色，葉面帶粉質
58	黑格藍	鮮嫩，葉濃綠色，葉面帶粉質
59	格藍芽	鮮嫩，未長花蕾或花蕾初長成未散開，梗粗大但細嫩不老化者
60	茼蒿	葉片完整、新鮮、不開花抽苔、無腐損，葉面有粉質狀，葉面肥厚鮮綠者
61	白莧	全株呈淺綠色，纖維細嫩不老化，莖頭端能折斷者；莖細小，葉片大者
62	紅莧	全株完整不枯萎，無病蟲害，莖粗細中等，葉片茂盛，鮮紫紅色明顯，質細嫩不老化，莖頭端一折即斷者
63	油菜	選擇全株油綠色，無焦黃枯葉、無病蟲害，葉片完整不腐傷，莖易折斷者
64	油菜心	以全株綠色、花苔鮮綠未開花朵，無病蟲害，不枯萎為宜
65	紅鳳菜	葉片完整正面青綠色，背面紫紅色，葉緣鋸齒狀，無斑點、不枯萎，選購鮮翠硬挺
66	雪裡紅	有辛辣味，常加工醃製，少直接煮食。以清潔衛生為主要考量
67	胡瓜	瓜身挺直，皮帶粉綠色且略帶粉刺者
68	花胡瓜	表皮青綠或淺綠色，瓜身挺直而粗細均勻，頭尾徑略大於中段，瓜刺突起明顯者
69	越瓜	選擇皮薄、色青翠、肉質細嫩、粗細均勻，無老皺現象者，主要做醃漬品
70	南瓜	瓜形正常整齊，無蜂咬蟲蛀者
71	隼人瓜	皮淡綠色，表面有不規則淺縱溝；選擇瓜體豐滿結實，瓜皮鮮綠色，有光澤及重量感
72	隼人瓜苗	隼人瓜之嫩梢，選擇新鮮幼嫩，翠綠色不枯黃，以 2-3 節葉片之莖蔓較佳
73	冬瓜	**白皮冬瓜**：皮淡綠色，肉質細軟，水份多，味道較黑皮冬瓜佳。選擇肉質厚、皮薄 **黑皮冬瓜**：形體較小，皮暗綠色，肉質稍粗
74	臺灣絲瓜	形體圓潤，外皮淺綠、果實硬實、瓜紋明顯，尾端留有萼片、愈有重量者
75	稜角絲瓜	果實細長不彎曲，外皮青綠、手握有重量感者

▶ 表 3-5　臺灣常見蔬菜選購法一覽表（續）

項 次	品 名	選購方法
76	苦 瓜	果形正直完整，結實不柔軟，果面瘤狀大粒且突起，色澤光亮清潔，無蜂咬者。若表皮顏色轉紅，表示過熟
77	扁 蒲	**長形扁蒲：**短圓至長圓筒形，表皮青綠色，顏色勻稱，有細小絨毛。選擇有絨毛、果形完整，果皮嫩薄，手掂有重量感者 **圓形扁蒲：**扁球形，皮淡綠色或深綠色帶花斑紋，幼嫩時有絨毛。選擇有絨毛、手掂有重量感者
78	胭脂茄	長圓形，尾端圓形，表皮紅紫色。選擇表皮光亮，果實堅實者
79	麻苧茄	細長形，較胭脂茄長，尾端尖突，表皮暗紫色。選擇表皮光亮，果實堅實者
80	日本茄	短圓形，尾端粗大如水滴形，皮黑紫色，肉質粗，適合鹽漬。選擇表皮光亮，果實堅實者
81	黑柿番茄	果粒大，果形勻稱，皮青綠色有墨綠斑紋，尾端有明顯小紅點佳。無紅點表欠熟，太紅則過熟
82	白柿番茄	果形勻稱，表皮粉綠色，無斑紋，有時尾端稍帶紅色為佳
83	金甘番茄	小果粒，長圓形，果皮顏色鮮紅，果粒硬實佳
84	阿波羅番茄	果皮亮麗，顏色紅、橙紅、黃色，完整勻稱者
85	青色甜椒	選購果實形狀完整，表面光澤鮮明、肉薄質輕，果梗淺，果心小，肉質脆嫩者
86	紅色甜椒	果皮初期青綠色，成熟後轉呈紅色或深紅色。選購果實完整，表皮鮮紅色、光澤鮮明
87	甜豌豆	新品種，豆仁、豆莢甜度高，選擇豆莢飽滿，新鮮青綠，莢皮不皺縮者
88	豌 豆	食用部分為柔嫩豆莢，選擇扁平新鮮青綠，豆粒部分未明顯突起，完整無損傷者
89	豌豆仁	選購現剝者
90	豌豆苗	選擇新鮮幼嫩，每兩個葉節不開花，無枯萎者
91	鵲 豆	選擇豆莢細嫩不粗糙，扁平不凸起，色澤鮮麗無皺紋、無斑點者
92	豇 豆	以豆莢圓直細長，不皺縮，豆粒部位不凸起，柔軟有彈性為佳
93	敏 豆	選擇豆身圓形細小，長度同原子筆，豆莢形狀筆直，無病蟲害，豆仁尚未突起者

表 3-5　臺灣常見蔬菜選購法一覽表（續）

項 次	品 名	選購方法
94	萊　豆	帶莢者，莢型整齊不捲曲，豆粒部位凸起，青色微黃者佳；豆粒選購飽滿結實，具光澤、無斑點、未發芽者
95	毛　豆	以豆莢青色、豆仁飽滿者
96	花椰菜	選擇蕾球小珠粒狀、完整潔淨、表面無污黃，花梗淡青色、瘦細鮮脆、無枯萎者
97	青花苔	選擇花蕾鮮綠色、密實潔淨者、無病蟲害、不枯黃、莖部不空心者；如花蕾脫落、張開，均為老化現象，失去食用價值
98	金針菜	選擇花苞緊密未展開、花瓣青綠色、黃綠色、無腐損者。煮食時，去花蕊可防止湯汁變黑
99	甜玉米	外葉青色及果穗長、穗心細小、淡金黃色、顆粒飽滿新鮮者佳，貯存愈久甜度愈低
100	玉米筍	選擇大小勻稱（長度 8 公分、直徑 2 公分以內），淡金黃色、乳白色，新鮮幼嫩者
101	香　菇	以新鮮、菇傘厚者
102	金針菇	新鮮、無腐損
103	鮑魚菇	菇體潔淨、新鮮、完整者
104	洋　菇	選擇未洗新鮮乾洋菇佳。大多製罐、冷凍、脫水加工外銷
105	草　菇	品質以外膜完整者為佳
106	落花生	以豆莢飽滿者為佳
107	木　耳	選購與寄生木連接之不宜食用之根頭部愈少愈好
108	嫩　薑	薑之初生根，選擇莖質細嫩，乳白色，近葉柄端有粉紅色鱗片葉，不腐傷、具香氣
109	粉　薑	成熟之根，選擇莖部肥美飽滿，莖皮淡褐色、光滑鮮亮者
110	老　薑	完全粗老之莖部，薑肉纖維粗化，具強烈辛辣味；選擇未皺縮枯萎、不腐爛者
111	青　蔥	選擇蔥白粗長堅實潔白，蔥綠不枯焦、無抽苔，纖維細嫩不粗化，葉尾未枯焦黃者
112	九層塔	選擇葉片完整無褐斑，翠綠清香味濃厚、不枯萎者

表 3-5　臺灣常見蔬菜選購法一覽表（續）

項次	品名	選購方法
113	芫荽	選擇全株葉片完整、不腐傷，梗折斷聲音清脆者，較新鮮
114	落葵	選擇新鮮翠綠，葉片肥厚光滑、無病斑、枯焦現象，莖短葉大、心葉長片者
115	紅辣椒	以椒身、蒂頭堅實，表皮色澤鮮紅豔麗、無外傷者為佳
116	黃秋葵	選購果長 10 公分以內，形狀整齊、無斑點、細嫩者
117	豆薯	選擇薯塊完整，表皮光滑者
118	菱角	選擇堅硬、黑殼，愈重者佳
119	薤	鱗莖潔白肥美、纖維細緻、整粒飽滿者
120	山藥	薯塊完整、鬚根少，不乾枯、腐爛者
121	甜茴香	鱗莖扁圓潔白無褐色斑或雜質，葉梗不枯萎黃化、不腐爛，清脆細嫩佳
122	山葵	色澤形狀良好，無病蟲害，塊莖愈粗大不空心者
123	蒟蒻	於冷藏櫃選購，無酸臭味、無腐黏性，色澤光亮者
124	巴西利	全株濃綠色，不枯萎焦黃，脆嫩新鮮，葉柄可折斷者
125	過貓	選擇新鮮細嫩、心葉緊包未展開，葉柄一折即斷者
126	紫蘇	葉片完整不枯萎，細嫩新鮮者

（三）肉　類

1. 禽、獸肉：

　(1) 肉色：豬肉肉品顏色為淺暗紅色或粉紅色、牛肉為深紅色、雞肉為淡粉紅色（非蒼白色）、鴨肉為棕紅色。脂肪組織為白色或略帶淡黃色、有光澤。若肉色為暗褐色即不新鮮，更甚者為螢綠色則已腐敗，不可食用。

　(2) 肉質：需有彈性、無黏液。

　(3) 其他：雞鴨應選擇眼睛明亮靈活、雞（鴨）冠鮮紅，羽毛豐潤有光澤者。

2. 魚、貝、海產類：

　(1) 魚類：肉質堅硬有彈性，鰓呈紅色或粉紅色，眼睛飽滿明亮無混濁現象，魚鱗不易脫落。

　(2) 蚌類：殼緊閉，敲打聲音清脆響亮者，泡於鹽水中會吐出肉者為最新鮮。牡蠣以個體大、飽滿為佳。

(3) 頭足類：肉質有彈性、眼睛明亮、皮膜完整者。

(4) 蝦蟹類：蝦殼硬挺不脫落，頭身不分離，全身不變黑者；蟹螯、腿完整，蟹身無破損，蟹背深色，蟹腹潔白，螯夾肥大，體重個大者為佳。

（四）蛋　類

1. 蛋的形狀及大小：圓的蛋，蛋黃多、蛋白少，細長的蛋，蛋白多、蛋黃少。蛋較小者，蛋黃比例大。

2. 蛋殼之品質：蛋殼愈粗糙、無破損者愈新鮮，蛋殼光滑表示貯存很久。

3. 振動法：搖晃蛋，於耳邊聽不見晃動聲音者表示新鮮。

4. 對光照，氣室小於 5 mm 者表示新鮮。

5. 對光照，蛋黃居中者表示新鮮。

6. 同樣大小的蛋，重量較重者比較新鮮。

7. 另有幾種判別蛋新鮮度的方法：

   (1) 比重法：將蛋置 4% 的食鹽水中，浮起來表示不新鮮，需橫躺於鹽水中、且沉於底部者，新鮮度才夠。

   (2) 蛋白狀態：濃厚蛋白與水樣蛋白層次清晰分明為新鮮。一般新鮮蛋的濃厚蛋白約 60%，不新鮮時水樣蛋白的量會增多。

   (3) 蛋黃係數：以蛋黃高度除以蛋黃直徑，蛋黃係數愈大愈新鮮，值 0.4 為標準，0.3 以下不新鮮。

   (4) pH 值：7.5~8.5 為標準，9 以上為不新鮮。

   (5) 現有洗選蛋可供選購，唯應注意其保存期限。

（五）冷凍食品

1. 於有良好冷凍設備之商店陳列櫃購買冷凍食品，陳列櫃的溫度標示應為攝氏零下 18 度以下。

2. 選購標示有 CAS 優良冷凍食品標誌的食品。

3. 包裝不可破損、食品應堅硬如石或包裝內不可有嚴重結霜現象者。

（六）罐頭食品

1. 罐型正常，有撞傷、裂損、生鏽、罐蓋罐底有膨脹或凹陷時，不宜購買。

2. 標示正常：包括品名、內容物名稱及重量容量、食品添加物名稱、廠商名稱地址、製造日期。

（七）食品標章

常見的食品標章詳見表 3-6，採購時應注意避免來路不明或缺乏認證的農產品，以維護膳食的食用安全。

▶ 表 3-6　常見優良食品標章

名　稱	說　明	圖　示
正字標記	為推行中華民國國家標準 (CNS)，自民國 40 年起實施之產品驗證制度。標章圖案由「CNS」及「㊣」組成。核准要件為： 1. 工廠品質管理經評鑑取得標準檢驗局指定品管制度（目前為國家標準 CNS12681/ISO9001）之認可登錄。 2. 產品經檢驗符合國家標準 　　目前採行之產品檢驗，係於工廠抽樣或市場購樣後，由標準檢驗局或標準檢驗局受託機關（構）、認可機構，依 CNS 規定實施檢驗；必要時亦得於工廠實施監督試驗。 資料來源：經濟部標準檢驗局→認識正字標記→驗證制度，2021 年 7 月 14 日取自 https://www.bsmi.gov.tw/wSite/ct?xItem=84943&ctNode=9467	
CAS 臺灣優良農產品標章 (Certified Agricultural Standards)，簡稱 CAS 標章	是國產農產品及其加工品最高品質代表標章；凡申請驗證之農產品生產業者及其產品，須經學者、專家嚴格評核把關，通過後方授予 CAS 標章證明，並於產品上標示 CAS 標章，保證 CAS 產品的品質安全無虞，同時也利消費者辨識。CAS 標章驗證品項計有肉品、冷凍食品、果蔬汁、食米、醃漬蔬果、即食餐食、冷藏調理食品、菇蕈產品、釀造食品、點心食品、蛋品、生鮮截切蔬果、水產品、乳品、林產品、羽絨等 16 大類。 CAS 臺灣優良農產品的特點 1. 原料使用可追溯之國產農產品。 2. 衛生安全符合要求。 3. 品質規格符合標準。 4. 包裝標示符合規定。 資料來源：行政院農業委員會~農產品 3 章 1Q 查詢專區，2021 年 4 月 8 日取自 https://www.coa.gov.tw/theme_list.php?theme=tag_query&type=tag	

▶ 表 3-6　常見優良食品標章（續）

名　稱	說　明	圖　示
臺灣有機農產品標章	國產有機農產品生產、加工、分裝及流通過程，須符合驗證基準並經驗證合格，才能標示「有機」及使用臺灣有機農產品標章。 有機農產品是不施用化學肥料及化學農藥，不使用基因改造生物及其產品，進行農產品生產的農業。 綠色意涵：純淨的有機農業。 葉子意涵：農產品是大自然的恩賜。 三片葉子：驗證單位／生產者／消費者。 資料來源：行政院農業委員會～農產品 3 章 1Q 查詢專區 .2021 年 4 月 8 日取自 https://www.coa.gov.tw/theme_list.php?theme=tag_query&type=tag	
產銷履歷農產品標章（TAP 標章）	此標章證明農產品具安全性、可追溯性、符合農業生產永續性及產銷資訊透明化。購買貼有 TAP 標章的產銷履歷農、水、畜產品，可查知生產記錄。標章圖案特徵如下： 1. 外圈有產銷履歷農產品及 TAP 字樣：其中 TAP 是「traceable agriculture product（產銷履歷農產品）」的縮寫。 2. 中心綠色符號：呈現綠葉的意象，代表 TAP 農產品是大自然的恩賜。 3. 雙向箭頭：代表 TAP 農產品可追溯產品來源，也能從源頭追蹤去向。 4. G 字形：代表 TAP 農產品是 "good product"，農產界的模範生。 5. 心形：代表農民的用心，以及 TAP 農產品讓您安心、信心、放心的特質。 6. 豎起的大拇指：代表 TAP 農產品追求卓越。 資料來源：行政院農業委員會～農產品 3 章 1Q 查詢專區，2021 年 4 月 8 日取自 https://www.coa.gov.tw/theme_list.php?theme=tag_query&type=tag	

▶ 表 3-6　常見優良食品標章（續）

名　稱	說　明	圖　示
「吉園圃安全蔬果標章管理作業規範」、廢止「農產品安全用藥（吉園圃）標章核發使用要點」	行政院農業委員會已於中華民國 109 年 4 月 13 日、109 年 5 月 18 日分別廢止	
鮮乳標章	鮮乳標章是政府為保障消費者權益所實施的行政管理措施，以促使廠商誠實以國產生乳製造鮮乳。政府依據乳品工廠每月向酪農收購之合格生乳量及其實際產製的鮮乳核發鮮乳標章。所以消費者選購貼有鮮乳標章的鮮乳產品，就是百分之百生乳產製之國產鮮乳 資料來源：行政院農業委員會～鮮乳標章之辨識 2021 年 4 月 8 日 取 自 https://www.coa.gov.tw/ws.php?id=2504840	
TQF 臺灣優良食品驗證制度產品標章	TQF 標章代表意義：品質、衛生、安全、信賴、國際化。強化食品業者自主管理體制，確保加工食品品質、安全與衛生，保障消費者及製造者之共同權益，促使食品工業體整體健全發展。 標章圖案意義： 粗體的 TQF 字母，帶給消費者沉穩值得信賴的安全感 笑顏代表對於產品品質滿意 搭配 OK 手勢，表示對於產品之衛生安全放心 資料來源：臺灣優良食品發展協會 2021 年 4 月 8 日 取 自 https://www.tqf.org.tw/tw/tqf/attestation.php?menu=TQF%E5%B0%88%E5%8D%80&article_id=1&article_title=TQF%E9%A9%97%E8%AD%89%E5%88%B6%E5%BA%A6	
屠宰衛生檢查合格標誌	凡經屠宰衛生檢查合格的畜禽屠體及其產品，須分別於表皮兩側或產品包裝上標示檢查合格標誌。消費者購買時，只要注意選擇有合格標誌的畜禽肉，就可買到經檢查合格的畜禽肉產品 資料來源：行政院農業委員會～動植物防疫檢疫局～屠宰衛生檢查合格標誌之介紹 2021 年 4 月 8 日 取 自 https://www.baphiq.gov.tw/ws.php?id=10494	

表 3-6　常見優良食品標章（續）

名　稱	說　明	圖　示
FGM 國產羊肉標章	標章圖案以山羊為主體，英文縮寫 FGM(Fresh Goat Meat) 為底襯，藉由圖案意涵強化消費者對國產羊肉的認知，推廣本土、新鮮、優質、衛生及安全的國產羊肉。 資料來源：中華民國養羊協會 2021 年 4 月 8 日取自 https://www.goat.org.tw/fg-meat?f_id=1	
GGM 羊乳標章	行政院農業部基於產業自主精神，輔導中華民國養羊協會辦理 GGM 羊乳標章認證制度。此標章係代表國產在地最新鮮、最純正的鮮羊乳。「GGM」是由「good goat's milk（優良羊乳）」英文字的字首而來，也代表國產羊乳純、真、新鮮無污染的品質。且此標章係為保障廣大消費民眾、輔導合法羊乳廠商所孕育而生，透過該標章的認證，提升國產羊乳品質和附加價值，嚴格檢驗乳成分，及稽核原料乳來源和數量，進而促進整體養羊產業升級發展，為消費民眾飲用國產鮮羊乳的優良品質把關，增進國民健康 資料來源：中華民國養羊協會 2021 年 4 月 8 日取自 https://www.goat.org.tw/gg-milk?g_id=1	
國產蜂產品證明標章	行政院農業部輔導臺灣養蜂協會基於產業自主管理，訂定「國產蜂產品驗證標章管理辦法」，辦理會員申請國產蜂產品證明標章，驗證國產蜂產品之安全性及符合國家標準品質。「H100000000」為管理驗證蜂產品標章印製核發使用之流水序號，可追溯核發對象及蜂產品貼用標章數量 資料來源：臺灣養蜂協會 2021 年 4 月 8 日取自 http://www.bee.org.tw/p2.html	

 **3-2　食物採購量計算**

一、採購數量預算編制

對於團體膳食機構而言，其食物材料採購成本占生產總成本的比例頗大；若能編制採購預算，有效控制食材，確保食材與成本間的平衡，當能令機構持續營運。

團體膳食採購數量預算編制原則：[註14]

1. 連續性原則：對於常用物料或食材，可參照上個月銷售狀況、物料使用量與下個月欲達成之銷售額決定。

2. 適時性原則：預算編制須掌握恰當時機。若編制太早，物料波動太大，難以掌握商情；若編制太遲，則延宕採購手續。

3. 彈性原則：數量採購估算必有誤差，可以總預算 5% 作為備用，以避免不足量。

4. 適量性原則：物料需要量宜確切計算標準用量、操作損耗率、廢棄率、膨脹收縮率等（依機構之經驗累積得知），方能建立合理損耗量以利標準化作業。

5. 適價性原則：採購物料牽涉到價格與費用，須掌握行情；預估價格雖非時價，仍適用於實施預算的時間範圍內，可供參考。

6. 周密性原則：預算編制應考慮市場供需、銷售計畫、營運週期、資金調度等，以免預算編制錯誤。

二、採購量計算

食物的調理過程中，於購買後，會經過清洗、去除根、髒污泥、枯萎部分及爛葉等，才進行切割、烹調動作。通常蔬果類食材分為上品、中品、下品三類；上品品質佳，廢棄率少，價格高；下品品質較差，廢棄率多，價格便宜。其中有「購買量＝廢棄量＋生品可食量」的概念；若購買的食材品質等級較高，廢棄量少甚至等於零，表示所購買的食材就等於生品可食量，完全不需浪費，可全部使用於菜餚之中。

採購時，到底是要選擇上品、中品或下品呢？仍須依各機構自行決定與其所持有經費預算有關。品質佳、價格高，工作人員前處理的工作內容簡單不耗時，可節省人員

的處理時間及人事費用；下品品質差，價格低，但工作人員前處理費時耗力，例如：購買品質佳的葉菜類，可節省挑揀爛葉的時間；而品質差的葉菜類，長時間辛苦地挑揀、清洗完後，才有一丁點食材可入菜，節省了菜錢，但人事費不見得省得了，各有利弊。但基於有新鮮、良好品質的食材才易創造出可口菜餚的立場下，仍建議選購中等以上品質的食材。

（一）專有名詞與算式

1. 採購量 (as purchased, AP)：從市場上採購回來的原始食物材料重量，原則上是未經去皮、去除爛葉、根莖等的。

2. 生品可食重量 (edible portion, EP)：採購回來的食材經清洗、切除不可食部分，即為 EP；若為上品，購買回來的部分不須再去除不可食之部分，則 AP ＝ EP。有制度的團膳業者應對其機構所購買各式食材建立廢棄率、收縮率的記錄，以估計採購量。

3. AP ＝ EP ＋生廢棄量

4. 生廢棄率：$\dfrac{生廢棄量}{AP} \times 100\% =$ 生廢棄率

5. 收縮率、膨脹率：$\dfrac{|生品重－熟品重|}{生品重} \times 100\%$（生品重＞熟品重 → 收縮率；生品重＜熟品重 → 膨脹率）

6. 熟品重＝熟品可食重＋熟廢棄量

7. 熟品可食率＝$\dfrac{|熟品重－熟品不可食重|}{熟品重} \times 100\%$

8. 熟廢棄率＝ 1 －熟品可食率

9. AP $\xrightarrow{\text{生廢棄率}}$ EP $\xrightarrow{\text{膨脹收縮率}}$ 熟品重 $\xrightarrow{\text{熟廢棄率}}$ 熟品可食重

（二）計算採購量

1. 計算出 AP 後，須依市場販賣規格採購之，例如：雞腿是一斤 4 支？或一斤 5 支的；冷凍魚片是一箱 5 公斤？或 20 公斤的等。

2. 計算出的 AP －庫存量＝實際購買量。採購量計算參考範例 3-3~3-7。

（三）執行採購

填寫申購單，經部門主管核示後，交給採購人員訂貨或採購之。

 範例 3-3

蔬菜－以青江菜為例

一人成品供應量為 80 g，熟品可食重＝熟品重（因蔬菜製備完成所有成品均可食用，無骨頭…等廢棄量），收縮率為 20%，生廢棄率 5%，請問要供應 1,000 人份應購買多少？

$$AP \xrightarrow{\text{生廢棄率 5\%}} EP \xrightarrow{\text{收縮率 20\%}} 熟品重 \xrightarrow{\text{熟廢棄率}} 熟品可食重$$
$$y \qquad\qquad\qquad x \qquad\qquad\qquad 80\ g \qquad\qquad\qquad 80\ g$$

設 EP 為 x g，AP 為 y g

$x \times (1 - 20\%) = 80 \quad \therefore x = 80 \div (1 - 20\%)$

$y \times (1 - 5\%) = x = 80 \div (1 - 20\%)$

$y = 80 \div (1 - 20\%) \div (1 - 5\%) \fallingdotseq 105.3(g)$（105.26 g 不可捨去成為 105.2 g，會造成量不足，宜進位成 105.3 g）

$105.3 \times 1,000$ 人份 $= 105,300\ g = 105.3(kg)$

有時食材在烹煮時，須保持食材原狀帶骨烹調，如雞腿、小排骨，須加估熟廢棄率。

 範例 3-4

帶骨肉類

帶骨炸豬排，一人份成品供應量 150 g（表示可食用的熟肉須重 150 g），生廢棄率 2%，收縮率 10%，熟廢棄率 12%，求 1,000 份購買量。

$$AP \xrightarrow{\text{生廢棄率 2\%}} EP \xrightarrow{\text{收縮率 10\%}} 熟品重 \xrightarrow{\text{熟廢棄率 12\%}} 熟品可食重$$
$$z \qquad\qquad\qquad y \qquad\qquad\qquad x \qquad\qquad\qquad 150\ g$$

$x \times (1 - 12\%) = 150 \quad \therefore x = 150 \div (1 - 12\%)$

$y \times (1 - 10\%) = x \qquad y = x \div (1 - 10\%)$

$z \times (1 - 2\%) = y$

$z = y \div (1 - 2\%) = x \div (1 - 10\%) \div (1 - 2\%)$

$\quad = 150 \div (1 - 12\%) \div (1 - 10\%) \div (1 - 2\%) \fallingdotseq 193.3(g)$

$z \times 1,000$ 人份 $= 193,300 \text{ g} = 193.3(kg)$

 **範例** 3-5

滷雞腿

　　滷雞腿，一人份成品供應量 90 g，生廢棄率 0%，收縮率 20%，熟廢棄率 10%，求 100 份購買量。

$$\text{AP} \xrightarrow{\text{生廢棄率 0\%}} \text{EP} \xrightarrow{\text{收縮率 20\%}} \text{熟品重} \xrightarrow{\text{熟廢棄率 10\%}} \text{熟品可食重}$$

　　z　　　　　　　　y　　　　　　　　x　　　　　　　　90 g

$90 \div (1 - 10\%) \div (1 - 20\%) \div (1 - 0\%) = 125 \text{ g}$

125×100 人份 $= 12.5 \text{ kg}$

　　經計算得出所購買的雞腿規格為 125 g ／支，即 8 支／公斤，但市場上購買時，一般雞販未能完全掌握雞腿重量一支 125 g，所以在購買時為能達到 100 份，常是算足 100 支（這 100 支的重量，每支近似 125 g），再秤總重，與單價相乘後為雞腿成本。或者粗估 8 支／公斤，100 支 ÷8 支／公斤＝ 12.5 公斤，再多給個幾支，稱總重。（此種方法較常使用，因商人通常沒時間一支支計數）而買方的 100 支可能一些為 125g ／支，有些超過 125 g ／支，有些低於 125 g ／支，總 AP 為 12.5 kg 左右，不一定剛剛好等於 12.5 kg，實際上大多超過 12.5 kg。

　　若購買的是冷凍雞腿，一個包裝規格 25 kg ／箱，200 支裝 125 g ／支，則須購買 1 箱，剩下的下一次再設計菜單使用。

 **3-6**

採購量計算－不使用標準食譜，製作 200 人份火腿蒸蛋，製作內容如下：

火腿蒸蛋

供應量／份：150 g 直徑6 cm圓形鋁箔容器　　　　　　　　**製作份數：200份**

材料名稱	重　量	製作過程
蛋液 (EP)	10,000 g	成品蒸蛋之蛋液：水：火腿屑 = 50 g：100 g：3 g
40℃溫水	20,000 g	1. 將 10,000 g 蛋液攪勻過篩，去除繫帶等不均勻物
火腿屑	600 g	2. 鹽以溫水溶解後，加入 1 中混勻
鹽	15T	3. 以直徑 6 cm 圓形鋁箔 200 個盛裝之，150 g ／個，蒸籠中火蒸 12 分鐘，開蒸籠蓋均勻灑上火腿屑，再蒸 1 分鐘，即可配份

已知蛋的生廢棄率為 12%，目前庫存量為半簍（一簍 20 斤裝），請問應採購多少？

10,000 g÷(1 － 12%) ≒ 11,363.636 g ≒ 11364g=18.94 斤

18.94 斤－庫存（20 斤 ×1/2）= 8.94 斤

此題扣除庫存量，若實際至市場購買宜以 0.5 斤或整數購買之，宜購買 9 斤。不可自動捨去小數點，不足量。

 **範例 3-7**

採購量計算－使用標準食譜，製作 650 人份的番茄炒蛋，製作內容如下：

食譜名稱：番茄炒蛋　　　　　　　　　　　　　　　　**類別：蛋類**

一人份供應量：80公克　　　　　**生品主、副材料比例＝番茄：蛋＝40公克：40公克**
一人份營養量：醣類－80公克、蛋白質－5.5公克、脂肪－3.64公克　　　　**100人份**

材料名稱	重　量	製作方式（分 1 次製滿）
番茄	4,000 g	1. 番茄切成 2 cm³ 塊；全蛋液攪勻，太白粉 4T ＋水 1C 調勻備用
全蛋液	4,000 g	
蔥花	300 g	2. 鍋燒熱，加入沙拉油 2C 中火炒 4 kg 蛋液（不停翻炒），翻炒中途遇易黏鍋以 1C 油陸續添加，炒至蛋液凝固成嫩黃色，鏟起
鹽	7T	
砂糖	1T	3. 以 1C 油炒香蔥花 300 g，下番茄塊炒軟，下鹽、糖，蛋塊拌勻、勾薄芡、起鍋
太白粉	4T	
水	1C	
沙拉油	4C	

番茄、蛋的購買量？

1. 調整係數：（$\dfrac{650}{100} = 6.5$）

2. 據以往記錄：

　(1) 番茄生廢棄率：5%

　　　AP: 4,000÷(1 － 5%)×6.5 ≒ 27368.42(g) ≒ 27.3658（公斤）　　購買 27.5 公斤

　(2) 蛋生廢棄率：12%

　　　AP: 4,000÷(1 － 12%)×6.5 ≒ 29545.454(g) ≒ 49.242（斤）≒ 49.3（斤）

　　　購買 49.5 斤

　(3) 蔥生廢棄率：4%

　　　AP：300÷(1 － 4%)×6.5 ≒ 2031.25(g) ≒ 3.3854（斤）≒ 3.4（斤）　　購買 3.5 斤

3. 番茄一箱 10 kg 裝　　27.5 公斤 ÷10 公斤／箱 = 2.75 箱　　∴購買 3 箱

　　蛋一籃 20 斤裝　　　49.3 斤 ÷20 斤／籃 = 2.465 籃　　　∴購買 3 籃

　　蔥　　　　　　　　購買 3.5 斤

🖋 三、訂購量

（一）EOQ(Economic Order Quantity) 訂購法[註15]

1. 公式：$EOQ = \sqrt{\dfrac{2FS}{CP}}$（每次最經濟的訂購量）。

   (1) F：每次訂購的花費成本（訂購時所衍生的一切成本支出，包括訂購單資材、電話費、網路費、傳真及訂購的花費工時）。

   (2) S：單項材料的年度需要量。

   (3) C：流通成本 %（包括保險、利息損失和貯藏成本）。一般流通成本 % 約占每批貨成本的 10~30% 之間。

   (4) P：採購單價。

2. 到達訂購點的庫存數量＝安全庫存量＋訂貨至交貨期間的使用量，或者＝安全庫存量（可確保訂貨至交貨期間不缺貨）。

- 最大庫存量＝ EOQ 採購量＋安全庫存量。

 **範例** 3-8

　　德育速食店，每年的冷凍雞腿需求量為 1,000 箱。流通成本占每批貨成本的 10%，每箱冷凍雞腿的採購成本 900 元（20 公斤裝），每次訂購所花費的成本約 90 元，請回答下列問題：(1) 每次最經濟的訂購箱數？(2) 一年的訂購次數？(3) 已知冷凍雞腿的安全庫存量 8 箱，訂貨至交貨期間為 2 天，請問冷凍雞腿到達訂購點的庫存箱數？及最大庫存量？

1. 每次理想訂購量 (EOQ) 為何？

$$EOQ = \sqrt{\dfrac{2 \times 90 \times 1,000}{10\% \times 900}} \fallingdotseq 44.721 \fallingdotseq 45 \text{ 箱}$$

　（每次最經濟的訂購箱數），取整數。

2. 每年冷凍雞腿的訂購次數應為何？

　訂購次數＝年度需求量 ÷EOQ ＝ 1,000 箱 ÷45 箱／次＝ 22.2 ≒ 23（次）

3. 假設冷凍雞腿安全庫存量為 8 箱，訂貨至交貨時間平均為 2 天，試問冷凍雞腿到達訂購點的庫存箱數應為多少？又最大庫存量為何？

    (1) ∵到達訂購點的庫存數量＝安全庫存量＋訂貨至交貨期間使用的量：1,000（箱）÷365（天）≒2.74（箱／天）；故訂貨至交貨的 2 天時間，使用箱數為 2×2.74（箱）≒5.48 箱≒6（箱）。

      ∴訂購點的庫存箱數＝8（箱）＋6（箱）＝14（箱）；即庫房的冷凍雞腿剩 14 箱時，可依據 EOQ 訂購法，填具 45 箱採購量，馬上申購。

    (2) 最大庫存量＝EOQ 採購量＋安全庫存量＝45（箱）＋8（箱）＝53（箱）。

（二）預估營業額反應用量訂購法[註 16]

1. 公式：每萬元營業額該項材料所需用量 × 安全係數－庫存量＝訂購量。

2. 安全係數：通常約 1.2，其中 (1.2 − 1 = 0.2)0.2 為當日營業多 20% 的材料準備，避免常常向客人說：「不好意思，該產品已售完」。

3. 若生意很好，每日多準備的20%材料均全部售完，則每萬元之營業額用量須作調整。

例如： 每日賣香雞排 200 片，安全係數 1.2，表示每日須準備 200 片 ×1.2 = 240 片，其中 200 片是一定會賣完，(1.2 − 1 = 0.2)20% 是多預備的；若每日所準備的 240 片均售完，且售完後仍有顧客上門詢問該項產品，則須調整，每日之營業額用量＝ 240×1.2 = 288 片。

 **範例 3-9**

德育炸雞專賣店使用的薯條情形如下：

每萬元用量	0.15 包
7/1~7/10 預估營業額	200 萬元
目前庫存量	6 包

請問應訂購多少量？

200 萬元 ×0.15 包／萬元 ×1.2 − 6 = 30（包）

3-3　食物採購成本控制與售價制訂

　　一團膳機構欲有效地控制食物採購成本確非易事。因其使用的生鮮材料多嬌嫩，可能因碰撞受傷而影響了品質、或者因貯存不當而腐敗，製成的成品若未掌握時間供應亦可能因微生物滋生而無法食用，況且每天、每餐所使用的材料是如此多種類，不同種類需控制的方法不同，在在增加了控制成本的複雜度與困難。因此，在進行食物採購成本控制時，可依團體膳食作業流程作為成本控制的依據。

　　一般依所設計的菜單進行計畫性的採購，食物採購後歷經多項步驟始製成成品售予顧客，若要有效的控制食物成本，就必須於每一作業流程中盡量減少食物材料損耗的機會。而控制食物成本的目的就是在不減少成品的質與量、不降低顧客的利益之下，減少食物材料損失與不必要的浪費，以維持最低的食物材料成本。

　　不論團膳機構的規模大小，在進行食物成本控制時，首要工作為預測生產計畫，繼而制訂各種簡單有效率的可實際執行的標準，如依計畫訂出供餐份數、每份供應重量等，列出採購規格標準、收縮率廢棄率標準、每份的標準供應量、標準食譜、相同食材以不同烹調法的成品標準出產量、不同食材貯存環境的標準等。而負責食物成本控制的人員就是團膳機構的經理與執行工作的各個作業人員，嚴格執行採購、驗收、貯存、撥發、前處理、製備、配份、配送和銷售等，以達成食物成本控制的預期目標。

一、如何做好食物成本控制（依團膳作業流程說明）[註17]

1. 膳食設計：因應臨時天候狀況更改替換食品，如颱風。
2. 採購：
   (1) 依機構訂定之採購規格採買。
   (2) 發掘新食物、新市場。
   (3) 研擬、改進大量採購的合約簽訂方法。
   (4) 研擬實際可行的採購人員訓練計畫。
   (5) 比較不同廠商、不同採購方法採購相同貨品的價格差異與廠商服務品質。
   (6) 開發新廠商，貨源多，不怕廠商哄抬物價。

(7) 改善現有採購方式的缺失。

3. 驗收：

(1) 研擬實際可行的驗收人員訓練計畫。

(2) 改進驗收程序與方式，利用並發展各式工具來達成精確、有效率的驗收工作。

(3) 改善驗收區的設備與布局。

(4) 查核驗收人員的工作表現。

4. 貯存：

(1) 研擬實際可行的貯存人員訓練計畫。

(2) 定期盤點。

(3) 改善貯藏區的設備與布局。

(4) 研擬高效率的貯藏方法與步驟。

(5) 改進各式庫房的內部作業程序，訂定各類食物的貯存原則並簡化貯存記錄。

(6) 研究降低食物腐壞的改善方法。

5. 撥發：

(1) 見單撥發、先進先出。

(2) 改良、簡化撥發作業程序，縮短撥發時間。

(3) 使用輔助設備方便撥發或運送貨品，減少員工往來庫房的次數。

6. 前處理：

(1) 研究發展省時省力的調理用具、設備。

(2) 教導員工善用各式器具、設備處理食物材料。

(3) 改進各式食材的調理方法。

(4) 研究實驗同一食材不同品質等級、重量的生品可食量、廢棄率。

(5) 研擬實際可行的訓練計畫，增強員工調理食物的能力與技巧。

7. 製備：

(1) 研究改進食物製備的設備、用具與製備方法。

(2) 研究不同烹調方法對同一種食材成品品質的影響。

(3) 研究改進減少不同食材收縮率的烹調法。

(4) 學習使用提高單位時間產量的新式設備及烹調方法。

(5) 教導員工正確使用適當烹調用具、設備。

    (6) 研擬實際可行的訓練計畫，訓練員工的食物製備能力。

    (7) 減少因人為疏失造成的損耗（如食材炒出鍋外、製備完成後盛裝容器傾倒）。

8. 配份：

    (1) 研究改良配份方法與用具。

    (2) 改善配份區的設備與布置。

    (3) 思考食材的前處理與製備成品是否利於配份？

    (4) 減少因配份不良而造成的損失（未依標準量配份）。

二、團膳機構的營業成本

團膳機構的營業成本可分為三類：[註18]

（一）固定成本 (Fixed Costs)

又稱為不可控制性的開銷，此種成本是指即使機構沒有生產膳食供應業務仍須負擔的營業費用。該固定成本費用不隨銷售量而變動，始終保持不變並固定於營業成本內。如各種租金、固定資產折舊費、保險費、財產稅、貸款利息、機械設備費用、員工底薪、維修保養費和廣告費等。

（二）變動成本 (Variable Costs)

此種成本是隨銷售量的變動而按比例變動的成本。如產品材料費、產品包裝費、員工逾時加班費和運送費用等。當銷售量增加，變動成本會成比例增加；反之如銷售量降低時，變動成本亦隨著減少。

（三）半變動成本 (Semi-variable Costs)

另有一類成本無法歸類於固定成本或變動成本，其內涵包括有固定成本與變動成本。只要是該費用含有基本費用加上超過基本度數的費用就可列為半變動成本，如電費、燃料費。公式為：

半變動成本＝固定成本＋變動成本 ……………………………………… 式 3-1

例如：自來水費＝基本度數費用＋使用超過基本度數的費用

其中基本度數費用為固定成本，即使餐廳不營業，自來水基本費用仍須繳交；使用超過基本度數的費用為變動成本，當銷售量增加，使用的水量相對增加，使得基本度數費用加上使用超過基本度數的費用兩者相加之值，會隨著銷售量的變動而變動，卻不隨著變動成本的增加而按比例增加。

若銷售量下降至零，由式 3-1 知：變動成本＝0，則半變動成本＝固定成本。

以上三類成本，您可將團膳經營時應用到的經費依據上述定義分類。例如：因工作忙錄聘任以時薪計的工讀生，其工讀費屬變動成本；而員工因工作忙錄而加班，其薪水為底薪加上加班費，則員工的薪水視為半變動成本；若員工未加班，其薪水則視為固定成本。若星期六、日固定以聘任工讀生代替正職員工，則星期六、日的工讀生薪水，則屬固定成本。

三、售價制訂

訂定任一菜餚售價的決定因素有：[註19]

1. 食物材料成本：一般餐飲機構將食物材料成本訂於 30~40% 之間。該菜餚的食物材料費（包括生鮮材料、香辛料、調味料、盤飾等費用）。

2. 營運管理費：人事費用（員工薪資）、水電燃料費、各種租金、固定資產折舊費、保險費、財產稅、貸款利息、機械設備費、廣告費、產品包裝費、員工逾時加班費、運送費用和維修保養費等。

3. 利潤：各機構可自訂利潤百分比，通常非營利性的團體膳食屬於低利潤者，高者利潤可定 30%。公式如下：

銷售額（總收入）＝食物材料成本＋營運管理費＋利潤 ⋯⋯⋯⋯⋯⋯⋯⋯ 式 3-2

將等號左右兩邊分別除以銷售額（總收入）：

$$\frac{銷售額（總收入）}{銷售額（總收入）} = \frac{食物材料成本}{銷售額（總收入）} + \frac{營運管理費用}{銷售額（總收入）} + \frac{利潤}{銷售額（總收入）}$$

100% ＝食物材料成本 %＋營運管理費 %＋利潤 % ⋯⋯⋯⋯⋯⋯⋯⋯⋯⋯⋯⋯ 式 3-3

營運管理費 % 多為固定值，若食物材料成本 % 降低，可得較多利潤。

4. 附加價值：如提供的服務、餐廳的裝潢、氣氛等。但須注意，團體膳食機構（尤其是餐盒業者、自助餐廳）在制訂售價時不可過分重視附加價值，而應特別重視「價格與價值」之間的關係。

由式 3-3 知：

食物材料成本 % = 100% − 利潤 % − 營運管理費 % = $\dfrac{食物材料成本}{銷售額（總收入）}$ ×100%

∴ 食物材料成本 = 銷售額（總收入）× 食物材料成本 % ·················· 式 3-4

欲計算某道菜餚的售價：

步驟一 $\dfrac{某道菜餚食物材料成本}{某道菜餚食物材料成本 \%}$ = 某道菜餚的銷售額（總收入）

步驟二 $\dfrac{某道菜餚的銷售額（總收入）}{製作份數}$ = 每一份的售價

 範例 3-10

　　青椒牛肉絲 100 人份的材料費為：青椒 400 元、牛肉 1,600 元、蔥 100 元，食物材料成本 % 為 35%，請問一份青椒牛肉絲售價應為多少？

1. 食物材料成本 = 400 ＋ 1,600 ＋ 100 = 2,100（元）

2. 食物材料成本 ÷ 食物材料成本 % = 銷售額（總收入）= 2100÷35% = 6,000（元）。

3. 每一份的售價 = 銷售量（總收入）÷ 製作份數 = 6,000÷100 = 60（元）。

四、實際食物成本計算

　　實際食物成本是指用於獲取營業收入的食物成本。餐廳的員工餐食、腐敗的廢棄食材、被其他部門借走的食材等均不屬於營業收入的食物成本；而若是向其他部門借貸來的食材用於營業目的，該款項就算是實際食物成本。

$\dfrac{該月份實際食物成本}{該月份的營業額}$ ×100% = 實際食物成本率

　　食物成本可以日或月為計算基準，理論上該月份每日的實際食物成本累加 30 或 31 天，應等於該月份的實際食物成本，但並非如此。若兩者之差，不超過每月實際食物成

本的 1.5%，則每日食物成本的計算在容許的誤差範圍內。在執行層面上，可能因供應員工餐食、材料貯存不當凍傷、員工將食材帶回家、招待老顧客等原因未用於營業收入上，可統計每日、每月、每年的食物成本與實際食物成本的數據差異作成統計表，數據的差異可令管理者去深入瞭解造成此差異的背後因素是什麼？如何改進？以減少不必要的浪費，使食物成本集中用於營業用途上。

1. 實際食物成本定義：即用於獲取營業收入的食物成本。

2. 實際食物成本相關算式：[註20]

    (1) 實際食物成本＝食物總成本－用於非獲取營業收入的食物成本。

    (2) 實際食物成本＝月初食物存貨成本＋當月食物採購成本＋自其他單位移入食物成本－自單位移出的食物成本－員工伙食成本－月末食物存貨成本。

    (3) 實際食物成本百分比：

$$\frac{該月份實際食物成本}{該月份的營業額} \times 100\% = 實際食物成本率$$

3. 用於獲取營業收入的食物成本：包括自其他單位移入的食物成本等。

4. 用於非獲取營業收入的食物成本：包括員工免費餐食、貯存不當致食材腐敗、移至其他部門的食物成本等。

    實際食物成本計算參考範例 3-11。

五、存貨計價

常用的盤點存貨計價方法有三種，計算參考範例 3-12：[註21]

1. 實際採購價格法：存貨價值依該批存貨當時的購買價格計算之。庫房人員自驗收人員手中接收貨品時，若能清楚記錄該批貨品的價格，此方法是十分容易計價的。

2. 加權平均採購價格法：將該期的實際食物成本除以該期的實際購買重量，得平均單價，將平均單價乘以存貨重量即得存貨價值。

3. 先進先出法：最符合食物貯存撥發原則，先購入的食物先使用，期末存貨即是最後購入的部分。確認該批存貨後，再乘以該批單價，即是存貨價值。

 3-11

德育餐廳 7 月份的營運記錄

6 月底食物存貨總值	850,000 元
7 月食物採購成本	1,350,000 元
移出至其他單位的食物成本	20,000 元
自其他單位移入的食物成本	60,000 元
7 月底食物存貨總值	150,000 元
7 月份營業額為	6,500,000 元

請問 (1)7 月份實際食物成本是多少元？

(2)7 月份的食物成本百分比？

1. 實際食物成本

＝用於獲取營業收入的食物成本

＝月初的食物存貨成本（或稱上個月末的存貨成本）＋當月份的食物採購成本

＋自其他單位移入的食物成本－自本單位移出的食物成本－員工伙食成本

－月末的食物存貨成本

∴ 7 月份實際食物成本 ＝ 850,000 ＋ 1,350,000 ＋ 60,000 － 20,000 － 150,000

＝ 2,090,000（元）

2. 7 月份的食物成本百分比

$$=\frac{實際食物成本}{該月份的營業額}\times100\%$$

$$=\frac{2,090,000}{6,500,000}\times100\%=32.153\%$$

 **範例 3-12**

德育餐廳 7 月份採購狀況

7/1	月初冷凍牛肉存貨：	10 公斤	180 元／公斤
7/4	第一批採購	26 公斤	190 元／公斤
7/11	第二批採購	30 公斤	170 元／公斤
7/18	第三批採購	18 公斤	185 元／公斤
7/25	第四批採購	10 公斤	175 元／公斤
7/31	月末存貨	12 公斤	

請以實際採購價格法、加權平均採購價格法、先進先出法計算存貨成本。

1. 實際採購價格法：

∵ 經庫房人員查驗該批月末貨品 12 公斤，為第一批採購的 8 公斤與第三批採購的 4 公斤，∴ 其存貨價值為 8 公斤 ×190 元／公斤（第一批的購買單價）＋ 4 公斤 ×185 元／公斤（第三批的購買單價）＝ 2,260（元）

2. 加權平均採購價格法：

將每一批的採購重量 × 每一批的單價，累加，再除以採購總重量，得出平均單價，將平均單價乘以存貨重量即得。

7/1	月初冷凍牛肉存貨：	10 公斤	180 元／公斤
7/4	第一批採購	26 公斤	190 元／公斤
7/11	第二批採購	30 公斤	170 元／公斤
7/18	第三批採購	18 公斤	185 元／公斤
7/25	第四批採購	10 公斤	175 元／公斤
7/31	月末存貨	12 公斤	

平均單價 = (10×180 + 26×190 + 30×170 + 18×185 + 10×175)÷(10 + 26 + 30 + 18 + 10) = 180（元／公斤）

存貨價值＝月末存貨 × 平均單價＝ 12 公斤 ×180 = 2,160 元

3. 先進先出法：

因使用先進先出法，所以月末存貨的 12 公斤為第四批採購的 10 公斤與第三批採購的 (12 － 10) 公斤，其存貨價值＝ 10×175 + 2×185 = 2,120（元）

3-4　驗收

若十分用心地完成採購工作，卻不注意驗收 (Receiving)，將會使先前的努力都白費了。檢視供貨商所提供之食物，確認是否合乎訂購數量、品質、價格，這就是驗收的目的。

一、驗收的人、時、地考量

（一）驗收人員

驗收人員首重誠實，並需具備專業食品知識，能迅速辨別各類食品品質好壞，熟悉驗收程序，且反應能力佳，始能順利擔任此項工作。

（二）驗收地點

驗收的環境，須有明亮的光線、足夠的空間、適宜的秤量器具。須有能遮雨防曬的屋頂，避免食品變質；空間最好能方便貨車進入，可容納卸貨食品、送貨人員、驗收人員的活動進行，並有清洗設備，如水龍頭、水管、排水溝等，可於驗收工作完成後，清除地面污漬，保持衛生。秤量用具應以可秤量少量及大量貨品之設備組成，如 1 公斤、5 公斤，及 60 公斤、100 公斤以上的台秤，以求精確。

驗收區宜介於貨車入口處與庫房貯存區之間，距離越近越好，若為不同樓層，應就近設升降梯，便利作業，減少延遲食品入庫的時間；同時須距離製備區不遠，驗收後必須馬上前處理的食品，應盡速製作，不被耽擱。

（三）驗收時間

驗收人員應審慎評估其工作人數與驗收食品數量，若肉、魚、蔬果、乾貨、器具分別由不同供貨商提供，則應安排廠商於不同時段送貨，且須衡量每一時段可由幾位驗收人員完成工作內容。驗收時間的決定，取決於食品種類、當日氣溫、驗收人員工作時程安排等因素。易腐敗的食品最好於氣溫較低時，如夏季清晨驗收，尤其是沒有冷凍、冷藏設備的運輸車（目前坊間大多如此），更需注意氣溫的配合；夏季約 7：30 以後，氣溫上升速度快，易造成魚、家禽、家畜等的腐敗，也許驗收時食品尚未腐敗，但其品

質已經劣變，貯存壽命已降低許多。如僅有二位驗收人員協調魚商—上午 6：00 送貨、肉商—上午 6：45、蔬果—上午 8：00、乾貨與器具—下午 2：30，易腐敗的魚肉驗收時間最早，假設據以往經驗，40 分鐘可驗收完成（含秤量、記錄、貼標籤、入冷藏庫等相關作業約 30 分鐘，再加上 10 分鐘緩衝時間）。接下來，肉商送貨到達，再依序進行之；有時，送貨時間延遲，造成接續下來的驗收工作雙重負荷，甚至延遲當日前處理、製備、供膳時間，為防止此種情況發生，需協調廠商嚴守時間或提前一天送貨，以降低風險。

二、驗收的工作內容

　　驗收單位可能是幾個人組成一組，也可能只有 1、2 人，端視機構的大小而定，其工作內容不外乎：[註22]

1. 依訂貨單核對品質、數量、價格，是否符合訂購內容；且先行驗收須即刻冷凍、冷藏之易腐敗食品，貼標籤入冷凍、冷藏庫，再驗收乾貨及其他不易腐敗之食品。

2. 利用合格的驗收工具，確認貨品無誤後，才可在廠商的送貨單上簽收，一聯交送貨員，一聯自存，一聯交會計部。

3. 將所接收之貨品之品名、數量填於食品驗收記錄表上，作為日後記帳的基本憑證。

4. 驗收後，應於包裝上貼上驗收日期、品名（部位），以利庫房管理。尤其是魚、家禽、家畜等須冷凍或冷藏之食品應去除外包裝，以乾淨袋子分裝成機構常用的量，再貼上標籤，否則一旦入庫包裝袋形成霧狀表面，不易辨識內容物。

5. 易腐敗與不易腐敗食品之進貨，分送到需要使用之部門或貯存處所後，依該項食品之特性處理。

　　驗收並非照單全收，應檢視貨品，若食材品質、等級不符，則予以退貨辦理。驗收以採購的標準規格表為根據，除了以此作為退貨、拒收外，更可作為要求廠商補貨、賠償的依據。

　　完成了驗收工作後，依據確認過的送貨單，驗收人員應作每日驗收記錄表（表3-7），輸入電腦檔案，作為日後參考。食品採購與驗收程序如圖 3-1 所示，可以協助釐清作業內容。

▶ 表 3-7　驗收記錄表 (註 23)　　　　　　　　　　　　　日期：107 年 11 月 2 日

| 食品總類：乾貨 | | | | | | 驗收記錄表 | | | | | 填表人：王大明 | | |
品名	數量	單位	規格	審核記錄（✓）	送貨廠商	核對數量	進貨單價（元）	總價	合計	配送至（以重量記錄）		
										廚房	乾料庫房	其他
乾香菇	1	公斤	蕈傘 6 公分直徑	✓	極品軒	1	700	700	700	0.7	0.3	0

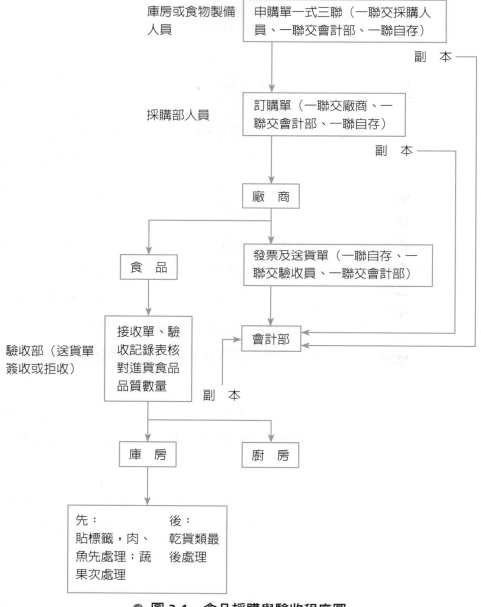

⇒ 圖 3-1　食品採購與驗收程序圖

（一）驗收方法

1. 全數檢查：每一項均檢查，尤其是單價價格高者更應如此。

2. 抽樣檢查：單次抽樣，一次抽驗不符，即拒收；雙次抽樣，第一次抽驗不符者，再繼續抽驗另一包裝（第二次），若此次符合，則收貨，若不符，則拒收。

3. 合格與不合格之進貨分類處理，不合格的貨品請廠商限期內取回換新（若因此延誤供餐則損失賠償依契約所訂內容為之）。

4. 驗收過程中，避免貨品損傷、遺失（被竊）。

（二）驗收人員注意事項

1. 秤量用具，每月校正檢查一次，確保準確性。

2. 訂貨驗收，須按重量計算（含蔬菜、水果、蛋等）。

3. 若為整包、整袋之食物，驗收除檢視重量外，尚應抽檢袋內之個數（數量），以符合所求。

4. 若為貴重水果或盒、箱裝之食物，則依個數、盒數、箱數來清點，如酒類、飲品等。

5. 盡可能將驗收日期標示於驗收物品上，以利庫房處理（先進先撥發，first in first out）。

6. 肉類的等級部位於驗收時，應特別注意（肥瘦肉之比例）；新鮮蔬果應抽樣切開檢視其內部成熟度、味道。

7. 冷凍食品之驗收，須抽驗檢查及解凍後之重量，並檢視其品質。

（三）預防驗收人員舞弊[註24]

　　採取暗驗方式，即不可讓驗收人員經手現款，會計部門於貨物送達時，只把載有物品之品名的接收單交驗收人員，請廠商將品名、規格、數量的驗收單寄給會計人員。

📄 註釋 BOX ▶

註8　陳堯帝(2000)．*餐廳採購學*（初版，17-18頁）．新北市：揚智。

註9　蘇恆安(1999)．*團體膳食管理*（初版，88頁）．臺北市：華杏。

註10　蘇恆安(1999)．*團體膳食管理*（初版，88頁）．臺北市：華杏。

註11　吳炳銅、廖春蘭(1999)．*學校午餐－團體膳食的經營與管理*（78-80頁）．臺南市：大孚書局。

註12　臺北農產運銷股份有限公司提供。

註13　胡淑慧(2003)．*幼兒餐點設計與製作*（初版，11-18頁）．臺北市：五南。

註14　陳堯帝(2000)．*餐廳採購學*（初版，48-49頁）．新北市：揚智。

註15　蘇恆安(1999)．*團體膳食管理*（初版，84頁）．臺北市：華杏。

註16　蘇恆安(1999)．*團體膳食管理*（初版，86頁）．臺北市：華杏。

註17　周玉蓉(1980)．*餐廳食物成本控制*（二版，128-130頁）．臺北市：合記。

註18　蘇尚毅(1979)．*團體膳食管理*（63-64頁）．自版。

註19　蘇恆安(1999)．*團體膳食管理*（初版，53-54頁）．臺北市：華杏。

註20　周玉蓉(1980)．*餐廳食物成本控制*（二版，55-58頁）．臺北市：合記。

註21　蘇恆安(1999)．*團體膳食管理*（初版，60-62頁）．臺北市：華杏。

註22　周玉蓉(1980)．*餐廳食物成本控制*（二版，24頁）．臺北市：合記。

註23　周玉蓉(1980)．*餐廳食物成本控制*（二版，28頁）．臺北市：合記。

註24　周玉蓉(1980)．*餐廳食物成本控制*（二版，26頁）．臺北市：合記。

(　　) 1. 欲供應每人份糙米飯 200 公克，共供應 100 人份，其中蓬萊米與糙米以 4：1 混合，兩種米的膨脹率〔（成品重－生米重）／生米重 ×100%〕均為 100%，請問需要米量為： (1) 總米量 12 公斤 (2) 蓬萊米 8 公斤、糙米 2 公斤 (3) 蓬萊米 10 公斤、糙米 2 公斤 (4) 蓬萊米 8 公斤、糙米 4 公斤

(　　) 2. 關於招標採購的程序，下列排列何者正確？①決標②投標③發標④訂定合約⑤開標 (1) ④③②①⑤ (2) ②①⑤③④ (3) ⑤④②③① (4) ③②⑤①④ （104 年第一次專技高等考試營養師考試試題）

(　　) 3. 關於中國國家標準 (CNS) 對米的敘述何者錯誤？ (1) 梗米為蓬萊米、秈米為在來米 (2) 二等米的損害粒 % 多於一等米 (3) 糯米的水份含量 % 高於梗米 (4) 米的基本性狀均為米粒充實飽滿、粒型均一、米澤鮮明

(　　) 4. 下列何者不是採購食品的考慮因素？ (1) 明瞭各種包裝的重量（淨重、粗重）、數量（幾個／箱） (2) 瞭解各類食品的規格標準 (3) 食材新鮮安全、衛生、來源清楚 (4) 價格越便宜越好

(　　) 5. 市售優等雞蛋，依據中華民國國家標準 (Chinese National Standards) 來分級，其氣室位置固定，深 (1)15mm 以下 (2)10mm 以下 (3)6 mm 以下 (4)3mm 以下

(　　) 6. 市售盒裝充填嫩豆腐，依據中華民國國家標準 (Chinese National Standards)，其水份、蛋白質含量規定為 (1) 水份 90% 以下、蛋白質 4.3% 以上 (2) 水份 87% 以下、蛋白質 4.3% 以上 (3) 水份 90% 以下、蛋白質 5.0% 以上 (4) 水份 87% 以下、蛋白質 6% 以上

(　　) 7. 依中華民國國家標準 (CNS) 對於醬油種類的敘述，何者錯誤？ (1) 甲級醬油具優良釀造醬油固有之色澤與香味，總氮量、胺基態氮、總固形物（食鹽除外）三者之 % 均較乙級品、丙級品為多 (2) 醬油膏是醬油添加黏稠劑，如蔭油、壺底油 (3) 薄鹽醬油是色度小於 3.0 的醬油，顏色較一般醬油色淡 (4) 生醬油是指發酵熟成後之醬油醪，經壓榨所得之未經任何處理的液體

(　　) 8. 依中華民國國家標準 (CNS) 對於麵粉的敘述，何者錯誤？　(1) 高、中、低筋麵粉是依蛋白質含量不同而有差異　(2) 高筋麵粉蛋白質含量 13.5% 以上、中筋麵粉蛋白質含量 11%~13.5%、低筋麵粉蛋白質含量 7.5%~11%　(3) 高、中筋麵粉的水份含量都在 14% 以下　(4) 低筋麵粉的灰份含量高於中筋、高筋麵粉

(　　) 9. 下列選購新鮮蔬菜之要點，選出錯誤者？　(1) 苦瓜選擇果面瘤狀大粒且突起，表皮顏色轉紅者　(2) 青花椰菜選擇花蕾鮮綠色、密實潔淨、莖部不空心、無枯萎者　(3) 香菇選擇新鮮、菇傘厚者　(4) 小黃瓜選瓜身挺直、粗細均勻，瓜刺突起明顯者

(　　) 10. 下列選購要點，選出敘述錯誤者？　(1) 冷凍食品應於標示 -18℃有良好冷凍設備的店家購買　(2) 蛋選購粗糙蛋殼者，或購買洗選蛋　(3) 蔬菜選購有 TAP 產鎖履歷農產品者　(4) 路邊一整貨車，3 把 50 元的便宜蔬菜，要多多採買

(　　) 11. 採購概念的敘述，下列何者不恰當？　(1) 採購便宜的下品食材，節省了食物成本，但需花費許多人事成本進行挑菜　(2) 採購的恰當定義，在合宜的時間、地點，選購適材適質的食品，以低成本達到高效率的使用　(3) 採購量 (as purchased, AP)：從市場上採購回來的原始食物材料重量，原則上是未經去皮、去除爛葉、根莖等的，若購買的食材品質等級較高，廢棄量少甚至等於零，所購買的食材就等於生品可食量　(4) 生廢棄率越高的食材，收縮率越多

(　　) 12. 製作滷豬排，一人份熟品供應量 90 克，已知豬大里肌肉收縮率 16%、生廢棄率 4%，請問欲製作 1 萬人份，豬大里肌肉購買多少公斤？　(1)1116 公斤　(2)1125 公斤　(3)720 公斤　(4)1071 公斤

(　　) 13. 對於團膳機構的營業成本之敘述，下列何者錯誤？　(1) 固定成本是指即使機構沒有生產膳食供應業務仍須負擔的營業費用，如房租、機械設備費用　(2) 半變動成本，如保險費、產品材料費　(3) 因工作忙錄聘任以時薪計的工讀生，其工讀費屬變動成本　(4) 若星期六、日固定以聘任工讀生代替正職員工，則星期六、日的工讀生薪水，屬固定成本

(　　) 14. （複選）選出敘述正確者？　(1) 用於獲取營業收入的食物成本，稱為實際食物成本　(2) 非用於獲取營業收入的食物成本，如員工餐、貯存不當致食

物腐敗、移給其他部門使用　(3) 月末食物存貨成本屬於該月份實際食物成本　(4) 食物材料凍傷屬於實際食物成本

(　) 15. （複選）關於採購規格制度，選出敘述正確者？　(1) 採購規格是消費者與供貨商的溝通語言　(2) 採購規格之內容，只需採購人員了解，管理者、菜單設計者、驗收人員、廚房製備人員無需明瞭　(3) 品牌、種類、大小、包裝形式、等級、輕重等等項目，均屬於標準採購規格內容　(4) 台鳳鳳梨罐頭、340g ／罐、里肌肉排 6 片／斤，這些描述均稱為採購規格

(　) 16. 選出敘述正確者？　(1) 廚房設備使用時，瓦斯開關與管線平行是關　(2) 設備買來要少用，才可以常保如新，且不易損壞　(3) 各項機械設備要定期排定維修保養，才能維持穩定度及順暢性

(　) 17. 最符合食物貯存撥發原則的存貨計價法是　(1) 實際採購價格法　(2) 加權平均採購價格法　(3) 先進先出法　(4) 實際採購價格法

(　) 18. 選出價格最便宜者？　(1)1 台斤 120 元　(2)100 公克 17 元　(3)1 公斤 95 元　(4)1 台兩 8 元

(　) 19. 某便當公司每半個月訂購一次地瓜粉，目前庫存 6 包。已知每萬元營業額使用地瓜粉 0.2 包，下個月預估營業額為 350 萬，若使用安全係數 1.2 估算所需地瓜粉數量，則應訂購幾包地瓜粉？　(1)64　(2)78　(3)84　(4)90。

(　) 20. 下列何種食品驗收時，可採「全數檢查」之方式？　(1)1 萬元／瓶的 20 瓶葡萄酒　(2)5 公斤／袋，250 元／袋的 200 袋台梗 9 號米　(3)20 斤／箱，500 元／箱的 10 箱牛番茄　(4)3 公斤／把，50 元／把的 10 把宜蘭三星蔥

(　) 21. 冷凍雞腿、冷藏鱸魚、乾香菇、紙餐盒，驗收順序選出正確者？　(1) 紙餐盒、乾香菇、冷凍雞腿、冷藏鱸魚　(2) 乾香菇、紙餐盒、冷凍雞腿、冷藏鱸魚　(3)冷凍雞腿、冷藏鱸魚、乾香菇、紙餐盒　(4)冷藏鱸魚、冷凍雞腿、乾香菇、紙餐盒

(　) 22. 選出錯誤者？　(1) 驗收時，檢視供貨商提供之食材標準，是依採購單上的採購標準為之　(2) 驗收人員須具備專業食品知識，能迅速辨別各類食品的好壞，熟悉驗收程序，反應力佳　(3) 只要一台 100 斤的大磅秤，就可應付各類食材各種重量的驗收工作　(4) 驗收區宜介於貨車入口處與庫房貯存區之間

( ) 23. 選出錯誤者？ (1) 食材驗收後，應盡速入庫，避免食材變質 (2) 各類送貨商應要求其在同一時間送貨，以節省驗收人員的工作時間 (3) 驗收完成，應於食材包裝袋上貼入庫時間，利庫房管理 (4) 驗收食材的標準，就是採購食材的標準

( ) 24. 選出正確者？ (1) 驗收時，應先驗收不易腐敗的食品 (2) 驗收時，依訂購單核對食材之品質、數量、價格 (3) 驗收時，依送貨單核對食材之品質、數量、價格 (4) 與廠商送貨員熟識，因為送貨趕時間，先在送貨單簽收，讓他先行離開

参考答案

1.2	2.4	3.3	4.4	5.2	6.1	7.3	8.4	9.1	10.4
11.4	12.1	13.2	14.12	15.134	16.3	17.3	18.3	19.2	20.1
21.4	22.3	23.2	24.2						

Quantity Food Production
Management

4

CHAPTER

貯存與庫房管理

4-1　貯存

一、目　的

良好的貯存 (Storing) 管理，可降低作業成本；任何一團體膳食營業機構均須有良好的適宜食品貯存空間，以提供各類食材在製備之前的存放保留，減少食材因貯存不當造成的損耗及人為的偷竊、遺失，並可維持食品驗收後的新鮮品質。

二、理想地點

宜靠近驗收區與食物製備區之間，彼此距離愈近愈好，以能簡化工作動線，避免不同作業區人員動線重複為宜；兩區之間若有地勢高低落差或位於不同樓層，則宜有緩斜坡設置便利推車通過或備升降梯。

三、庫房內部貯藏設備規劃的決定要素[註25]

1. 使用頻率：常用的食品貨品，宜放置於其常被使用的地點（可能獨立於庫房之外），如位於食物製備區的小型冷凍、冷藏庫或小型調味料櫃，如此可節省搬運的時間和力氣。其他存放於庫房者，則以最常用、重量最重的放置門邊附近。

2. 空間大小：食品、貨品周轉量大及進貨次數多時，庫房空間可小；反之亦然。

3. 貯存食品、貨品的特性：食品、貨品的體積大小、重量、形狀，易腐敗食物、不易腐敗食物、清潔用品等不同性質食材會影響到貯藏空間的設計規劃。

四、貯藏設備與器具

適宜足夠的器具可使貯存工作發揮最大效率。例如：手推車、梯子、落地貯存架、溫濕度計，及各式表格記錄食品、貨品流向、貨物卡等，可使工作更完善。

各機構在決定庫房大小、設備、用具機型時，仍應實際評估所需貯存的食品與貨品種類、數量，目前及未來的需求量及現有貯藏空間之現狀。

4-2 庫房人員的工作職責

一、主要工作內容

庫房人員的工作職責依各機構供餐數量大小、組織型態而定。主要工作職責包括：(註26)

1. 接收驗收人員完成驗收之食品，將之分別冷藏、冷凍或乾藏。

2. 記錄食品的進貨日期、價格，貼上分類標籤及進行各類盤點工作，隨時注意庫存食物腐敗之處理。

3. 依請領單撥發食物。

4. 將大量進貨而使用緩慢的食品或已請購的食品而廠商未送貨的情形，隨時通知菜單設計者或採購部門即時處理。

5. 維持各庫房內部清潔及食物存放的整齊性，物品間須有空隙，以使空氣流通、冷氣循環良好。

二、庫房物品的控制

（一）領用（撥發）記錄

必須有清楚的申購及領用（即撥發）之記錄，以作有效的控制：

1. 若已達最低庫存量，須由庫管人員填寫「庫房申購單」，物品入庫房須填寫「收貨記錄卡」，其他部門若須從庫房領物品，須填寫「請領單（對領取物品的人而言稱之）＝撥發單（對庫管人員而言稱之）」，才能撥發。可用這些數據，盤點庫管人員是否失職及物品是否短缺。

2. 大型團膳機構，設有「庫房管制卡」（又稱「存物架卡」），有兩份，1份置於該項食品器物之前，1份由庫管人員保管。規格大小勿大於置物架高度，且宜以厚紙板為之。

庫房管制卡應描述品名（編號）、品號、規格、進貨量、撥發量、結餘量、日期，詳見表4-1。

▶ 表 4-1 庫房管制卡

品名：番茄醬		規格：660 ml ／瓶			
品號：12					
日　期	進貨量	撥發量	結餘量	進貨單價（元）	總價（元）
107.12.05	48 瓶	14 瓶	34 瓶	85	2,890
107.12.19		10 瓶	24 瓶	85	2,040

（二）安全庫存量的設立

　　安全庫存量 (safety stock) 是保障食品由訂貨至收貨前這段期間不致缺貨的存量。由於進貨的時機不同，依其是否定時進貨可分兩種機制存量方法：（註27）

1. 定額庫存量：用於定時進貨；此定額庫存量須能保證在下次進貨前不致缺貨。例如：米，每週定時進貨一次，若每週庫存量 8 袋足夠當週使用量，即可定 8 袋為定額庫存量（此數量已包括了安全庫存量），下週進貨前剩 2 袋庫存量，只需再訂購 6 袋，補足此定額庫存量 8 袋即可。但需注意的是剩的 2 袋庫存應先使用，先用舊貨後用新貨才能掌握先進先出的原則。

2. 最低—最高庫存量：用於不定時進貨，非定時用掉定量的食品，宜訂出該類食品最低、最高庫存量。當該食品之庫存量達最低庫存量時，必須立即進貨；通常最低庫存量就是安全庫存量，須保證該食品由訂貨至收貨前此期間不致缺貨。例如：中筋麵粉，定其最低庫存量為 3 袋，最高庫存量為 12 袋，當中筋麵粉只剩 3 袋時，必須立刻進貨至最高庫存量。此控制存量方法，每次的進貨量均是相同。

三、庫房鑰匙的管制

為釐清庫房管理人員保管庫房內食品、貨品的職責，建議庫房鑰匙應只備兩套，一套交庫管人員，一套密封存放（存放於公司保險櫃，不可交予任何主管）。若庫房內食品、貨品遺失，責任由庫管人員自負其責；若遇庫房人員輪休，先行請職務代理人與之共同盤點，確知存量，即可釐清責任歸屬。若鑰匙遺失或庫管人員離職，須立即更換新鎖或每隔幾個月、每年更換一次。

4-3 各類庫房的食品管理原則

一、庫房種類

1. 生鮮材料庫房：包括冷藏庫、冷凍庫，此類食品若存放於室溫下，易劣變，特別要注意貯放的環境。

2. 乾料庫房：如糖、麵粉、太白粉、罐頭食品、沙拉油等的貯存，此類物品保存期限相當長。若貯存空間夠，大量採購時有良好的經濟效益。

3. 非食品庫房：用於存放器具、清潔用品等非食品的庫房。由於現行一些清潔用品與食品材料之外包裝易混淆，如：沙拉脫與沙拉油 3 公升裝的不透明桶，為了避免誤用最好與食品庫房分開；若礙於空間不足，與乾料同置一空間，亦應分區存放；或同一置物架（最不宜的放置法），上層放食品類，下層放清潔用品。

📝 二、冷藏、冷凍庫

冷藏、冷凍庫 (refrigerated / frozen storage) 是利用低溫抑制微生物生長，以保存易腐敗的食物，維護食品衛生。如蔬果、肉類（雞、鴨、豬、牛）、魚、水產等食品。

（一）溫度 (Temperature)^(註28)

（一）溫度 (Temperature)(註28)

1. 冷藏庫：0~7℃，貯放生鮮食品或解凍食物。

2. 冷凍庫：-18℃以下，貯放冷凍食品。

3. 超低溫冷凍庫：-45℃以下，長期貯存食品。

4. 冰溫冷藏庫：0~3℃，保持食品未凍結狀態，可使食物組織不易破壞，食品的貯存期限較一般冷藏庫長。

5. 急速凍結庫：食品由常溫迅速降至 -18℃以下，防止食品因凍結而影響組織。

6. 解凍庫：利用低溫、高濕度、高速度的氣流以解凍食品，可防止食品汁液流出。

（二）型式 (Type)^(註29)

1. 手取型 (reach in)：最常見、最受歡迎的使用型式。深度、寬度皆在人體手部最大工作範圍之內。

2. 步入型 (walk in)：大型冷凍冷藏庫，人能走入庫內進行作業之型式。

3. 車入型：以活動推車（附滑輪）裝載食品直接推入庫內。

4. 工作台型：上層平面為工作台，內部為冷凍、冷藏庫之設計型式。

5. 箱型：上蓋掀起式或拉門式（二扇）。

（三）容積規劃 (Space Needed)^(註30)

冷藏、冷凍庫容量大小的估算方式：

1. 依存放食品總重量來估算：每立方公尺的容積可貯存 147~175 公斤之物品。但實際上，為顧及食品冷藏、冷凍效果，貯存食品容量宜僅達該空間的 50~60%（即每立方公尺 73.5~87.5 公斤）。公式如下：

$$冷藏、冷凍庫的容積（立方公尺）=\frac{預定存放物品之總重量（公斤）}{147（公斤／立方公尺）}$$

2. 依供膳人數每日所需空間：每人每日食材所需冷藏冷凍空間，是無法確切算出的，只能由一估算值估算，不同形式的供膳，其估算值亦不同。如表 4-2 所示。

表 4-2　不同設施場所需冷藏冷凍容積

設施場所	每日所需冷凍冷藏之容積（公升）
咖啡廳	每桌 1.0~2.0
學校團體膳食（小學）	每人 2.5~3.0
學校團體膳食（大學）	每人 10~15
公　　司	每人 5.5~6.0
工　　廠	每人 5.5~6.0
旅　　館	每桌 15~20
醫　　院	每床 20~25
宴　　會	每桌 20~30
一般小吃店	每人 2.5~3.0

資料來源：教育部 (1987)．*學校餐廳管理作業手冊*（149 頁）．臺北市：教育部。

（四）管理 (Management)

1. 冷藏、冷凍庫設置注意事項：[註 31]

    (1) 使用專用電源插座，多為 220 V。

    (2) 機器體應保持水平，防止震動。

    (3) 遠離熱源，避免日光照射，提高冷凍、冷藏效果。

    (4) 庫內的排水管應有防止冷氣外洩之設計。

2. 使用注意事項：

    (1) 每日定期查看溫度顯示，並於表格記錄之（表格可列冷凍冷藏庫外側明顯處）。冷凍庫 -18℃以下，冷藏庫 0~7℃。

    (2) 庫內物品需妥善密封包裝，防止氣味、汁液、水份散失；物品要有間隔距離，以利冷氣循環，物品放置容量應為該空間的 50~60%。

    (3) 盡量減少開門次數與時間；若開門後庫內溫度上升，則達不到冷藏或冷凍效果。

(4) 尚未散熱的食品不得馬上放入庫內，以免升高庫內溫度。

(5) 定期維護冷凝器、濾網的清潔，以提高冷媒運作效率（濾網一星期清一次，洗去灰塵）。

(6) 定期清洗冷藏庫內（一星期一次）：以中性洗潔劑擦拭後，乾淨濕抹布擦淨，再以 200 ppm 的氯水消毒之。

(7) 若為步入型冷凍、冷藏庫，庫外門上應安裝紅色作業燈（只要門未關閉，即顯示亮燈）。

(8) 門有防反鎖及警鈴裝置。

(9) 庫內應鋪設棧板，有足夠棚架，以利物品存放（物品不可放置棧板上）。

(10) 掌握先進先出 (first in first out, FIFO) 原則，若第二批購買的原料其製造日期早於第一批購買者，則需先使用第二批購買者。

3. 如何得知冷凍冷藏庫的各角落溫度？

　　有時冷凍食品有半年的貯存期限，為何取出烹調後，品質不佳？可利用多支低溫溫度計分別置放於冷凍庫內不同角落，每隔 1、2 小時記錄其溫度數據，待幾個小時後溫度數據不再下降，即可得該角落的冷凍溫度，若該角落未達 -18℃以下，表示貯存於該角落的食品冷凍溫度不夠，無法保障其品質；此時，可將溫度計留於該角落，調低冷凍庫的設定溫度，直到查看該角落溫度降低至 -18℃以下。（若經數小時，溫度仍未降至 -18℃以下，則需再調低設定溫度，直至達到 -18℃以下之預期溫度；將設定溫度降低，會增加電源的能量損耗，若各角落的溫度差異很大，尤其是 walk in 型式應請廠商查出原因）。冷藏庫亦可以此方法測試之。

4. 冷藏、冷凍的食品管理：

(1) 食品驗收入冷藏、冷凍庫前，先去除外包裝紙箱，再行檢視冷凍食品是否堅硬如石、包裝牢固密封、無發白乾燥現象；生鮮食品則應品質良好。確實秤重、記錄數量後，在包裝貼上標有食品名稱（或部位、規格）、數量、入庫日期的標籤，並以機構適用的使用量包裝之。

(2) 步入型冷藏冷凍庫宜於庫外張貼「庫內食品位置放置圖」，清楚標示各類食品所放置的置物架位置，可節省初次進入庫內拿取食品者的時間。

(3) 各式冷藏冷凍庫應有溫、濕度顯示，作成記錄表格（貼於庫外），由專人每日巡查登錄之，以維持食品正確的冷藏、冷凍貯存條件。

(4) 存放時，每一個食品包裝袋應有間隔距離（即食品四周均須有冷氣循環），且最大承裝容量為該貯存空間 50~60%。

(5) 冷藏庫可於進貨前、食品存量最少時清洗，且應每星期清洗一次。

(6) 要進行解凍的食品，可於烹調前一天移至冷藏庫解凍。

(7) 撥發食品時，冷凍食品應以距現在日期最遠者先撥發；生鮮食品則以入庫日期最遠者先行撥發，亦即掌握先進先出 (FIFO) 原則。

(8) 冷藏冷凍食品保存期限見表 4-3。

5. 冷凍食品的保存期限：雖然隨原料種類之不同可能會多少有點差異，惟一般冷凍食品的保存溫度在 -18℃ 以下時，均可保存一年左右。冷凍食品受保存溫度的影響非常大，以表 4-3 中的生蝦為例，其保存溫度 -25℃ 時，可以保存 18 個月；但在 -18℃ 時，則縮短至 12 個月，故保存溫度越低則其保存期限越長。因此，在可能的範圍，我們盡量利用更低並且更安定的溫度來保護食品的品質。

三、乾料庫

乾料食品係指可貯存於室溫中的南北雜貨，例如：食米、麵粉、油、糖、鹽等調味品，罐頭、乾燥脫水食品等，這些食品皆需放至於乾料庫 (dry storage) 中：

1. 溫、濕度管理溫度為 15~25℃，相對濕度為 50~60%。

2. 容積規劃[註32]：（已有菜單、供應份數、餐數、貯存日數之估算法）

$$乾料庫房容積 = \frac{(1)\ 每餐乾料食品貯存之平均體積 \times 最長貯存餐數}{(2)\ 貯存空間可利用面積百分比 \times (3)\ 貯存空間可利用高度百分比}$$

(1) 每餐所用乾料食品貯存之平均體積，一般為 0.023~0.046 公升（即約 0.025~0.05 立方呎）。

(2) 貯存空間可利用面積百分比（有效面積），為庫房總面積扣除走道所得之面積，一般為 30~60%。

(3) 貯存空間可利用高度百分比，通常為 100~210 公分（約 4~7 呎），一般為 60~85%。

▶ 表 4-3 各類食品冷藏、冷凍保存期限參考表

品　名	冷藏 2~4℃	冷藏 0~1℃ （濕度 85~90％）	冷凍 -18℃	冷凍 -25℃	冷凍 -30℃
雞肉類					
1.　全雞（含火雞）	1~2 天	3~5 天	12 個月		
2.　雞肉（內臟清除，包裝良好）			12 個月	24 個月	24 個月
3.　雞　塊	1~2 天		6 個月		
4.　火雞塊	1~2 天		6 個月		
5.　全鴨、鵝	1~2 天		6 個月		
6.　熟家禽肉	1~2 天		6 個月		
7.　內　臟	1~2 天		3 個月		
8.　肉塊（燒肉汁）	1~2 天		1 個月		
9.　肉塊（無燒肉汁）	1~2 天		6 個月		
10. 炸　雞	1~2 天		4 個月	9 個月	12 個月
11. 家禽肉	2~3 天				
12. 切塊雞肉			6 個月		
13. 整隻雞肉			12 個月		
14. 雞、鴨肉			3 個月		
15. 蛋白、蛋黃			4 個月		
16. 家禽肉（煮過的）			1~3 個月		
豬肉類					
1.　整塊鮮豬肉	2~4 天		3~6 個月		
2.　碎豬肉	1~2 天		1~3 個月		
3.　鮮豬肉香腸	1 星期		2 個月		
4.　乾或半乾香腸	2~3 星期				
5.　小肉腸	4~5 天		1 個月		
6.　鹹　肉	5~7 天		1 個月		
7.　燻火腿	1 星期		2 個月		
8.　火腿片	3~4 天		2 個月		
9.　吃剩的熟肉	4~5 天		2~3 個月		
10. 生鮮豬排、豬肉	3~5 天		4~6 個月		
11. 豬漢堡肉、絞肉	1~2 天		3~4 個月		
12. 生鮮豬肉香腸	1~2 天		1~2 個月		
13. 乾式豬肉香腸	2~3 星期		1~2 個月		
14. 燻火腿	1 星期		1~2 個月		
15. 火腿片	3~4 天		1~2 個月		
16. 培　根	1 星期		1 個月		

表 4-3　各類食品冷藏、冷凍保存期限參考表（續）

品　名	冷藏 2~4℃	冷藏 0~1℃（濕度 85~90%）	冷凍 -18℃	冷凍 -25℃	冷凍 -30℃
17. 熱狗（未開封）	2 星期		1~2 個月		
18. 熱狗（開封）	1 星期		1~2 個月		
19. 肉汁和肉湯	1~2 天		2~3 個月		
20. 吃剩的熟肉	3~4 天		2~3 個月		
21. 罐裝火腿（有需冷藏標示）	6~9 個月		請勿冷凍		
22. 新鮮臘腸		7~12 日			
23. 燻式香腸	4~6 個月				
24. 烤肉、碎肉			6 個月	12 個月	15 個月
25. 香　腸			6 個月	10 個月	—
26. 鹹肉（生、未燻）			2~4 個月	6 個月	12 個月
27. 醃肉、燻肉	6~7 天				
28. 絞　肉	1~2 天				
29. 里肌肉	3~4 天				
30. 肉　排	2~3 天				
31. 豬內臟、雜碎	1~2 天				
32. 絞　肉			2~3 個月		
33. 豬　肉			8~10 個月		
34. 香　腸			2~3 個月		
35. 各種雜碎			3~4 個月		
36. 肉　餅			3 個月		
牛肉類					
1. 新鮮牛肉	2~4 天		6~12 個月		
2. 新鮮小牛肉	2~4 天		6~9 個月		
3. 碎牛肉	1~2 天		3~4 個月		
4. 生鮮牛排、牛肉	3~5 天		6~12 個月		
5. 生鮮小牛肉	3~4 天		4~6 個月		
6. 碎牛肉	3~5 天		4~6 個月		
7. 牛　肉			12 個月	18 個月	24 個月
8. 烤肉、牛肉扒（包裝品）			12 個月	18 個月	24 個月
9. 小牛肉			9 個月	12 個月	24 個月
10. 烤肉，碎肉			9 個月	10~12 個月	12 個月
11. 牛肉、牛排			10~12 個月		
12. 小牛肉排里肌肉			4~5 個月		

表 4-3　各類食品冷藏、冷凍保存期限參考表（續）

品　名	冷藏 2~4℃	冷藏 0~1℃ （濕度 85~90%）	冷凍 -18℃	冷凍 -25℃	冷凍 -30℃
羊肉類					
1.　新鮮羊肉	2~4 天		6~9 個月		
2.　碎羊肉	1~2 天		3~4 個月		
3.　羊　肉			9 個月	12 個月	24 個月
4.　烤肉，碎肉			10 個月	12 個月	24 個月
5.　羊　肉			8~10 個月		
魚貝、海鮮類					
1.　多脂魚類			8 個月	12 個月	
2.　少脂魚類			12 個月	16 個月	
3.　黃肌金槍魚		2 星期			
4.　長鬚金槍魚、松魚		1 星期			
5.　底棲性海水魚、蝦蟹		5 天			
6.　迴遊性海水魚		3 天			
7.　貝類、墨魚、章魚、淡水魚、蛙		2 天 (0~1℃)			
8.　龍　蝦			10 個月	12 個月	
9.　生　蝦			12 個月	18 個月	
10. 淡醃式魚肉			4~8 個月		
11. 濃醃式魚肉	10~12 個月				
12. 燻式魚肉	-2~2℃濕度／50~60%		6~8 個月		
13. 多脂肪魚			4 個月	8 個月	12 個月
14. 少脂肪魚			8 個月	18 個月	24 個月
15. 比目魚、鰈魚			9 個月	24 個月	>24 個月
16. 龍蝦、蟹類			6 個月	12 個月	15 個月
17. 蝦			6 個月	12 個月	12 個月
18. 蝦（真空包裝）			12 個月	15 個月	18 個月
19. 蛤蜊、牡蠣			4 個月	10 個月	12 個月
20. 生鮮魚（清洗過）	3~4 天				
21. 煮過的魚	1~2 天				
22. 煮過的貝類	1~2 天				
23. 蟹、蛤、龍蝦	0.5~1 天				

表 4-3　各類食品冷藏、冷凍保存期限參考表（續）

品　名	冷藏 2~4℃	冷藏 0~1℃ （濕度 85~90%）	冷凍 -18℃	冷凍 -25℃	冷凍 -30℃
24. 蝦、干貝	1~2 天				
25. 鮭魚、鯖魚、灰鱒－高脂			2 個月		
26. 鮭魚、鯖魚、灰鱒－低脂			6 個月		
蔬菜類					
1. 蘆　筍	0~2℃／3~4 星期			12 個月	18 個月
2. 四季豆（有豆莢）			12 個月	18 個月	
3. 玉蜀黍	-0.5~0℃／1~4 星期		10 個月	14 個月	
4. 連軸玉米			12 個月	18 個月	24 個月
5. 紅蘿蔔	0~2℃／4~5 個月		20 個月	>36 個月	
6. 青豌豆	0~2℃／1~2 星期		16 個月	>24 個月	
7. 菠　菜	0~2℃／10~14 天		16 個月	>24 個月	
8. 甘　藍	0~2℃／3~4 個月				
9. 白蘿蔔	0~2℃／2~4 個月				
10. 筍	0~2℃／2~4 個月				
11. 洋　蔥	4~10℃／7~10 天				
12. 番　茄	4~10℃／7~10 天				
13. 韭　菜	0~2℃／1~3 個月				
14. 青　椒	7 天				
15. 紅辣椒	7 天				
16. 大　蒜	0~2℃／6~8 個月				
17. 蔥	0~2℃／1~3 個月				
18. 大白菜	0~2℃／1~3 個月				
19. 花椰菜	0~2℃／2~3 個月				
20. 南　瓜	7 天		24 個月	>36 個月	
21. 黃　瓜	10 天				
22. 萵　苣	7 天				
23. 番　茄	7 天				
24. 洋　菇	5 天				
25. 青花菜	3 天				
26. 抱子甘藍	5 天				

表 4-3 各類食品冷藏、冷凍保存期限參考表（續）

品　名	冷藏 2~4℃	冷藏 0~1℃ （濕度 85~90%）	冷凍 -18℃	冷凍 -25℃	冷凍 -30℃
水果類					
1. 西　瓜	2~4℃／2~3 天				
2. 櫻　桃	-0.5~0℃／10~14 天				
3. 柿	-0.5~0℃／2~3 星期				
4. 梨	-1.5~0.5℃／1~2 個月、 4℃／2 天				
5. 鳳　梨	4~7℃／2~4 星期				
6. 木　瓜	0~2℃／1~2 星期				
7. 草　莓	-0.5~0℃／7~10 天、4℃ ／2 天				
8. 桃	-0.5~0℃／2~4 個月				
9. 蘋　果	-1~0℃／3~4 個月				
10. 橘　子	-1~0℃／2~3 個月				
11. 椰　子	0~4℃／1~2 個月				
12. 葡　萄	5 天				
13. 柚　子	5 天				
奶　類					
1. 瓶裝殺菌牛奶	0~1℃／5~7 日				
2. 乳　酪	-0.5~7℃、65~70%／ 3~6 個月				
3. 奶油（已開）	2~4℃、85~90%／ 1 星期				
4. 奶油（未開）	2~4℃、85~90%／ 2 星期				
5. 奶油（加鹽）	1 年				
6. 無鹽奶油	3 個月				
7. 冰淇淋			6 個月	-25℃以下 ／12 個月	18 個月
8. 養樂多	2~4℃／3~5 天				
蛋　類					
1. 連殼雞蛋	-1.5~-0.5℃／6~9 個月				
2. 全蛋（液狀）			12 個月	24 個月	>24 個月

表 4-3　各類食品冷藏、冷凍保存期限參考表（續）

品　名	冷藏 2~4℃	冷藏 0~1℃ （濕度 85~90%）	冷凍 -18℃	冷凍 -25℃	冷凍 -30℃
油脂類					
1.　美乃滋	2~4℃／4~6 個月				
2.　食用油	7℃／12 個月				
穀類及加工食品					
1.　糙　米	10~15℃／1 0~12 個月				
2.　小　麥	8~13℃／6~8 個月				
3.　麵　粉	0~1℃／6~8 個月				
4.　麥　片	0~2℃、60~65%／ 5~6 個月				
5.　麵　包			1 個月		
6.　蛋　糕			4 個月		
7.　馬鈴薯	5~10℃／1~2 個月		12 個月	18 個月	24 個月
8.　地　瓜	13~15℃／4~6 個月				
9.　花　生	-15~10℃／4~6 個月				
10. 黃　豆	-15~10℃／4~6 個月				
11. 紅　豆	-15~10℃／4~6 個月				
12. 果　醬	0~1℃、70~75%／ 4~6 個月				
13. 糖　漿	7~10℃／4~6 個月				
14. 蜂　蜜	-0.5~10℃／12 個月以上				
15. 桶裝啤酒	2~4℃／3~10 星期				
16. 汽　水	-1~2℃／3 個月				
17. 果汁（空氣冷藏）	-0.5~1.5℃／3~6 星期				
18. 各種果實的濃縮 　　果汁			24 個月	>24 個月	>24 個月

（一）乾料庫房設置注意事項（註33）

1. 理想地點：宜位於貨品出入口與食物前處理區之間，避免日光直射之處。

2. 置物架裝設：可充分利用空間，使食品易於分類、分區存放。使用金屬置物架，深度約為成人手臂長（45~60公分），高度為成人手臂舉高（至高200公分），置物架底層與地面之距離為15~20公分，離牆至少5公分以上，置物架之間的距離則依其擺放位置有所不同，以不影響貨品上架、拿取方便為原則。

3. 良好的通風及採光：良好的採光，可提高工作效率，建議150米燭光照度；庫內應保持乾燥，有溫、濕度計，庫內溫度宜保持於20℃左右、濕度50~60%之間；門窗宜不透光；庫內地板避免有下水道經過或庫房上方有熱氣管通過。

4. 要有防病媒侵入的措施，每星期定期清掃，門窗通風口應有紗網。

5. 分區存放管理：須有適宜的秤量設備；將乾料食品分類，劃分區域並標示食米存放區、調味料存放區、清潔用品存放區等，並在該項貨架前貼上存物架卡；同時在庫房外貼上各區貨品放置平面圖，利於尋找目標貨品。

（二）乾料庫房的食品管理

1. 由庫管人員負責記錄出入貨品日期、數量，並維護庫內整齊、清潔。

2. 東西入庫房前除登記數量或秤量重量外，並應檢查包裝是否破裂、受損，若有破損應取出勿貯存，作廢棄處理。

3. 入庫前應去除外包裝袋，上置物架，將舊貨往前放置、新貨置於後，在存物架卡上及新包裝袋上標示入庫日期，貫徹先進先出的原則。

4. 同一類物品應放置同一區，整齊排列，重的貨品置於下層或近門處，省時省力；較常使用的貨品應放於離地面30公分的置物架上或離牆至少5公分存放。

5. 每次取用完貨品，應擦拭罐子或桶的表面（防止成為病媒食物），隨時打掃保持乾淨，每星期應固定清掃一次。

6. 乾料食品與清潔用品放置同一置物架時，上層貯存乾料食品、下層貯存清潔用品。

7. 應設有庫存記錄表格，將進貨、撥貨、結餘作仔細記錄，可以存物架卡為依據，以明瞭食品流向，並可作為物料成本控制的帳目數據。

8. 乾料食品室溫保存期限見表4-4。

> 表 4-4 各類食品室溫保存期限參考表

品　名	貯存條件	品　名	貯存條件
1. 鹹豬肉（醃式）	16~18℃／80~85%／4~6 個月	15. 動物膠	室溫／1 年
2. 鹹豬肉（燻式）	16~18℃／80~85%／4~6 個月	16. 吉利 T 粉	室溫／2 年
3. 醃式臘腸	16~18℃／50~60%／1~3 年	17. 發　粉	室溫／1 年
4. 南　瓜	10~13℃／2~6 個月	18. 麵包粉	室溫／3 個月
5. 胡　瓜	8~10℃／10~14 天	19. 即食穀類	室溫／8 個月
6. 香　蕉	13~22℃／1~2 星期	20. 玉米片	室溫／6~8 個月
7. 檸　檬	13~15℃／1~4 個月	21. 果　醬	室溫／1 年
8. 豬　油	7~13℃／4~8 個月	22. 糖　漿	7~10℃／4~6 週
9. 植物奶油	13℃／6 個月	23. 蜂　蜜	室溫／1 年半
10. 全麥麵粉	室溫／6 星期	24. 堅　果	室溫／1 個月
11. 可可粉	20℃／10~12 個月	25. 乾酵母	室溫／1 年
12. 巧克力	室溫／7 個月	26. 醋	室溫／數年
13. 即食咖啡	室溫／1 年	27. 葡萄酒	10℃／6 個月
14. 脫水水果	室溫／1 年		

四、成功的庫房管理

1. 庫房的驗收工作要確實，提高庫房的驗收效果。確定食物入庫前是良好、完整的，不要有損傷、碰損，其規格、品質、數量須清點清楚。

2. 保持正確的貯存記錄，嚴格遵守先進先出 (first in first out)。

3. 辨明食品貯存之種類，定期盤點庫存量。

4. 阻止未經許可的食物用料攜出庫房（見單才撥發）。

5. 隨時處理腐敗的食物，凸起、破裂的罐頭。

6. 維持適宜的貯存溫度，如下：

- 乾料庫房：15~25℃ 、濕度：50~60%（若高於 70%，易發霉、變質）。

- 冷藏庫房：

  (1) 水果、蔬菜：1~7℃（水果中，香蕉易凍傷，不適合冷藏）、濕度 85~90%。

  (2) 牛乳、乳製品：3~7℃。

  (3) 肉類：1~3℃冷藏、濕度 75~85%。

- 冷凍庫房：
  (1) 魚、蝦、海鮮：-5~-1℃。
  (2) 冷凍食品：-18℃以下。

7. 維持整潔、衛生的條件：
  (1) 食物整齊排列，建立清潔工作時間表，且確實執行。
  (2) 定量貯存的食品用料，不易搬動的（如米、糖等），可用帶輪子的不鏽鋼桶貯存。
  (3) 置物架需每星期清理一次。
  (4) 昆蟲、鼠類的防止，須按衛生當局規定，小心使用殺蟲劑，防止食品用料的污染或工作人員中毒。

4-4 各類食材的貯存與注意事項

一、油脂類

1. 置於陰涼、乾燥黑暗處為宜，因為高溫（如太陽直曬）會加速氧化；高濕度則易發霉。
2. 金屬促進油脂的氧化，不宜用銅、鐵來盛裝，以不透明塑膠、瓷器盛裝為宜。
3. 有鹽分、血紅素存在會加速油脂酸敗，因此炸過的肉品炸油，不可久存。
4. 若不同油脂互相混合，亦會加速其酸敗，因此使用過的油，不要混入新油。
5. 油炸過的油須過濾，因為留在油中的渣滓會加速破壞油脂；若呈稠狀、顏色變深、有泡沫產生，則丟棄不用。

二、蔬果類

1. 香蕉、馬鈴薯、番薯存於 10~15℃，若存於 18℃以上會發芽，若冷藏會凍傷。番薯須避免黑斑病的產生，檢視有發霉之傷口。
2. 皮厚者之瓜果，不必冷藏，可於室溫耐久貯藏，如南瓜、冬瓜等。
3. 皮薄之瓜果，須冷藏，如小黃瓜、番茄等。
4. 於庫房貯存時，若想延長其貯存期限，可減少 O_2 之供給，增加 CO_2 量，抑制呼吸作

用之進行，CO_2 2~5%，O_2 2~3%。若 CO_2 量過高，則失色、失芳香味、易褐變。

5. 以有孔洞的塑膠袋或無油墨的白報紙包裝。

6. 蔬果類，食用烹調前才清洗切割。

三、魚肉類

1. 肉類若包裝不妥，水份喪失，重量減輕，以密閉容器盛裝，防止汁液流出。

2. 冷藏時，部分蛋白質會分解成多胜鍵（小分子）或胺基酸，會使肉類變嫩。

3. 碎肉類，由於人為或機器污染，與氧接觸面積大，其保存期限短，因此須盡早使用。一般冷藏 2 天內須用完，冷藏時小包裝分裝且壓扁，使冷氣能快速透到肉團中心，冷凍時亦如此，可使解凍速率快。

4. 在冷凍貯存時須按使用量分裝，以免造成解凍時的困擾。

5. 解凍後的魚肉，不可再回凍。（適宜的解凍情形：肉塊周圍回軟，中央有些許硬硬的；流水解凍：須密封擠出空氣，否則解凍時間延長、營養素易流失）。

6. 內臟類易受污染，因此須急速冷藏，盡快使用（同絞肉）；魚肉的內臟，須先去除，再行冷凍，否則易腐壞。

7. 醃漬的肉品，若長期曝曬露太陽下、空氣中，脂肪部分易酸敗，須盡快使用。

8. 魚肉、禽肉、畜肉類購買回來，應先清洗乾淨，才冷藏、冷凍。

四、奶　類

1. 鮮奶須存於 3~7℃，不適宜冷凍貯存，否則脂肪球會受破壞（皮膜破裂），乳化力減小，凍結後，蛋白質不穩定，產生酪蛋白鈣的沉澱物。

2. 奶粉貯存時，含油脂易氧化，應放於陰涼處（即溶的貯存期限短）。

3. 煉奶類：有梅納反應 (Maillard reaction)，色澤變深（褐色），存於 5℃ 以下為宜。

五、蛋　類

1. 冷藏時，尖端在下。

2. 貯存過程有液化作用：水份由蛋白透入蛋黃。若貯存過久，則蛋黃膜變薄，蛋黃被稀釋，蛋黃易破損，因此貯存愈久的蛋，打蛋時蛋黃膜易破。

3. 貯存過程，pH 值上升（鹼性增強）。

4. 蛋最好貯存在 0~5℃，濕度 80~85%，可減緩液化作用，若殼有細菌，在貯存過程會加速其腐化。若有污染物，以濕抹布除去，不可以水洗之，以免破壞保護膜。可抹上礦物油或套上塑膠的真空包裝可延長其保存期限。

5. 帶殼的全蛋，不可冷凍貯存（會破裂、膨大），因為含脂蛋白，會凝固結塊，亦不可微波烹調（會爆裂）。

6. 若要冷凍貯存，則須蛋白（不加鹽）、蛋黃分開，且分別攪拌均勻、加鹽或糖以利於保存。

7. 蛋粉須於密閉容器，不可受潮（避免吸收其他食物的味道），若蛋粉已用水調開，則不可在室溫下放太久（1 小時內應用完）。

六、豆製品

　　干絲、豆乾、豆腐、素雞、素鴨等冷藏一天內盡量使用完畢，若要延長貯存期限，豆腐可使用容器盛裝，泡水一起冷藏；豆乾、素雞、素鴨等水份含量低者可冷凍貯存之。

4-5　盤點

一、盤點 (Inventory) 目的

　　貯存的過程為了確實掌握食品流向、瞭解用量及實際庫存量、避免欲使用時缺貨等，須執行盤點工作；所使用的食品用料及器具，大型團膳機構宜定期盤點，小型餐飲機構則可必要時才做不定期的盤點。

二、盤點方法

　　盤點方法 (inventory methods) 有：

1. 全部盤點 (all counting)：此方法可完全瞭解所有食品（貨品）的正確存量，但費時、費力，不經濟；但單價高的貨品則需如此。

2. 循環盤點 (cycle counting)：可於一循環週期後瞭解所有食品（貨品）的正確存量，對於大型團膳機構多量的食品（貨品）要一次全部盤點完成，非常不容易，即使依食品類別、食品放置區域盤點，仍然要費去大半的功夫。

3. 定期盤點 (periodic counting)：可依食品（貨品）類別、食品放置區域、盤點日期互相配合作成盤點計畫。

   (1) 依食品（貨品）類別、盤點日期：自訂各類食品於一星期內須盤點完畢，7 天成一盤點循環。如：

   罐頭類—每星期一

   調味品類—每星期二

   冷凍魚類—每星期三

   冷凍豬肉類—每星期四

   （以此類推，至星期一再從罐頭重新開始一循環）

   (2) 依食品放置區域、盤點日期：例如乾料庫房分成清潔用品區、粉料區、調味料區，冷凍庫房分牛肉區、豬肉區、海鮮區、魚區。每月自訂盤點 2 次。

   清潔用品區—每月 1 日、15 日

   粉料品區—每月 2 日、16 日

   調味料區—每月 3 日、17 日

   冷凍牛肉區—每月 4 日、18 日

   冷凍豬肉區—每月 5 日、19 日

   冷凍海鮮區—每月 6 日、20 日

   冷凍雞區—每月 7 日、21 日

4. 下限盤點 (lower limit counting)：各類食品（貨品）貯存量最少時，進行盤點，節省人力、時間。

三、盤點工作流程

不管採用何法盤點，均須填入盤點記錄卡（表 4-5），一類食品一份盤點卡（一式三聯，其中一聯庫房人員自存，一聯交會計部門核對採購帳目，一聯交採購部門做為決定採購量參考）。表格中之當期收貨量為該期間所有收貨次數之物品數量加總，當期撥發量為該期間所有撥發次數之撥發量加總（此二值須查核庫房管制卡）。

盤點完成，數量需與庫房存量（可核對庫房管制卡）核對是否相符；若不符，則需調查錯誤何在。盤點時，若發現食品快逾期，應通知菜單設計者，盡快應用在菜單上。

> 表 4-5　盤點記錄卡

類別：罐頭類						盤點日期：109 年 11 月 7 日
品　名	規　格	單　位	期初存量	當期收貨量	當期撥發量	期末存貨量
總　計						
庫房主管：＿＿＿＿＿＿＿＿＿		庫房人員（盤點人員）：＿＿＿＿＿＿＿＿＿				

4-6　撥發

一、定　義

撥發 (Issuing) 就是將食材、貨品運送至廚房（前處理區、製備區）的過程。可分為兩種情形：一是當日需使用的生鮮食材驗收後直接由驗收區送往廚房；一是已貯存於庫房的食材、貨品，由請領人填具請領單，經主管核准後，向庫管人員領取食材，由庫管人員執行撥發。

二、撥發注意事項

1. 見單撥發：庫管人員有確知食品、物料清楚流向的責任，且可依撥發單正確計算出每日食物的撥發量，見請領單才撥發，即有此好處，知曉是何單位領取的；且可避免口頭向庫管人員先行領料（此法不正確，卻是常見的）又不補單，甚至領料數量前後有出入的爭執困擾。

2. 先進先出 (FIFO) 的撥發原則：庫管人員應確實遵守先進貨的食材、貨品先行撥發，不致淪落使食材貯存至腐敗而致丟棄的命運。

3. 安全庫存量一訂貨：每一次的撥發代表庫存量的減少，依循機構使用各類食材、貨品的習慣，撥發時庫管人員須注意是否已達訂貨點，須盡速通知採購部門採購之。

三、撥發工作流程

　　庫管人員依請領單（表4-6）進行撥發動作時，單上須載明各項食物的品名、數量、單位（公斤、斤、盒、包等）、規格（公克／包、個／盒）、單價、總價，且須注意請領單上的主管簽章（蓋章）與留存於庫管人員處存檔的該部門主管簽章（蓋章）應相符，始為有效。請領單上的單價、總價應由庫管人員填寫，若於驗收時（查看驗收記錄表）即已標價，即可查出該日期之驗收記錄將價格填上，可簡化請領的食材價格估算，使撥發的食物價格更準確。

　　庫管人員每日應依請領單分別計算出各類食物的撥發量及撥發金額，合計後即可知每日取自庫房食物的總撥發量及總金額。

表 4-6 　請領單

領用單位：中餐廳				日期：109 年 11 月 20 日	
品　名	數　量	單　位	規格說明	單價（元）	總價（元）
沙拉油	10	桶	18 公升／桶	750 元／桶	13,500 元
					合計 13,500 元

領用單位主管：　林心怡　　　　　　　　領取人：　王 小 明

註釋 BOX

註25　周玉蓉(1980)．*餐廳食物成本控制*（二版，32頁）．臺北市：合記。

註26　周玉蓉(1980)．*餐廳食物成本控制*（二版，45頁）．臺北市：合記。

註27　周玉蓉(1980)．*餐廳食物成本控制*（二版，20-21頁）．臺北市：合記。

註28　教育部(1987)．*學校餐廳管理作業手冊*（144頁）．臺北市：教育部。

註29　教育部(1987)．*學校餐廳管理作業手冊*（144頁）．臺北市：教育部。

註30　教育部(1987)．*學校餐廳管理作業手冊*（148頁）．臺北市：教育部。

註31　教育部(1987)．*學校餐廳管理作業手冊*（149頁）．臺北市：教育部。

註32　教育部(1987)．*學校餐廳管理作業手冊*（153頁）．臺北市：教育部。

註33　教育部(1987)．*學校餐廳管理作業手冊*（154頁）．臺北市：教育部。

( ) 1. 關於貯存期限，下列敘述何者錯誤？ (1) 冷凍貯藏同為一塊一公斤重之小里肌、五花肉，肉品不變質以小里肌貯存期限較長 (2) 冷凍貯藏同為一公斤重之五花肉，一為一整塊、一為絞肉，一整塊的貯存期限較長 (3) 冷凍貯藏同為一公斤重之五花絞肉、一整塊大里肌肉，五花絞肉的貯存期限較長

( ) 2. 庫管人員的工作，選出敘述錯誤者？ (1) 接收驗收人員交付之貨品，分別冷藏、冷凍、乾藏 (2) 紀錄食品的進貨日期、價格，貼分類標籤，進行盤點工作，隨時注意庫存食物腐敗的處理 (3) 依驗收單撥發食品、貨品 (4) 維持各庫房內部清潔及食物存放的整齊性

( ) 3. （複選）選出敘述錯誤者？ (1) 庫管人員需見單才能撥發 (2) 若貨品已達最低庫存量，須由庫管人員填寫「庫房申購單」申購貨品 (3) 若貨品定時進貨，可以最低－最高庫存量制定安全庫存量 (4) 庫房鑰匙應只備兩套，一套由庫管人員收存，一套由經理收存

( ) 4. 選出敘述錯誤者？ (1) 最低－最高庫存量，使用於不定時進貨，非定時用掉定量的食品 (2) 定額庫存量，使用於定時進貨，定時用掉定量的貨品 (3) 使用最低－最高庫存量，每次的進貨量均是相同的 (4) 因為使用定額庫存量，庫房物品不需遵守先進先出原則

( ) 5. 選出敘述錯誤者？ (1) 雞蛋貯存於0~7℃、14天 (2) 冷凍水餃貯存於-20℃、6個月 (3) 麵粉貯存於20℃庫房、1年 (4) 豬絞肉貯存於4℃、2天

( ) 6. 選出敘述錯誤者？ (1) 若庫房空間不足，同一置物架存放貨品時，上層應放食品，下層放貨品、清潔用品 (2) 庫房內存放食材，放置容量應為該空間的80%，以達最大經濟效益 (3) 貨品入庫房前，應先去除外包裝箱 (4) 庫房應鋪設棧板，有足夠棚架存放貨品

( ) 7. 選出敘述錯誤者？ (1) 步入型的冷凍冷藏庫，宜於庫外張貼「庫內食品位置放置圖」，可省下初次入庫房拿取者的時間 (2) 庫外應有定時溫度記錄表 (3) 撥發食品應先進先出 (4) 冷藏庫應每個月清洗一次

( ) 8. 關於乾料庫房，選出敘述錯誤者？ (1) 置物架深度約為成人手臂長，底層應離地面 45 公分，離牆至少 5 公分以上 (2) 要有防病媒措施，每星期清掃 (3) 庫內溫度應保持於 20℃、濕度 50~60% (4) 門窗宜不透光

( ) 9. 選出敘述錯誤者？ (1) 雞蛋尖端朝下，冷藏貯存 (2) 魚買回，若 3 天後才要烹調，應清洗乾淨後，冷凍貯存 (3) 菠菜以報紙包裝，冷藏貯存 (4) 整顆南瓜，室溫貯存

( ) 10. 選出敘述正確者？ (1) 香蕉，貯存於冷藏庫 (2) 板豆腐，冷凍貯存 (3) 空心菜，有孔塑膠袋冷藏 (4) 糙米，25℃貯存

( ) 11. 選出敘述錯誤者？ (1) 為了確切掌握食品流向、了解用量及實際庫存量，避免缺貨，每個機構應進行盤點 (2) 貯存量最少時進行盤點，最節省人力、時間 (3) 庫存量大的機構，可採用循環盤點、定期盤點、下限盤點法較經濟 (4) 高單價的貨品，宜採循環盤點

( ) 12. 下列何者不是庫房設施規劃的決定要素？ (1) 食材特性 (2) 食材使用頻率 (3) 食材週轉量 (4) 食材成本 （106 年第一次營養師專技高考）

( ) 13. 關於乾料庫房之管理，下列敘述何者錯誤？ (1) 設置地點應避免日光直射 (2) 溫度宜設置在 15~25℃，濕度在 50~60% (3) 貫徹先進先出的原則 (4) 較重貨品應置於地面，以防止倒塌。 （106 年第一次營養師專技高考）

( ) 14. 在進行廚房之冷凍庫容積規劃時，為顧及食品之冷凍效果，貯存食品容量宜僅達冷凍庫的總容量之多少百分比？ (1)10~20 (2)30~40 (3)50~60 (4)70~80 （106 年第二次營養師專技高考）

( ) 15. 關於撥發之敘述，下列何者錯誤？ (1) 庫房管理人員需依照撥發單撥發 (2) 請領人員需要填寫請領單 (3) 撥發需遵守先進先出之原則 (4) 應先撥發單價較貴的物品 （106 年第二次營養師專技高考）

參考答案

| 1.3 | 2.3 | 3.34 | 4.4 | 5.3 | 6.2 | 7.4 | 8.1 | 9.3 | 10.3 |
| 11.4 | 12.4 | 13.4 | 14.3 | 15.4 | | | | | |

Quantity Food Production Management

5
CHAPTER

製備原理

 **5-1** 材料衡量法與原料換算

一、材料衡量法

　　食物製備過程中常用小量之秤量用具,多為量杯、量匙或量筒,可用以度量固體或液體材料;若份量較多,則以重量計之。

1. 一般而言,麵粉、太白粉、玉米粉等粉狀物若以量杯度量,應先行攪拌弄鬆、過篩、以湯匙舀入量杯中(內容物高於杯緣)、再以平尺刮平杯緣,此過程應特別注意勿將裝滿內容物的量杯震動,以免使內容物過於密實,導致測量結果不準。

2. 糖、鹽類使用量若較少,可以量匙度量之,同樣地亦應先行攪拌弄鬆,以免結塊影響秤量結果。

3. 固體油脂若以量杯、量匙秤量時,應將其置入容器後壓實(以防包覆入空氣,影響測量結果),並將突出於容器邊緣之部分刮除。

二、原料換算

　　各式食譜所用之計量單位頗多,並未統一,有的以公制重量計、有的以英制重量計、有的以容積計等。為使製作之產品完美,須有準確之秤量,因此明瞭一般常用的計量單位是十分重要且必須的事情,也可清楚地瞭解所購買物品罐上的重量與自己的需要是否相符。茲將常用之計量單位換算列於其下:

1. 重量:
   (1) 1 茶匙(teaspoon,簡寫為 t)= 5 公克(以水的密度 1 g/cm^3 為準)
   (2) 1 湯匙(tablespoon,簡寫為 T)= 15 公克
   (3) 1 湯匙 = 3 茶匙(即 1T = 3t)
   (4) 1 量杯(cup,簡寫為 C)= 240 公克 = 16 湯匙 (T) = 48 茶匙 (t)
   　　　　　　　　　　　　　= 一飯碗(舊式大同瓷器)
   (5) 1 市斤 = 500 公克
   (6) 1 台斤 = 600 公克 = 16 台兩
   (7) 1 台兩 = 37.5 公克

(8) 1 磅 (Lb) ＝ 16 英兩 ＝ 454 公克

(9) 1 英兩 (oz) ＝ 28 公克

(10)1 公斤 ＝ 2.2 磅 ＝ 1,000 公克

2. 容量：

(1) 1 兩 ＝ 30 c.c.

(2) 1 杯 (cup) ＝ 240 c.c. ＝ 8 兩

(3) 1 品脫 (pint) ＝ 470 c.c.

(4) 1 夸脫 (quart) ＝ 950 c.c. ＝ 2 品脫

(5) 1 加侖 (gallon) ＝ 3,800 c.c. ＝ 4 夸脫 ＝ 8 品脫

5-2　醣　類

一、醣類的分類

醣類中凡能結晶者稱為糖，具有調味的作用；凡是不能結晶者稱為澱粉、纖維素、及類似產物，大多作為主食。食物中的醣類可分為四類，性質如下：

（一）單醣類

甜度不一，易溶於水，易於擴散，可形成結晶體，不必再分解即可為人體吸收。

1. 葡萄糖：水果蔬菜類中廣存之，尤以果實中的含量最多。加水後不能再分解為更簡單的醣類，是各種醣類經消化後的最終產物，可以直接為身體吸收利用；是構成澱粉、糊精、蔗糖等之成分，這就是烹調時經加熱或酵素的作用，使食物產生葡萄糖的淡甜味原因。葡萄糖有 α 型、β 型，易溶於水，烹調時會溶出，其甜度 $\alpha : \beta$ ＝ 3：2，固體時為 α 型，將其溶於水，使 α 型變成 β 型。因此葡萄糖在結晶及塊狀時甜，在水溶液時甜味則降低。蔬菜類在煮沸時能增加甜味，是由於葡萄糖增加之故，例如高麗菜未煮之前葡萄糖含量為 3.3%，煮熟後，葡萄糖增加至 50%，洋蔥也同樣具有此現象。[註34]

2. 果糖：存在於水果、蔬菜、蜂蜜裡，是蔗糖水解或消化後的產物，醣類中最甜的一種。果糖亦有 α 型、β 型，其甜度比 $\alpha : \beta = 1 : 3$，高溫時為 α 型，低溫時為 β 型，所以低溫時感覺較甜，高溫時則甜味轉弱[註35]。果糖的溶解性非常大，在常溫下難結晶，可利用此特性應用於烹調，防止砂糖結晶化。

3. 半乳糖：不單獨存在於自然界的食物中，為乳糖水解或消化後之產物，較葡萄糖甜度低，不易溶於水。

（二）雙醣類

　　能溶於水、易於擴散可形成結晶體，甜度不一。如蔗糖、麥芽糖、乳糖。

1. 蔗糖：甘蔗、甜菜中含量豐富，其他水果蔬菜中亦含有之。蔗糖加酸水解或經蔗糖酵素作用後，可得一分子葡萄糖及一分子果糖，所得的混合產物稱為轉化糖。

2. 麥芽糖：為全穀類的澱粉經由澱粉酵素 (amylase) 作用而生成的糖，無色結晶，藉麥芽酵素或稀酸之作用水解而產生二分子之葡萄糖。

3. 乳糖：為動物奶類所含的糖，含量依種類而異，通常由牛乳中獲得，為製奶油乳酪的副產物，甜度甚低，不易溶於水，易消化，在胃中較蔗糖不易醱酵，且溶解率低，不易使胃壁受刺激，常提供給嬰兒與胃病患者食用。乳糖經乳糖酵素作用，生得一分子葡萄糖與一分子半乳糖，若經醱酵則成乳酸。

（三）寡醣類

　　寡醣由 3~10 個單醣組成，不易被人體的消化酵素分解，自然界中的豆類食物含有寡醣，食用豆類食物後於腸道中會產生酸及氣體，使腸道的微生物醱酵，促使腸內有益菌的繁殖，如比菲德氏菌，但易有脹氣、放屁的顧慮。

（四）多醣類

　　構造複雜，分子量大，非結晶形，味不甜，不易溶於水，為多數的單醣類經脫水縮合而成的高分子化合物，若為同種者為單一多醣類，異種者為複合多醣類。多醣類經消化纖維素作用分解為雙醣類而後分解為單醣類，始為身體吸收利用，主要有澱粉、肝醣、糊精、纖維素等。

1. 澱粉：存在於各種植物之根、莖、種子內，為無臭無味之白色粉粒、粉末，形狀隨植物種類不同而異，不溶於冷水，不具甜味，在熱水中澱粉分子會吸水膨潤而致破裂成膠狀液，若以稀酸水解則得糊精、麥芽糖等，再產生葡萄糖。

2. 肝醣：存在於動物的肝中，血液及肌肉含有少量，海產有殼類（如蚌類）含量豐富。肝醣又名動物澱粉，化學構造與澱粉相似，能溶於水，可於身體內轉變為葡萄糖，易被消化吸收。

3. 糊精：澱粉經乾燥、加壓、加乾熱而成糊精，稱為糊精化。此因加熱使澱粉分子被分離為短鏈，其易溶於水、易消化。

4. 纖維素：為植物根、莖、葉、果皮、細胞壁的組織，隨加熱而膨潤，使組織變軟而易食，但人體無適當酵素可消化纖維素，不過其可增加食物經消化道的摩擦力，促進腸道蠕動，幫助排便。

二、醣類的食物來源

醣類食物在自然界中分布很廣，主要存於植物中，如穀類含量最多，蔬菜水果次之。根菜類、莖菜類如馬鈴薯、番薯、百合、芋頭等含醣類以澱粉為主，蔬菜中的甜菜、洋蔥、胡蘿蔔、南瓜含蔗糖甚多。嫩豆莢、玉蜀黍亦含多量蔗糖，但成熟後又變為澱粉，因此貯存較久的玉蜀黍會覺得不甜。水果中含有葡萄糖、果糖、蔗糖、澱粉，水果成熟後澱粉多半轉為有甜味的單、雙醣，和蔬菜成熟過程變化相反。

三、醣類中糖的性質

烹調上常用的糖有葡萄糖、果糖、砂糖、麥芽糖等，乃是利用以下所列各項性質：

1. 溶點：極易溶於水，常溫下可溶於水中，溫度愈高溶解度就愈高，至 160°C 可完全溶化，此為其溶點。

2. 甜度：各種糖甜度不一，一般以砂糖為 100，與之比較，表 5-1 列出各種糖的甜度，如蔗糖（為一分子葡萄糖與一分子果糖）只有一種型態，其他糖類有 α 型、β 型，葡萄糖的甜味 α 型：β 型 = 3：2，α 型較甜，固體的葡萄糖為 α 型，若溶於水則成為 β 型，降低了甜味。果糖的甜味則是 β 型較甜，且低溫時 β 型含量較多，溫度若變高，又轉變成 α 型較多，若將果糖與蔗糖甜味作一比較，40°C 左右果糖比蔗糖甜，40~50°C 兩者甜味相等，50°C 以上蔗糖比果糖甜，所以果糖的使用盡量用於清涼飲品的調味，熱飲使用蔗糖調甜味，量少效果即可顯著。(註36)

▶ **表 5-1　各種糖的甜度比較**

糖　類	甜味度
砂　糖	100
果　糖	173
轉化糖	130
葡萄糖	74
麥芽糖	32.5
半乳糖	32.5
乳　糖	16

3. 水解作用：雙醣類於水溶液中受酵素或酸的作用，會分解為原來結合前的單醣。

4. 轉化性：蔗糖添加有機酸，再加水加熱會轉化生成等量的葡萄糖與果糖，此稱為轉化糖。蔗糖成為轉化糖時甜度增加，且能阻礙糖的結晶化（不合成反砂且加醋的拔絲成品較不加醋者透明度佳），常應用於拔絲、煮糖漿。

5. 反砂：砂糖加水加熱至 120°C，稍冷卻後攪拌即成白色，成細砂糖的再結晶，就是反砂現象，通常稱為 "fondant"，應用於夾心餅乾、糖果的表面裝飾。

6. 糖拔絲程度的測知：將糖液滴入冷水中，立即成為一軟性圓球狀即可，若繼續加熱則易有苦味。

7. 吸濕性：糖為柔性材料，可吸收水份使產品保持柔軟。吸濕性大的有果糖、蜂蜜、轉化糖、玉米糖漿等，砂糖及含有結晶水的葡萄糖則吸濕性小。

8. 糖的添加，使食物凝固點提高：像煎蛋時，於蛋液中添加糖水，成品較嫩滑，且顏色金黃（易上色）。

9. 滲透壓：煮豆類時，添加糖的時機應為豆煮得裂開後，再調味，調味後立即關火，使糖慢慢滲入豆內；若豆未煮軟、未裂開前即添加糖，使汁液滲透壓增高，豆中水份滲出，使豆變硬而久煮不爛。亦可利用滲透壓醃漬食物，水份含量低具防腐作用，糖濃度愈高防腐力愈強。

10. 焦化作用 (caramelization)、褐色反應 (browning reaction)：分子與分子間互相結合成更多分子的聚合物 (polymer)，焦化成焦糖 (caramels)。果糖、麥芽糖、葡萄糖受熱後易成焦糖，砂糖較不易形成。還原糖與蛋白質加熱形成的黃褐色物質稱為類黑素 (melanoidin)，形成之初，類黑素與焦糖顏色、味道相似，若再繼續加熱，顏色將更

深、味道更苦。砂糖非還原糖,不與蛋白質作用,但果糖、葡萄糖的褐色反應活潑。一般說來,糖愈多焦化作用愈快,顏色愈深,溫度愈高、pH 值愈大,顏色更深。醬油、烏醋等均是利用此兩種作用,作為其色深的著色劑。

11. 醱酵作用:砂糖添加微生物醱酵生成酒精與酯、酸,可應用於製酒。

四、澱粉烹調時的變化

澱粉存在於全穀根莖類或豆類中,浸於冷水只能部分吸水、不溶解,不被人體消化,故不能生吃;必須加水加熱糊化後,才能被消化。澱粉質是二種相似構造的混合物,一為直鏈澱粉 (amylose),一為支鏈澱粉 (amylopectin)。各種澱粉其二者含量比例不同,表 5-2 列出各種澱粉兩者含量,由表中可知,糯米幾乎只由 amylopectin 組成,普通澱粉之 amylose:amylopectin ≒ 20~25%:75~80%。

amylose 溶於水卻不膨脹,加熱後也不變成澱粉糊;但 amylopectin 加水後就水解膨脹,再加熱成糊狀,因此 amylopectin 百分比含量愈高者,加熱烹煮後就愈易吸水膨脹糊化。

▶ 表 5-2　各種澱粉其 amylose 與 amylopectin 比例　　　　　　　　單位:%

澱粉種類	直鏈澱粉 (amylose)	支鏈澱粉 (amylopectin)
糯　米	0	100
白　米	17	83
香　蕉	20.5	79.5
馬鈴薯	22	78
玉蜀黍	21	79
小　麥	24	76

資料來源:鄭愛珠 (1975).食物在烹調中的變化(69頁).臺北市:大陸書局。

（一）水解作用

烹調時若添加含酸性水果,澱粉水解後黏性會降低,因水果中的果膠及果膠酸會使得澱粉變成軟塊及稀薄的汁液,縮短加熱時間可克服此現象。如鳳梨牛肉,以澱粉抓醃過的牛肉在加入鳳梨塊後,若翻炒過久,裹粉易出水、或使裹衣呈碎塊狀與牛肉分離。(註 37)

（二）膠體化

澱粉與冷水混合，攪勻後靜置則澱粉沉澱於下層，水在上層；將混合液加熱，黏性漸漸增加，澱粉濃度愈大，愈易形成膠體。澱粉形成膠體的階段為：與冷水混合，澱粉約吸收 20~30% 的水份，構造上沒變化，加熱溫度至 65°C 時，大部分的澱粉快速地吸收大量的水且膨脹起來（例如：玉米澱粉 60°C 時可吸收乾澱粉重量 300% 的水份，70°C 時吸收 1,000% 的水份，至多可吸收 2,500% 的水份），澱粉顆粒中的可溶性澱粉此時大多被溶出。溫度愈高，澱粉分子顆粒膨脹愈大，最後終至破裂，使得溶液黏度增加，澱粉分子堅固地排列一起。[註38]

（三）糊　化

從植物體取得的生澱粉（ β 澱粉），將其加水加熱，糊化後即是 α 澱粉（熟澱粉）。β 澱粉消化酵素不易滲入，若食用會消化不良，味道亦難入口。α 澱粉黏性大、消化酵素作用快，好吃。將澱粉粒加水加熱，澱粉分子漸漸吸水膨潤，起始黏度並不受影響，但澱粉直徑會因吸水膨潤而增加，持續加熱而使澱粉分子破裂糊化。不同澱粉糊化開始的溫度不同，小麥澱粉是 65°C、玉米澱粉 55°C、馬鈴薯澱粉 59°C、米為 60°C，但米粒完全 α 化則需在 98°C 持續加熱 20 分鐘。[註39]

（四）澱粉的老化

1. 已經 α 化的澱粉於含水狀態下保存，會隨著溫度的降低而失去黏性，變回 β 化，此種現象稱之為老化或劣化。α 澱粉含水量 30~60%、貯存於 0°C 時（冷藏）最易老化；若將老化的澱粉食品再加熱又可恢復為 α 澱粉。日常生活中最常見吃剩的白飯放置於冷藏庫，隔日將其再加熱，使其恢復 α 化，又可成為香噴噴的白飯。同樣的情形可見於隔夜麵包經灑水、微波加熱即又熱騰騰了。

2. 將 α 澱粉保持在 80°C 以上的溫度，急速將水份除去，使其水份含量在 15% 以下，澱粉就可保持 α 化狀態，成為易消化的食品（如餅乾、小西餅等）；但若貯存不良使其吸收了濕氣，也會變回 β 化而難以下嚥。

3. 如何防止澱粉老化？

   (1) 將澱粉保存於 60°C 以上溫度，不易老化。

   (2) 除去水份：於 80°C 以上的溫度急速除去水份，使水份含量在 15％ 以下較不易老化。生活中可見麵包比米飯老化得慢。[註40]

(3) 添加油、糖等柔性材料可延緩老化；但添加醋等酸性材料則易加速老化。如壽司比白飯易老化。

(4) 添加較多支鏈澱粉的食品或加入澱粉濃度低者的產品較不易老化。如麻糬（糯米）較碗粿（在來米）不易老化。

（五）澱粉的糊精化

糊精為澱粉分解的中間產物，可由酸或酵素作用生成；同時亦可將澱粉加乾熱至200°C以上生成之，此現象稱為澱粉的糊精化。糊精比澱粉易溶於水，且易被酵素作用，如烤土司麵包、爆米香都是糊精化的現象。

（六）澱粉在烹調時的功能

添加澱粉於菜餚中的效果有：[註41]

1. 使湯成均勻混合液，內容物能懸浮於湯汁中，不會水水的。如酸辣湯中材料均勻懸浮於其中。

2. 濃湯比清湯保溫效果佳，此因添加澱粉使熱不易散失；澱粉添加的濃度愈高，愈是如此。

3. 協助易熟不易入味的食材沾附調味料。

4. 可擔任裹衣、醃拌時防止食物甜味外流、增加嫩滑度的角色。

5. 作為黏結食材之用，如製作肉丸時可加入澱粉防止散開；或者黏結兩類不同的食材，如炸茄餅之豬肉內餡與兩茄片相夾時，於茄片灑上少許澱粉再與肉餡黏結，乃因茄子受熱後所生的水份與灑上的澱粉生糊化作用，成為帶有濃度的糊而黏住成形；但若澱粉灑得過多，水份只能糊化部分澱粉，未糊化的澱粉則會使其分離，無法黏結。[註42]

6. 作為油炸裹衣，可助成品生香、酥、脆性質，尤其是顆粒狀澱粉增脆效果更佳，如番薯粉、麵包粉。

7. 應用於點心製作，利用澱粉的透明度與膠黏性製作各種點心；透明度最佳、也最常應用的是玉米粉。

5-3　米的製備

一、米的概念

　　收割後的稻穀、去殼，所得的米為糙米，成分為胚芽 3%、胚乳 92%、糠層 5%。胚芽含有蛋白質、脂肪、維生素，胚乳富含澱粉，糠層指果皮、種皮、糊粉層，富含纖維素。種皮會阻礙水份的吸收，所以糙米煮成的飯硬且黏性少、不易消化。糙米去除糠層可得胚芽米，胚芽米去除胚芽可得精白米。

（一）米的營養成分[註 43]

1. 醣類：主要提供醣類 72~79%。
2. 蛋白質：6.5~8%，米糠中含量較胚乳豐富。
3. 脂肪：0.7~3%，大多存於米糠中，同時含有脂肪分解酵素，因此糙米保存期限較短，精白米中脂肪含量甚少。
4. 礦物質：糙米含量較白米多。
5. 維生素：富含維生素 B_1、B_2、E。

（二）米的種類（表 5-3）

表 5-3　米的種類

類　型	外　觀	米飯特性	成品製作
粳米（蓬萊米）	圓粒、透明	介於糯米、秈米之間	一般白飯、壽司飯
秈米（在來米）	長粒、透明	米粒鬆散	碗粿、米粉、蘿蔔糕、河粉、米苔目
粳糯（圓糯）	短圓、色白不透明	米粒軟黏	甜酒釀、八寶粥、麻糬、湯圓
秈糯（長糯）	細長、色白不透明		粽子、油飯、米糕

（三）米的性質

1. 鋼性：指米的軟硬性，亦即米的壓碎耐力。蛋白質含量愈高，鋼性愈強，品質愈優良。

2. 脹性：指米煮成飯所增加的體積。脹性大小依序為在來米（秈米）、蓬萊米（粳米）、糯米。脹性大，品質疏鬆。米貯藏愈久愈乾燥，脹性也愈大，飯味也愈差。

3. 米中含磷為鈣的十倍，磷主要為植酸鈣鎂，pH 值為 4.9~6.9。

4. 對碘的呈色反應：糯米因脹性小，澱粉間少有空隙，對碘的吸附力較少，呈紫色；粳米對碘的吸附力較大，呈藍色。

二、米的烹調方式

1. 淘洗：輕輕淘洗 2~3 次把石粉、雜物洗去、使濁水轉清即可，洗米會洗去澱粉、水溶性蛋白質、少許脂肪，尤以維生素 B_1 更甚。成分的損失以精搗度愈高者（精白米）損失愈多。

2. 浸米：一般米中的水份含量為 13~14%，新米含水量較陳米多，煮飯前若能讓米充分吸收水份，夏天浸 30 分鐘，冬天 1~2 小時，煮時較易糊化。米淘洗時浸米的動作亦同時在進行，洗米 5 分鐘，大致已吸水生米重的 10% 重量。米的吸水量隨米的種類、水的溫度與浸水的時間而不同，一般可吸收約米重量的 20~35%；浸水時間以 2 小時為限，超過 2 小時後其吸水量亦不會再增加。[註44]

3. 加水量：煮飯所加水量（以重量計），一般為精白米：水 ＝ 1：1.2~1.3，若要細分新米：水 ＝ 1：1.1，陳米：水 ＝ 1：1.3~1.4，糯米：水 ＝ 1：0.8~0.9，容量則為精白米：水 =1：1~1.3。[註45]

4. 煮飯：米加水煮成飯（糊化），是將 β 澱粉（生澱粉）變成 α 澱粉（熟澱粉），若未能完全 α 化就會有米心不熟的現象。可加速米 α 化的條件包括：米的精白度越高、加水量越多、加熱溫度越高，以及加熱前浸水時間越長；米的 α 化發生於 60~65°C，70°C 開始糊化，完全 α 化在 98°C 加熱 20 分鐘左右。現在有新型電子鍋，可溫控、壓力調控，進行密封烹調，若為小量烹煮，可使水份全部為飯粒吸收，成品鬆軟可口。一般煮飯的過程可分為三個階段：

(1) 對流階段：米粒加水受熱後，鍋底沸騰的水帶動米粒往上流動，鍋面溫度較低的水往下流動，產生對流，此階段應以大火烹調，以期於 15 分鐘內盡速沸騰，使鍋內上下溫度均勻，米粒 α 化的程度一致。尤其是團體膳食煮大量的飯時常用溫水或開水煮之，目的即是在此（要訣：大火煮飯，冷水加熱需在 15 分鐘內沸騰）。

(2) 膠體階段：當水溫加熱至 70°C，米粒開始糊化溶成膠體狀，無法對流，此階段僅須以能維持液面沸騰的小火加熱（要訣：改小火，保持液面微沸騰至液面水份完全被吸收）。

(3) 燜的階段：當液面水份完全被米粒吸收時，即應關火用餘溫燜熟，使米粒完全 α 化，此時米粒外部的水份全被吸收到米粒內，而呈現粒粒分明的狀態，鍋底可能有淺金黃色的鍋粑，十分可口。燜的階段不可以打開鍋蓋，需保持膠體階段的高溫，否則米粒外部的水份尚未被吸收完全就降溫，會使得飯硬且水氣重，口感不佳（要訣：熄火，燜 10 分鐘後再開始加熱到電源自動切斷，再燜 10 分鐘後開蓋將整鍋飯上下翻拌再蓋上，可使整鍋米內部濕度一致）。

5. 煮飯常見問題：

(1) 米未煮熟：以 50 人份瓦斯煮飯鍋為例，若米心未熟透程度達 50%，加入 4 杯沸水以中小火再煮 5 分鐘及燜 20 分鐘可熟；若米心未熟透程度約 20%，則均勻灑入 1.5 杯沸水不開火，直接悶 30 分鐘可熟。若設備與時間許可，可選擇將未熟的米粒置於胚布上再放進蒸籠蒸熟。

(2) 高山煮飯不易熟：高山上氣壓低，水於 78°C 即沸騰，使米不易 α 化（正常應為 98°C 加熱 20 分鐘），需加熱 3 小時以上才能 α 化，且常有米心無法熟透的情形。

6. 糯米的烹調：糯米添加的水量（以重量計）為米：水 = 1：0.8~0.9。

(1) 糯米使用蒸的烹調法或者以電鍋煮，均可獲得良好成品。若使用鍋子在瓦斯爐上水煮，因糯米支鏈澱粉含量多，加熱糊化後產生極大的黏力，會馬上成為膠狀物，湯汁的對流情形也停止，造成鍋底的米粒已熟，上層的米粒尚未熟的不均勻現象；至於電鍋的對流性佳，內鍋上下溫度均勻，比較適用，成品也較好吃。

(2) 使用糯米粉製作點心，可使用沸水、冷水揉製，將配方中 1/5 沸水先加入糯米粉中以筷子攪成雪花狀，再加入 4/5 的冷水揉製，成品更細緻、柔軟，且彈性黏性俱佳，光澤度也更好。另外也可以加入柔性材料（如糖、油等）使麵糰更軟。

7. 胚芽米的烹調：胚芽米添加的水量（以重量計），米：水 = 1：1.3。胚芽米含有胚芽、麩層，脹性較在來米大，且燜的時間需較久。

三、米的選購與貯存

1. 選購小包裝米，注意保存期限、包裝完整、有正字標記、有良好商譽的品牌。
2. 整袋米（50 斤裝），選擇米粒形狀大小一致、完整有光澤、飽滿無碎粒、無蟲害者。
3. 米貯存在乾燥、低溫環境下不易變質，保存期限可長一些。將水份含量維持於 14% 就無黴菌發生的危險。可貯存於冷藏庫。

 5-4　麵粉的製備

一、麵粉的種類

　　臺灣市面上出售的麵粉其包裝袋字樣共有黃、紅、紫、綠、藍等五種顏色，分別代表特高筋麵粉 14% 以上、高筋麵粉 12.5% 以上、中筋麵粉 10% 以上、中筋麵粉 9.3% 以上、低筋麵粉 7.5% 以上，顆粒以蛋白質含量愈低者愈細，用途如表 5-4 所示。

　　麵粉的種類與產品的用途雖如表 5-4 所列，但仍可依產品欲達到的口感而做調配，如水果蛋糕中添加部分比例 (10~20%) 的高筋麵粉可使其中的蜜餞、水果均勻分布於蛋糕體中，而不沉於底部；製作小西餅為保持其外觀形狀，亦會添加部分比例的高筋麵粉；中式饅頭為講究咬勁，也可加入高筋麵粉揉麵。若操作過程中一時弄混了何者為高筋、中筋、低筋麵粉，如何辨識未明確標示的高、中、低筋麵粉？可以顏色或手握法分辨：

表 5-4　市售麵粉種類與用途

麵粉袋字樣顏色	麵粉別	蛋白質含 (%)	用　途
黃	特高筋	14% 以上	製作義大利麵、春捲皮
紅	高　筋	12.5% 以上	製作土司麵包、油條、麵筋
紫	中　筋	10% 以上	中式點心
綠	中　筋	9.3% 以上	中式點心
藍	低　筋	7.5% 以上	蛋糕、小西餅

資料來源：鄭愛珠 (1975)．*食物在烹調中的變化*（87 頁）．臺北市：大陸書局。

1. 顏色分辨法：底部墊一張白紙，高筋麵粉顏色較黃、低筋麵粉顏色最白、中筋麵粉居中。

2. 手握分辨法：以手掌緊握一把麵粉，放鬆時若麵粉粒鬆散，為高筋麵粉；若放鬆時，手掌中之麵粉粒會隨指形成型，則為低筋麵粉；居中情形，則為中筋麵粉。

二、麵粉的營養成分

（一）蛋白質

　　麵粉中的麥穀蛋白 (glutenin)、醇溶蛋白 (gliadin) 不溶於水中，最大特點是能互相黏聚在一起，形成灰白色、有彈性、柔韌多孔的物質，即是麵筋 (gluten)，麵筋是由攪拌成的麵糰在水中洗去麵粉中的澱粉所留下的物質，於 25°C 的水中揉洗最易取得。乾麵筋就是洗出來的麵筋經過烘烤或油炸後製成的產品。麵粉的蛋白質含 40% 麩胺酸，可提煉製造麩胺酸鈉（即味精）。剛由小麥磨成的麵粉，由於含有半胱胺酸，其內之硫氫根具有還原特性，可控制整個麵筋的膠體性質，若拿來製作麵包，麵糰攪拌時間縮短，麵糰易發黏不易操作，且麵糰氣體保留性差，麵包成品體積小、組織粗糙。通常貯藏期間利用氧氣氧化麵粉內的色素，同時使麵筋成熟，氧化半胱胺酸的硫氫根成為雙硫根，因此磨製完成的麵粉需存放於倉庫 1~2 個月才出廠販售。現在麵粉製作技術則使用化學藥劑漂白麵粉內的色素，同時氧化硫氫根，縮短麵粉成熟時間，且製作時加入改良劑，增強麵筋的彈性及韌力。

（二）醣　類

1. 纖維素：一般約含 0.3%，視麵粉中混入細麩皮量多寡而定。

2. 樹脂：3.5~4%，成分為阿拉伯糖、木糖等五碳糖，於水中膨化但不完全溶解。

3. 可溶性碳水化合物：1~1.5% 的砂糖、麥芽糖、葡萄糖、果糖及可溶性糊精。小麥磨製成麵粉時，由於機器的好壞及麵粉抽取率的高低，使得一小部分的澱粉顆粒受機械壓磨等作用，將澱粉顆粒的細胞膜破壞，釋出澱粉分子而成為可溶性澱粉，於酵母釀酵時，經麵粉內的澱粉酵素（液化酵素及糖化酵素），將可溶性澱粉轉變為麥芽糖，酵母中含有麥芽糖酵素，再將麥芽糖轉化成葡萄糖，同時酵母中的酒精酵素利用葡萄糖進行一連串的釀酵過程產生酒精、二氧化碳等。若研磨時破裂澱粉顆粒過多，會減少澱粉的膠性，使麵糰氣體保留性減少，致麵包成品不良。

4. 澱粉：麵粉中約含 70% 的澱粉，直鏈澱粉 19~26%、支鏈澱粉 74~81%。小麥澱粉的膠化溫度 (gelatinization temperature) 為 56~60°C。麵粉中的澱粉僅可溶性澱粉於醱酵時受澱粉酵素的水解作用，為了改善澱粉的膠體性質，改良麵包內部組織，可人工加入澱粉酵素，尤其是液化酵素 (α-amylase) 可改善澱粉的膠體性質。

（三）酵　素

麵粉中含有澱粉酵素、蛋白質分解酵素、脂肪分解酵素：

1. 澱粉酵素：麵粉中所含二種對醱麵麵食十分重要的澱粉酵素是液化酵素 (α-amylase) 與糖化酵素 (β-amylase)；正常的麵粉內含足量的糖化酵素，而液化酵素則需在小麥發芽時才會產生，麵粉廠的倉貯設備良好，小麥要發芽的機會幾乎不可能發生，因此需在磨製好的麵粉內添加液化酵素，約為麵粉量的 0.2~0.4%。糖化酵素易被熱破壞，可將糊精及部分可溶性澱粉水解為麥芽糖，作為酵母的營養源，僅在醱酵階段進行作用。液化酵素對熱穩定，70~75°C 仍能作用，可將可溶性澱粉轉變為糊精，因此液化酵素在烤爐內澱粉膠化後仍能水解澱粉成為糊精，以改變澱粉的膠性。

2. 蛋白質分解酵素：可分解麵筋過強、需長時間攪拌的麵粉，以減低麵粉筋度，縮短攪拌時間，使麵筋易於擴展至完成階段；但添加過量將失去麵粉筋度。

3. 脂肪分解酵素：會分解麵粉內的脂肪成脂肪酸與甘油，易引起麵粉酸敗，縮短貯藏期限。

（四）其　他

1. 水份：一般為 10~15%，空氣所含濕氣重，麵粉水份含量稍高；反之亦然。

2. 礦物質（灰分）：麵粉的品質與灰分有極大關係，通常麵粉中含有少量的細麩皮，麵粉品質愈好、灰分愈少、色澤愈白。

3. 維生素：麵粉愈潔白，維生素含量不及較黑者；麵粉中細麩皮含量愈多者，維生素含量愈高。

4. 脂肪：麵粉中脂肪含量約為 1~2%，若混有較多胚芽，脂肪量會增加，且縮短貯存期限。

5. 色素：小麥初磨成麵粉時呈微黃色（類胡蘿蔔素色素系、香黃色素系），經存放數週氧化後，顏色稍稍變白，亦有使用化學藥品加速麵粉漂白。

三、麵筋的特性

麵粉製品能產生各式各樣的產品，主要是因為麵粉中的麵筋具有四項特性：[註46]

1. 延展性：可使麵糰向四面延伸，增加體表面積，攪拌後的良好麵糰可耐得住較長時間的攪拌不致麵筋斷裂，並可維持醱酵後的膨大體積至相當時間，不致塌陷。

2. 抗延性：與延展性相對的特質，可使增大之體積不易變形，但若過度延展易導致麵筋斷裂。

3. 吸水性：麵筋含量愈高，攪拌時間愈長，吸水力愈強。麵筋即是蛋白質，蛋白質具有吸收水份及保持水份的能力。麵粉中的蛋白質含量每增減 1 公克，可增減 2 公克的吸水量；即蛋白質可吸收本身重量兩倍的水份。

4. 彈性：麵筋的彈性為麵筋韌力的根源。測試麵糰的醱酵程度時，以手指壓入麵糰，若壓痕迅速恢復原狀，表示麵筋仍很強韌，醱酵程度不夠，需再使麵筋鬆弛（即醒）一段時間，始可進行下一步驟。

四、中式麵食的分類

依水調麵麵食、醱麵麵食、層酥麵食說明：[註47]

（一）水調麵麵食

水和麵粉調製而成的麵糰，產品特性為組織緊密，利用不同的水溫調製出各種不同性質的麵糰。

1. 水調麵分類：利用水溫高低影響麵粉的吸水率及麵粉的糊化程度的效果，可分為冷水麵、燙麵、溫水麵、全燙麵等四類麵糰。

   (1) 冷水麵：調製水溫宜低於 30°C，不使麵粉內的澱粉產生糊化現象，麵糰較結實，而所加水量的多寡可調整麵糰軟硬度，因此可分為軟麵和硬麵，可依產品特性及個人喜好彈性調整。惟揉好之麵糰一定要鬆弛（醒），以使麵筋柔軟及麵粉的吸水程度均勻，利於下一整形步驟。冷水麵食筋性佳、彈性韌性強，具咬感。宜使用水煮的烹調法，如水餃、麵條、餛飩等；亦可以煎、烙、油炸方式製作成品，如煎餃、烙餅、春捲等。

(2) 燙麵：調製水溫宜使用沸水 (100°C)，目的是使麵粉內的澱粉糊化，而使麵糰較冷水麵之麵糰柔軟；由於燙麵麵食是使用沸水，因此麵粉的吸水量會增加。調製燙麵麵糰，會先加入麵粉重量一半的沸水攪拌，以筷子快速和成雪花狀時，再加入適量冷水調節麵糰的軟硬度；通常是揉至如耳垂的軟度，即可作鬆弛、冷卻的動作，待麵糰筋性鬆弛夠、麵粉吸水均勻、有良好可塑性時，再進行下一整形步驟。燙麵麵食筋性、彈性、韌性、咬感均不佳；但可塑性良好，產品不易變形，質地也較柔軟。適合蒸的烹調方式，如蒸餃、燒賣等；亦可以煎、烙、烤、炸等方式製作成品，如蔥油餅、蛋餅、韭菜盒子、餡餅、荷葉餅等。

(3) 溫水麵：調製水溫宜介於 60~70°C，此溫度使麵粉內的澱粉剛剛開始糊化，麵粉的吸水量會稍微增加，通常調製溫水麵糰時，有兩種作法：一是將配方中所有水量調整至 60~70°C 後，直接加入材料中攪拌成糰；另一種方法則是如同燙麵攪拌方法一樣，先用配方中一半的水量（沸水 100°C）加入材料中攪拌成雪花狀，剩下的一半水量則再用冷水加入攪拌成糰。冷水是用以調整麵糰軟硬度，同樣地，揉好的麵糰亦需鬆弛與冷卻，待麵粉粒吸水均勻、有良好彈性及可塑性時，再進行整形步驟。溫水麵的性質介於冷水麵和燙麵之間，有適當的筋性、韌性、可塑性。適合蒸的烹調方式，如小籠湯包、蒸餃、燒賣等。亦可以煎、烙、烤、炸等方式製作成品，如蔥油餅、燒餅、烙餅等。

(4) 全燙麵：調製水溫應使用沸水，因要使麵粉內的澱粉完全糊化，澱粉的吸水量會增加一倍；調製全燙麵糰是將配方中所有沸水迅速沖入澄粉中攪拌成糰，揉成糰後鬆弛，使麵粉粒吸水均勻，再進行包餡、整形，若會黏手，再沾油以利操作。一般是使用小麥澱粉（澄粉）為主要原料製作產品，以廣式點心最常使用。產品無筋性、可塑性十分良好，形狀穩定不易變形，成品透明、質地柔軟、具 Q 感，適合蒸的烹調方式，如蝦餃、水晶餃等。

2. 水調麵的製作方法：

不論有否包餡，其基本麵糰製作方法是相同的，步驟如下：

(1) 秤料：各項材料重量需秤量準確，此為第一要件。

(2) 攪拌：麵粉加水（不同水溫）攪拌成均勻、光滑之麵糰（若是製作溫水麵、燙麵，用以調節麵糰軟硬度之冷水，勿等已攪拌成糰時再加入，因為此時麵糰溫度已降低，再加入的冷水使得麵糰吸水速率變慢，麵糰又需耗費較長的時間始能揉

勻）。理想的麵糰攪拌需達三光程度；即手光（不沾手）、桌光（不沾工作台）、麵糰光滑，揉麵過程中，可鬆弛後再揉，較易揉得光滑均勻。

(3) 鬆弛：於中式點心中稱「醒」，在水調麵中稱「鬆弛」較適當，不只讓攪拌後的麵筋軟化，更是讓溫水麵、燙麵、全燙麵的麵糰溫度降低，使麵粉顆粒吸水更加均勻。鬆弛時間可以依擀壓麵糰時，視麵糰是否會縮回而定，約 15~30 分鐘即可，若會縮回則再鬆弛一段時間；若鬆弛太久，則下一回需縮短鬆弛時間才是。

(4) 分割：分割前要先搓成長條，搓條要緊而光滑，手粉（使用高筋麵粉）則依操作時是否黏手而決定使用，能不用則不用，手粉太多會影響成品。分割重量依所需產品大小而定，操作方法依麵糰軟硬度、分割重量多寡以切麵刀分割或以手揪斷，惟分割之麵糰重量、大小應一致，於工作台依序整齊排列，以利下一步驟操作。分割時間勿過長，避免最先分割之麵糰有結皮現象，可以塑膠袋覆之，防止結皮；勿使用濕布，否則麵糰表面太過濕濡；亦勿使用乾布，否則結皮現象更明顯。

(5) 整形：整形是產品製作最重要的步驟，十分具有技術性，攸關產品是否具有賣相。是利用切、壓、拍、攤、按、擀等手法成形；或者擀成薄皮再包入不同餡料後，以手捏、搓、摺、夾、鉗等方法整形。

(6) 熟成：是產品製作過程的最後一道手續，就是將整形好之麵糰，利用各式加熱法使產品熟的方法，如以蒸、煮、烤、炸、烙、煎等方式為之。

（二）醱麵麵食

醱麵是利用酵母使麵糰膨鬆做成的質輕鬆軟麵食，產品特性組織鬆軟、有酵母的特有香味。在中國眾多麵食種類當中，醱麵產品依醱酵程度的不同而有麵糰鬆軟程度、產品體積大小、產品風味及品質之差異；醱麵的分類則依麵糰不同醱酵程度而有全醱麵、半醱麵、小醱麵三類。

1. 全醱麵：麵糰的醱酵程度要足夠，因此揉好的麵糰要軟一些（水量加多即可調整軟硬度），以達成醱酵程度需足夠的目的。產品為三類中最為鬆軟的一類，彈性韌性差、咬勁不足、成品色澤較黃、內部孔洞大、有強烈的醱酵香味。適合煎、烙的烹調方法，如醱麵紅豆烙餅、醱麵蔥油餅、蔥花三角燒餅等；亦可以烤或蒸的方式製作醱麵燒餅、台式軟饅頭、包子、花捲等。

2. 半醱麵：麵糰醱酵程度需稍不足，使麵糰稍硬，醱酵程度低於全醱麵，產品稍鬆軟而稍具彈性韌性、稍有咬感、成品色澤較全醱麵白、內部孔洞較小、醱酵香味稍弱。最適合蒸的烹調方法，如饅頭、包子、花捲等；也可以烤、煎、烙的方式製成烤花捲、水煎包、蟹殼黃等。

3. 小醱麵：麵糰稍微醱酵即可。醱酵程度為三類中最不足者，產品硬而具彈性韌性、十分有咬感、成品色澤帶一點淡黃色、內部組織緊密、醱酵香味最弱。適合煎、烙的烹調法，如山東大鍋餅。因醱酵不足，致使成品太小，內部組織緊密。

4. 醱麵麵食的製作方法：

   (1) 秤料：各項材料需秤量準確。

   (2) 攪拌：麵粉加水加酵母，攪拌（揉）成均勻且光滑（三光）的醱麵麵糰。

   (3) 基本醱酵：時間依添加之酵母量、水量以及所做產品的特性而有所增減，大約5~10分鐘即可。

   (4) 壓麵：為了使醱麵產品內部組織均勻細緻，所以基本醱酵時間勿太久，以免氣體產生太多，壓麵不完全，而致組織粗糙；因此對醱麵類產品而言，只要將麵糰反覆壓延光滑即可。

   (5) 分割：整片壓延好之麵糰可立即捲成圓柱體，以切麵刀分割成所需重量（需大小一致），整齊排列。

   (6) 整形：為最重要步驟，可以切、壓、捲、擀等方式整形，或包餡、捏、摺成漂亮外型。

   (7) 最後醱酵：整形完之麵糰，須經最後醱酵始能做「熟成」動作，因整形時麵筋被揉捏過，須待其鬆弛，否則成品會太硬，影響品質。

   (8) 熟成：可以蒸、烤、炸、烙、煎等方法為之。

5. 酵母的使用：

   在使用酵母製作醱麵食品時，應注意酵母的使用注意事項：

   (1) 溫度：酵母菌理想的生長環境為26~30°C，溫度超過30°C雖對麵糰中氣體的產生有利，但也有利於其他雜菌的生長，易使麵糰發酸。酵母若在60°C水中，不到5分鐘就會被熱破壞。

   (2) 糖鹽濃度：糖鹽濃度過高，會使酵母菌的細胞液外流脫水而死。糖對酵母而言是一種營養來源，但若用量超過4%則會對酵母產生抑制作用。鹽可增強麵筋的韌

性，增加麵食風味，但其對酵母菌及一般細菌均具有抑制作用，因此使用量最多不超過 2%。在攪拌過程中鹽、糖不可直接與酵母接觸，以避免酵母失去活性。

(3) 酵母的種類：市售酵母種類有三種，新鮮酵母（塊狀）、乾酵母（顆粒狀）、快速酵母粉（極細之針狀），三者的用量比例為新鮮酵母：乾酵母：快速酵母粉＝ 3：2：1（日本採用 10：5：4 之比例）。

(4) 酵母使用方法：新鮮酵母可不須經復水，可直接加入材料中一起攪拌；乾酵母須於攪拌前先行加入 4 倍重量的溫水（40~43°C 為酵母吸水的最適當溫度）約 5~10 分鐘，俟其產生小氣泡，酵母膨脹浮出水面（若沒有此現象表示酵母失去效用），即可加入材料中一起攪拌；快速酵母粉直接加入材料中一起攪拌即可。

(5) 酵母保存方式：新鮮酵母存於 4~5°C，貯存時間愈久醱酵活力愈差，若冷藏庫濕度太高易使新鮮酵母發霉，離開冷藏室後應盡速使用完畢，避免與氧氣接觸時間太久，致使醱酵活力降低，市售之新鮮酵母大多採用油紙包裝，更應特別注意此問題；乾酵母存於低溫乾燥環境即可，市售多以 15 公克一小鋁箔密封包裝；快速酵母粉多採用真空包裝或充氮氣罐裝，只要避免接觸空氣和濕氣，即可保存很久，醱酵活力亦不會退化太快。測試酵母活性的方法：以 2 T 溫水 (40~43°C) 加 1.5 公克的糖溶解後再加入 0.5 T 的乾酵母，靜置 15 分鐘，若酵母新鮮（活力佳）則溶液可脹大 4~5 倍，若活力差只能脹大 1~1.5 倍左右。

（三）層酥麵食

　　層酥麵皮是利用水油皮、油酥兩種生麵糰組合而成的有酥皮層次的產品。水油皮是以中筋麵粉、水、鹽、豬油、糖揉成具有麵筋的生麵糰，再將油酥以豬油、低筋麵粉和勻的生麵糰裹住，經過 2~3 次的擀、捲、包餡、整形後，以烤、炸、烙的方式使水油皮的麵筋膨脹，油酥的油脂溶入油皮中而形成具多重層次分明、酥鬆特性的產品。「包酥」，又名「開酥」、「破酥」，就是以水油皮包裹油酥，再經 2~3 次擀、捲，形成水油皮與油酥一層層相隔的分明現象。

1. 包酥法：常用的包酥方法可分為大包酥、小包酥。

(1) 大包酥法：水油皮、油酥不分割成小塊，直接以較大量的水油皮包裹較大量的油酥，包裹後，再經擀開、捲起，再分割成數十個油皮，包餡、整形去製作。大包酥法的優點是製作速度快、效率高、不費工，適合大量製造；缺點是產品層次少、酥層不易均勻、層次不清楚。

(2) 小包酥法：將水油皮及油酥分別分割成一個所需之重量，再一個個依序的以水油皮包裹油酥，再一個個依序擀開、捲起 2~3 次，包餡、整形去製作。小包酥的優點是擀捲容易、酥層均勻清楚、油皮不易破裂、產品品質佳；缺點是速度慢、效率低，無法大量生產。小包酥法較適宜製作高品質、酥層均勻的產品。

2. 層酥麵皮的製作方法：

(1) 水油皮的製作：麵粉過篩置工作台，先將粉堆挖空作成粉牆，加入油脂與內圈的麵粉拌勻，再緩緩加入水邊加邊拌，使融合成糊狀，再將粉牆的其餘麵粉同時加入，揉成光滑有筋性的水油皮，蓋上塑膠袋鬆弛。水量可用來調整生麵糰軟硬度，水油皮宜軟（勿太軟），較易操作。

(2) 油酥的製作：油酥是油脂與麵粉調製成的，麵粉過篩後與油脂搓揉拌勻即可；利用麵粉與油脂可調整油酥的軟硬度。用來製作油酥的油脂有豬油、沙拉油、奶油等，以豬油的油性最好，製作的成品佳。

(3) 包酥：將水油皮包裹油酥，再經 2~3 次擀開，捲起成一生麵糰的過程，稱為包酥，所得之生麵糰稱為油皮。包酥時，水油皮與油酥二者的軟硬度要一致，若水油皮太軟，油酥太硬，則水油皮容易破裂，二者無法黏結，擀開時，表皮易黏在桌面，捲起時會破裂；若水油皮太硬，油酥太軟，油酥易漏出。所以水油皮與油酥二者的軟硬度要一致。

(4) 整形：將油皮包餡後，可於頂部灑芝麻，刷蛋水裝飾，亦可以剪刀剪成各式形狀，即可進行「熟成」步驟。

(5) 熟成：層酥類產品多以烤、炸方式熟成，烤焙時須注意上火的溫度，產品厚薄，油皮的糖量百分比，表面是否有刷蛋水（或蛋液）等，油炸時則須注意油溫高低，要油炸具明顯層次的產品時，油溫宜低，但仍需注意是否炸熟。

五、麵粉貯存注意事項

1. 貯藏場所需乾淨，有良好之通風設備，無病媒出入、無臭味之地方。

2. 溫度介於 18~25°C 之間，貯藏地點溫度太高對麵粉品質的破壞甚於低溫。

3. 相對濕度 55~65% 之間。

4. 麵粉貯藏時不可靠近牆壁，每袋的四周均需通風。

 **5-5** **蔬菜的製備**

一、蔬菜的分類

一般將蔬菜分為下列幾類：

1. 葉菜類：如菠菜、小白菜、空心菜、青江菜、莧菜等。葉菜類，澱粉少、纖維高、含大量礦物質與纖維素，是鐵、銅、鉀、維生素 A、維生素 B_1、維生素 B_2、維生素 C、維生素 E、維生素 K 的重要來源。

2. 花菜類：如花椰菜、青花菜、金針菜等。是鐵、磷、維生素 B_2、維生素 C 的良好來源，含豐富的水份和纖維質。

3. 莖菜類：如竹筍、芹菜、韭黃、韭菜、蘆筍、荸薺、蓮藕、洋蔥等。

4. 根菜類：如胡蘿蔔、番薯、馬鈴薯、白蘿蔔、樹薯、芋頭、牛蒡等。

5. 種子和種莢類：如玉蜀黍、豌豆、四季豆、毛豆、扁豆、花生、紅豆等。

6. 瓜果類：如大黃瓜、小黃瓜（花胡瓜）、苦瓜、茄子、番茄、青椒、絲瓜、冬瓜、瓠瓜、南瓜等。

7. 蕈類：如洋菇、香菇、木耳、草菇、金針菇等。

二、蔬菜的清洗

農民為了增加農產品的產值，常需施灑農藥，雖然採收過程中，農藥會自然消退一部分，但採摘後殘留的農藥，仍需透過大量清水沖淡為最佳去除方式。正確的水洗方式可去除 90% 以上的農藥殘留。農委會農業藥物毒物試驗所主任翁素慎提出一清洗口訣「浸泡 10 分鐘、軟毛輕輕搓、大量水沖洗、農藥不殘留」。

1. 以流動水浸泡，再於水龍頭下小水流清洗、大量清水沖洗，去除農藥。

2. 鹽水浸泡洗滌：以 1% 濃度之鹽水，可收殺菌、去除蟲卵之效，但鹽會降低水的清潔力，根據農業藥物毒物試驗所發現，用鹽清洗蔬果，農藥反而更容易進入蔬果裡面。

3. 過錳酸鉀溶液浸泡洗滌：生菜類洗淨後，可以 10 ppm 的氯液或 0.003% 濃度的過錳酸鉀溶液浸泡 5 分鐘後，再以冷開水沖洗乾淨，即可達充分殺菌及殺死蟲卵之效。

4. 清洗方式如表 5-5。

5. 先洗後切，避免水溶性維生素流失。

6. 以 85℃ 至 100℃ 的熱水汆燙或殺菁，可去除大部分農藥。

表 5-5　蔬菜的農藥殘留與清洗的原則

類　別	清洗方法	參考蔬果
大型葉菜類	先剝除外葉，切開後剝離，再同小型葉菜類一樣泡水後沖洗	如包心白菜、甘藍等
小型葉菜類	可先去除腐葉，近根部的地方約切除 1 cm 長，再一片片剝開後泡在水中	如小白菜、茼蒿、油菜等
十字花科菜類	可切成食用或烹調時之大小再行浸泡及沖洗	如花椰菜及青花菜等
表面平滑蔬菜	可泡水沖洗	如黃瓜、番茄、豆類等
表面不平滑蔬菜	表面有突起或凹陷之蔬菜，可在浸洗時同時用軟毛刷輕輕刷洗；青椒可切除果蒂部分再清洗	如苦瓜、小黃瓜、青椒等
小顆粒水果及中型水果	浸洗時同時用軟毛刷輕輕刷洗，浸泡時間可加長至 10 分鐘以上，但不需超過半小時，以免流失養分及風味	如葡萄、櫻桃、草莓、桃子、李子、梨、蘋果等

資料來源：臺灣癌症基金會 (2001)．天天五蔬果，農藥不殘留．*臺灣癌症基金會會訊*，6，2。

三、生菜沙拉製作注意事項

1. 選用新鮮材料：此為首要條件，若無新鮮食材，一切都是枉然；若有肉類加於菜餚之中，務必完全煮熟。

2. 依上述清洗法徹底清洗。

3. 處理過程首重衛生：清洗之最後步驟，一定要用冷開水沖洗，進行減菌程序；且須使用熟食砧板及熟食刀具進行切割。

4. 組織較硬、澀味較重之蔬菜：應以大量沸水、加鹽（綠色蔬菜）或加白醋（白色蔬菜）川燙，起鍋後以大量冷開水沖涼，或以冰水冰鎮，以保持其脆感；浸泡於冷開水的蔬菜，食用前應晾乾或擠乾水份，以防破壞食物和調味料的風味。

5. 製作完成排盤後以密封之，置冷藏庫冷藏，待食用前才沾上沙拉醬或醬汁，以避免蔬菜出水，影響口感。

四、蔬菜處理時營養素流失的原因

1. 機械性的損失：如削皮過厚、切割太細等。

2. 溶解的損失：蔬菜切割後浸泡水中、烹煮後汁液丟棄，使得其中的礦物質、水溶性維生素、色素流失。

3. 蒸發的損失：加熱會使蔬菜的酸性物質與芳香化合物等蒸散揮發。

4. 加熱的損失：熱破壞維生素，尤以維生素 C 尤甚，但裹麵糊油炸蔬菜則可使加熱破壞營養素的損失降低。

5. 氧化的損失：維生素 A、C 易被氧化，尤其在熱、鹼中破壞尤甚。最好是烹煮前才切割，切大塊些，刀具及鍋具勿使用銅、鐵等金屬製品。

五、各類蔬菜於不同條件下的變化

藉由表 5-6 可明瞭各類蔬菜的特性，在烹調上保持其營養價值與色澤的方法如下：

1. 淡黃色、白色蔬菜：
   (1) 避免加熱過久，可將蔬菜先行蒸軟、川燙再炒製，即可縮短時間，防止變暗褐色。
   (2) 添加白醋或檸檬汁等酸性調味料，使呈白色。勿添加小蘇打或其他鹼性物質。
   (3) 避免接觸金屬物質（刀具或生鐵鍋），起鍋前才放鹽（中性）調味。

2. 紅紫色蔬菜：
   (1) 不接觸金屬物質，不用生鐵鍋、鋁鍋。
   (2) 以高溫油炸方式處理食物（如茄子）；或生吃（如紫色高麗菜）。

3. 深綠色蔬菜：
   (1) 烹煮時，不蓋鍋蓋，讓蔬菜的酸性物質揮發。
   (2) 大火快炒，縮短烹調時間，先加鹽再下菜炒。
   (3) 以大量沸水川燙，稀釋酸性物質，先加中性鹽 1% 於水中防止綠葉蔬菜變黃。
   (4) 成品以淺盤盛裝，使快速散熱，燜過久會變黃。

4. 橙黃紅色蔬菜：不受酸、鹼、熱的影響，只要不將蔬菜炒糊即可，色素易溶於油中。

▶ 表 5-6 各類蔬菜於不同條件下的變化

蔬菜顏色	淡黃色、白色	紅紫色	深綠色	橙黃紅色
蔬菜例	大白菜、白花椰菜、洋蔥、高麗菜、白蘿蔔	茄子、紫色高麗菜、紅莧菜、紅鳳菜	菠菜、青江菜、芥蘭菜	番茄、紅蘿蔔、金針花、黃紅色甜椒、南瓜
所含色素種類	黃鹼醇 (flavonol)、黃鹼素 (flavone)	花青素 (anthocyanin)	葉綠素 (chlorophyll)	葉黃素 (xanthophyll)、番茄紅素 (lycopene)、類胡蘿蔔素 (carotenoid)
溶解度	少有影響	極易水解	微溶於水	微溶於水
受熱影響	變暗棕色	水熱法易致灰暗色	變黃綠色	不影響
氧化	易氧化	會氧化	會氧化	不影響
受金屬影響	變褐色	灰紫色	－	不影響
酸	變白色	遇酸趨紅紫色	變黃綠色	不影響
鹼	變暗棕色	遇鹼趨藍綠色	翠綠色	不影響
其他	加熱愈久顏色愈暗	應使用油炸定色	加熱過久變黃綠色	溶於油中

5-6 蛋白質

　　肉、魚貝、海鮮、豆、蛋、奶等都是屬於提供蛋白質的食物種類，蛋白質是膠狀體，分子量極大，以酸或鹼煮沸或以酵素作用它，可使蛋白質水解為胺基酸；胺基酸是兩性的電解質，其總電荷視其溶液的酸度 (pH) 而定，在酸性溶液中胺基酸為陽離子，在鹼性溶液中則為陰離子，溶液中的氫離子濃度達到某一程度，其電荷為 0 時，胺基酸不偏向陰極、亦不偏向陽極，此點稱為等電點 (isoelectric point)。蛋白質或胺基酸在等電點時溶解度最小，會致沉澱析出。一般食品的蛋白質等電點多為酸性，如肉類為 5.6、奶類為 5.2~6.6、蛋為 4.6。蛋白質易溶於稀鹼溶液，食物製備中可利用此原理，將不易煮爛的牛肉加小蘇打或木瓜汁，即易煮爛。

一、蛋白質於烹調時的特性

（一）蛋白質的變性

蛋白質易受熱、酸、光線、藥劑等作用引起分離或結合的變化，稱為蛋白質的變性。蛋白質分子內結合一旦經過切斷狀態後再產生新的側鏈結合，且變性後結合的部分比變性前還多，因此結合的硬度稱為蛋白質的凝固現象；蛋白質變性後利於蛋白質分解酵素的分解，使食物更易於消化。造成蛋白質變性的因素有：

1. 加熱造成的變性：蛋白質隨著溫度升高而出現凝固現象，如魚的加熱烹調，加熱至該溫度即起熱變性（熱凝固）。如蛋加熱至半熟狀態最好消化，若溫度過高則變得很硬、很難消化。純粹蛋白質與魚肉中存在的蛋白質不同，烹調時因加鹽類或其他物質（如酸）而使熱凝固點變硬之故，例如以鹽醃的魚肉解離至最大程度時即到達等電點，溶解度變最小，使肉變性變硬，較好煎也煎得漂亮。又如蛋黃中蛋白質的凝固溫度一般為 68~70°C，添加砂糖會使凝固點升高（達 80°C 以上）。[註 48]

2. 添加化學藥劑的變性：可溶性蛋白質遇二價或三價的金屬離子會凝固。如黃豆泡水變軟將其磨碎濾渣後煮沸可得豆漿，將豆漿加鹽滷或石膏使與鎂離子或鈣離子作用形成蛋白質凝固，裝模壓去水份而得豆腐。又如以砂糖煮水果或馬鈴薯時會添加燒明礬，乃因鋁離子可將材料中的蛋白質凝固，防止烹煮時形狀破壞。[註 49]

3. 光線和氧化的變性：如將濃度較高的豆漿加熱，表面形成的豆腐皮以細竹籤挑起後的晾乾，即是豆腐皮表面氧化的變性。另外，光線（尤指紫外線）造成的蛋白質變性常是長期且伴隨氧化現象，如魚乾的曬製。

4. 加酸的變性：蛋白質到達等電點時，溶解度及黏度最小、表面張力也最小，致起泡力最大。製作乳酪時，於脫脂牛奶加入醋酸使其醱酵，pH 值近 4.6（乳酪素 (casein) 的等電點為 4.6~4.7）使乳酪素沉澱，鈣質與脂肪同時凝固於其中。製造可爾必思乳酸飲料時加乳酸使其通過乳酪素的等電點，使 pH 值為 4~4.2 的酸性，可避免分離現象而保持乳濁性。肉類蛋白質之肌纖維蛋白 (myosin) 的等電點為 pH 值 6 左右、筋肉的球蛋白 (globulin) 為 pH 值 5，添加少量的酸易於凝固；生魚片亦可利用此原理以酸（醋）處理，使魚肉收縮（表面顏色變白）起酸凝固（稱為醋漬），處理目的為殺菌。[註 50]

5. 機械操作的變性：如製作麵包攪拌麵糰改變蛋白質的 α 螺旋，使其變性；拌打蛋白時，其中的球蛋白 (globulin) 會降低表面張力增加蛋白的黏度，可使拌打入的泡沫變小、增加表面積；黏液蛋白 (mucin) 可生膠黏作用，使形成的泡沫表面變性，白蛋白 (ovalbumin) 生凝固作用形成固化薄膜。

6. 冷凍的變性：肉類於冷凍時，肉中的水份變成冰後，肉組織被破壞、失去親水性，解凍後亦無法完全恢復原狀，失去生鮮時的口感。又如凍豆腐的製作，亦是利用此原理。但若是利用短時間通過最大冰結晶生成帶 (-5~-1°C)，即急速凍結 (quick freezing)，使冰在肉中變成極微小的無數結晶，就不會有上述變化，解凍後肉仍能恢復原來的組織狀態。

（二）蛋白質的溶解性 (Solubility)

各種蛋白質最易溶解於稀鹼溶液中，食鹽水亦可減少蛋白質的溶解度，例如煮魚、肉等之葷高湯時，先加食鹽後，再經過濾步驟，可使湯易澄清；又烹調時將鹽或醬油很早即加入與材料同煮，會延長加熱時間才能使材料熟；又前處理時將魚肉灑一些鹽，放置 10 分鐘再清洗，可使腥味成分 (trimethylamine) 溶出並使魚肉收縮。[註51]

（三）蛋白質的黏性

蛋白質溶液的黏度隨其 pH 值和鹽類的添加而變化，醣蛋白質黏性較強又名黏性蛋白質。與食品有關者，如蛋白的黏性，為蛋白中的 ovomucoid 之故。

二、蛋白質的膠體性

所謂膠體 (colloid) 是指一種媒劑的細微質點（微粒子）懸浮在他種媒劑的狀態，是介於溶液與懸浮液之間的物質，這就是膠體。膠體中懸浮的質點稱為分散質，懸浮此種質點的媒劑稱為分散劑（分散媒）。分散媒與分散質隨氣體、液體、固體的不同可做各種組合，例如：牛奶是液體質點懸浮於液體中、汽水是氣體質點懸浮於液體中、拌打蛋白是將氣體懸浮於液體內，使變性形成一薄膜包住空氣。

若分散媒的數量遠多於分散質，整體上呈流動性，就是液態的膠體（稱為膠溶體），如牛奶、味噌湯。若液態的膠體失去流動性保持一定的型態者成為凝態的膠體（稱為凝膠體或凝體），如豆腐。凝體的形成受溫度即有否添加電解質的因素之影響，溫度

愈高凝體愈快形成，添加電解質有助凝體的形成。又如牛奶中的酪蛋白 (casein) 可使牛奶此一不安定的乳濁液親水性膠體成為固體的乳酪。

1. 膠體的種類：

    (1) 懸濁液 (suspension colloid)：為固體質點懸浮在液體中所成的膠體，如牛奶。

    (2) 乳濁液：液體質點懸浮在另一液體中的膠體，如蛋黃醬 (mayonnaise)。

2. 膠體的凝析作用：膠體的質點都帶有電荷，加入電解質會使具相反電荷的離子被質點吸附，使電性被中和致質點立即沉澱，即是凝析。

3. 作為乳化劑的保護膠體：

    (1) 加入少量膠體物質會使不穩定者變穩定（防止不穩定膠體生凝析作用），此種膠體稱為保護膠體（乳化劑）。分散媒和分散質之親合力強者稱為親媒性膠體，弱者稱為疏媒性膠體，如分散媒為水時，就稱為親水性膠體、疏水性膠體。

    (2) 有乳化劑作用的親水膠體其分子內帶有親油基，若親油基傾向於分散質（油），親水基傾向分散媒（水），分散質（油）被分散媒（水）包圍，形成油滴均勻分散於水中的安定乳濁液。乳化劑是視親油基、親水基的多寡決定為水包油型 (O/W) 或油包水型 (W/O)。水包油型 (O/W) 的食品，如牛奶、蛋黃醬，油包水型 (W/O) 則有奶油等。食品中常作為乳化劑的有蛋、吉利丁、洋菜、吉利 T、太白粉、麵粉、牛乳等。

4. 膠體的性質：

    (1) 布朗運動：懸浮於液體或空氣中直徑小於 0.04 公分的粒子受氣體或液體中存在介質的碰撞，而產生的隨機移動稱之，因此像牛奶、茶水、豆漿等溶液不會有沉澱現象。

    (2) 透析 (dialysis)：膠體內的電解質能通過半透性膜，食物處理時可利用此原理處理過鹹的榨菜、酸菜，將其浸於稀鹽水中使鹽透析出來，使榨菜、酸菜不致過鹹。

5-7 肉類的製備

一、肉類的構造

肉類通常指的是畜肉－牛、豬、羊，禽肉一雞、鴨、鵝等。其肉係由肌肉纖維、結締組織、脂肪組織組合而成，其間布有血管。

（一）肌肉纖維

橫紋肌是由柱狀纖維細胞構成，又名肌纖維，相互平行而成縱長的肌肉，每一條肌纖維有數個細胞核，外包一層薄而具彈性的肌膜；在活體時，肌纖維為半流體的膠黏物，肌膜所包的物質統稱為肉汁，主要成分為蛋白質。

肌纖維受動物體年紀與性別的影響，而有年紀大、肉老纖維粗，年紀輕、肉嫩纖維細；雄性肌纖維較粗，雌性肌纖維較細。

（二）結締組織

分布於肌纖維組成的細胞間質。主要成分為膠原蛋白 (collagen) 與彈性蛋白 (elastin)，膠原蛋白是筋腱的主要成分，加水加熱可得動物膠 (gelatin)。結締組織多者肉硬，少者肉軟，結締組織的量和分布情形可左右肉類的軟硬度。皮、軟骨與骨骼、筋腱均是結締組織。

（三）脂肪組織

通常存於動物器官周圍、包圍肌肉、充填於肌肉中，若脂肪細胞均勻分布於肌纖維中，就是所謂的大理石紋路 (marbled meat)；肌纖維中脂肪量越多，保水力越大，肉的柔嫩度及含汁性越佳。

二、肉類的營養

肉類主要提供完全蛋白質，卻也伴隨著脂肪，宜選擇較瘦部位食用，另含有肝醣、礦物質、維生素、肌酸、普林等，礦物質含量多（尤其是鐵、磷）肉色呈深紅色，而肌酸與普林含於肉汁、肝臟、淋巴腺內，普林具調味功能，但其代謝產生尿酸，若失調則

有痛風現象。肉湯及肉汁內的蛋白質很少，即使是煮過淡而無味的肉，蛋白質的營養價值仍保有，因此手術後的病人若其食慾尚可，仍應建議食用肉為宜。

三、肉的僵硬與熟成

　　動物被屠宰後停止呼吸、停止血液循環、肝醣仍持續地被消化，肌肉中的肝醣因此分解產生乳酸，乳酸愈來愈多降低了肌肉組織中的 pH 值，當 pH 值降到 6.5 時 phosphatase 作用將 adenosine triphosphate (ATP) 分解，形成無機磷酸，ATP 消失後，肌肉的纖維狀蛋白質 actin 與 myosin 結合成 actomyosin（肌動球蛋白）之複合蛋白質，在 actomyosin（肌動球蛋白）形成之際，肉即產生死後僵硬的現象。動物體死後僵硬，溫度高時速度快、溫度低時速度慢。

　　家禽類約 6~12 小時、牛約 12~24 小時、豬肉則在屠殺 3 天後才產生最大僵硬現象。僵硬的肉必須經過熟成作用才能加熱烹調，否則肉硬、不易消化，加工處理的黏著性也差，成品品質不佳。

　　動物屠宰經過僵硬過程，之後隨著時間而生的肉體軟化、使富於汁液與芳香性的變化就稱為肉的熟成。熟成的速率視動物屠體存放的溫度與時間而定，乃是依其自體的酵素進行，稱為自體消化作用 (autolysis)；但因肉含有各種營養素在肉質僵硬完後微生物就開始作用，建議肉的熟成應於低溫下進行較安全。

四、肉類切割後的顏色變化

　　肉色變化是最易被一般民眾拿來當作判定肉品品質、貯存時間長短的辨別法。肉品中的顏色是血紅蛋白，即血紅素 (hemoglobin) 與肌紅蛋白 (myoglobin) 的結合蛋白質 (conjugated proteins)。Hb(hemoglobin) 與 Mb(myoglobin) 未接觸空氣時為紫紅色，在肺臟中與氧結合成氧合血紅素 (oxy Hb)、肉品的肌紅蛋白與空氣中的氧結合成氧合肌紅蛋白 (oxy Mb) 為鮮紅色，與空氣中的氧接觸後，變成變性肌紅蛋白 (met Hb) 呈棕褐色，時間愈久色澤愈暗。呈棕褐色的變性肌紅蛋白 (met Hb) 因鮮肉中的還原劑使其還原為變性肌紅蛋白 (met Hb)，所以肉色的變化是動態而可逆的。新鮮豬肉於空氣中久放或加熱後肉色變為褐白色或暗褐色即是因為如此變化所致。肉色若為藍綠色，表示暴露於空氣中過久已不新鮮，不應再食用。一般而言，新鮮豬肉肉質鮮嫩有彈性、顏色呈暗鮮紅色、沒有腥臭味，脂肪顏色為白色，煮熟後也不會有腥臭味；而死豬肉則因為死後才屠宰所以放血不全，肉質較無彈性、顏色呈褐紅色、有腥臭味，脂肪部分則呈渾濁的暗紅色或有血絲。

五、豬、雞、牛的屠體分切

豬肉為國人最常食用的畜肉，依不同部位的特性可製作成各種不同口味的食品，如紅燒、快炒、炸、烤、滷、煮等；牛肉瘦肉組織多（脂肪均勻分布於肌纖維中），歐美人士多用煎、烤方式烹調，國人中式烹調上多為快炒或清燉（牛腩部位）；羊肉腥羶味重，國人大多於冬季以羊肉爐燉中藥材食用；而雞鴨等禽類，肌纖維較畜肉細嫩，依部位選擇適當烹調法，均易咀嚼消化。烹調肉類應使肉品的中心溫度達 85°C、3 分鐘才能殺死細菌，食用安全。

（一）豬肉屠體分切法（資料來源：臺灣區肉品發展基金會；方清泉等，2010）

豬肉屠體分切法和適合烹調方式詳見圖 5-1。

（二）雞肉屠體分切法

中央畜產會畜禽產品專業資訊於 2016 年 4 月 22 日登載有肉品分切圖，如：臺灣肉雞、土雞、肉鴨、肉鵝等屠體分切圖 5-2-1~4。選購合格屠宰禽肉時，可認明「防檢局屠宰衛生合格」標誌（見前表 3-6）。

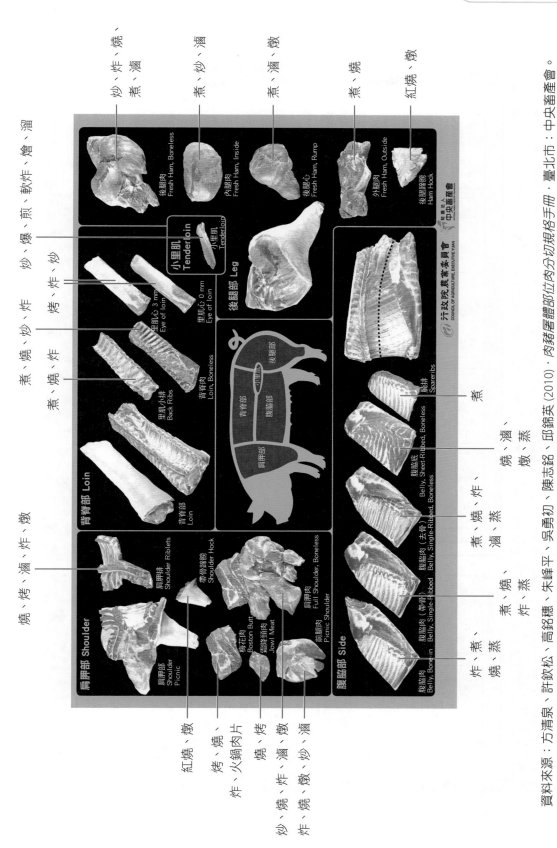

炒、炸、燒、
煮、滷

煮、炒、滷

煮、滷、燉

煮、燒

紅燒、燉

炒、爆、煎、軟炸、燴、溜

炒、爆、炒

煮、燒、炒

煮、燒、炸

烤、炸、炒

炒、燒、滷、炸、燉

燒、烤、滷、炸、燉

紅燒、燉

烤、燒、
炸、火鍋肉片

燒、烤、
炸、燉、滷

炒、燒、燉、炒、滷

炒、燒、燉、炒、滷

炸、煮、蒸、
燒、

炸、煮、蒸、
燒、

煮、滷、燉、
燒、蒸

煮、燒、炸、
燒、蒸

煮、滷、蒸、
燉、蒸

煮

○ 圖 5-1　豬肉屠體分切法和適合烹調方式

資料來源：方清泉、許欽松、高銘穗、朱峰平、吳勇初、陳志銘、邱錦英（2010），肉豬屠體部位肉分切規格手冊，臺北市：中央畜產會。

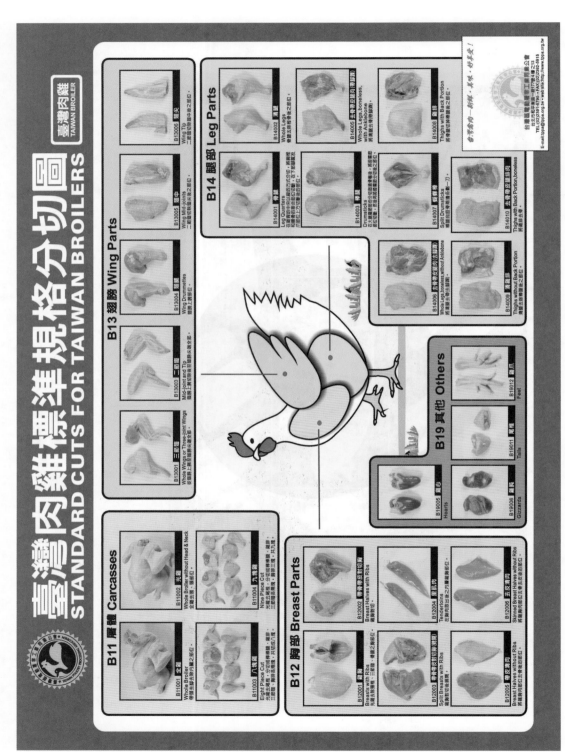

圖 5-2-1　臺灣肉雞分切圖

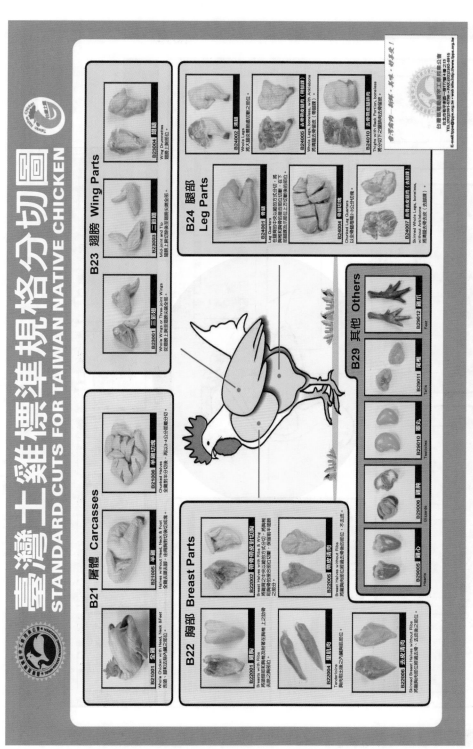

資料來源：中央畜產會～畜禽產品專業資訊，臺灣土雞標準規格分切圖。

◯ 圖 5-2-2　臺灣土雞分切圖

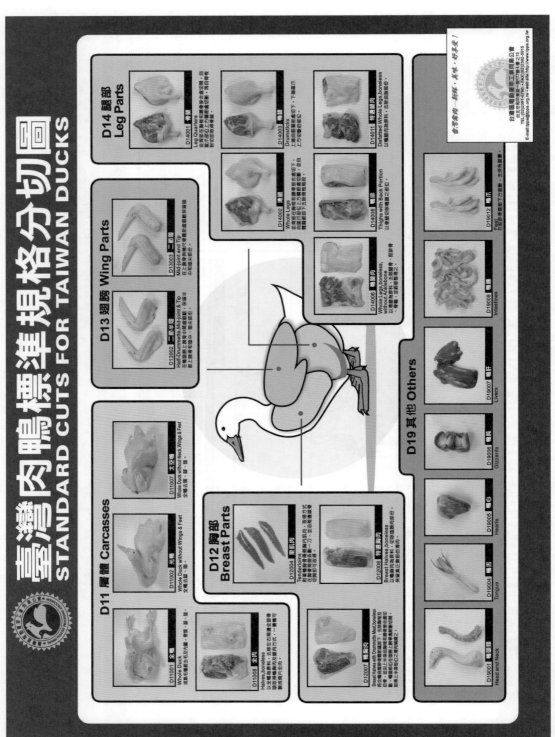

資料來源：中央畜產會～畜禽產品專業資訊，臺灣肉鴨標準規格分切圖。

圖 5-2-3　臺灣肉鴨分切圖

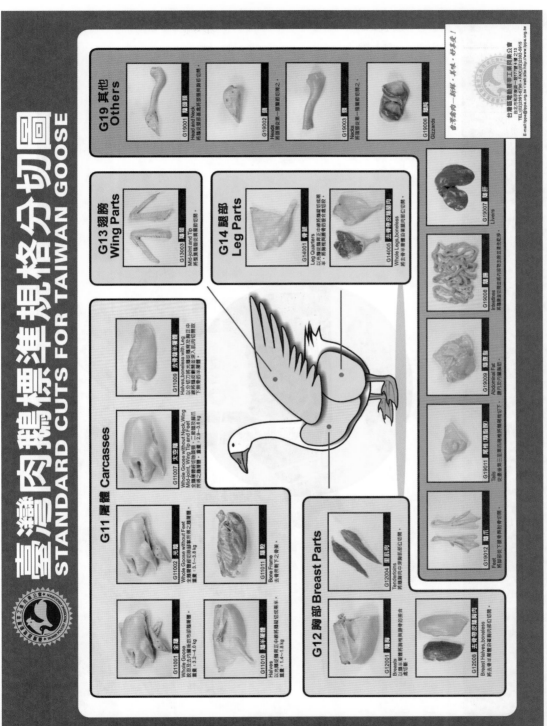

臺灣肉鵝標準規格分切圖
STANDARD CUTS FOR TAIWAN GOOSE

資料來源：中央畜產會～畜禽產品專業資訊，臺灣肉鵝標準規格分切圖。

○ 圖 5-2-4　臺灣肉鵝分切圖

（三）牛肉屠體分切法（圖 5-3）

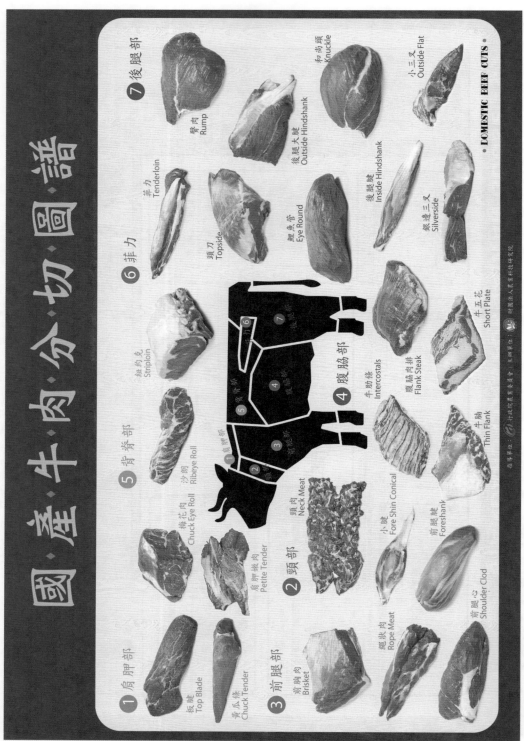

中央畜產會畜禽產品專業資訊於 2020 年 4 月 9 日登載有國產牛肉分切圖譜 5-3。

➲ 圖 5-3　牛肉屠體分切圖

六、肉品加熱的變化

肉品經烹調加熱，其蛋白質凝固釋放出肉汁、脂肪與水份，約減少 20~40％，重量減輕、體積減小；烹調溫度越高、加熱時間越久，損失越多。若使用低溫烹調，內部汁液流失多、體積縮小的屬害，成品乾澀難入口。需以適當溫度、火候才能熟且得良好口感成品。

（一）肌纖維

肌纖維愈長、收縮愈屬害，加上肌纖維生長的紋路不同，一受熱則會收縮成凹凸不平的形狀，因此最好採與紋路成 90 度的方向切割（順紋逆切），可減少肌纖維的收縮；或者採用整個大塊肉塊烹煮熟、放涼後再行切割，即可有平整的形狀，如蒜泥白肉；有時為求菜餚的活潑感，亦可先切成片狀，再川燙成波浪狀的肉片。

（二）結締組織

結締組織主要成分為膠原蛋白 (collagen) 與彈性蛋白 (elastin)，若受乾熱（未加水）或高溫使蛋白質收縮變硬，結締組織愈多收縮愈屬害，成品愈韌；宜採用濕熱（加水）、文火長時間的加熱方式，使其軟化易食。

（三）脂肪組織

加熱時脂肪組織的脂肪細胞內之蛋白質受熱變性，細胞壁的滲透力發生變化使脂肪流出；脂肪的熱傳導率低，在烹調脂肪量多的肉時，可將溫度稍稍加高使脂肪溶解、縮短加熱時間，但若溫度過高，脂肪溶出太多、肉會變硬，反而不好入口。

（四）香　味

加熱肉類當其熟時（肉色變為褐色）會產生極強的香味，稱為褐色香味。成分為胺、硫化氫、有機酸等，加熱後由胺基酸、脂肪酸分解生成，所以家庭中烹調肉類產生的香味會比蔬菜來的更引人食慾。

七、冷凍肉品的解凍要領

　　肉類在烹調前若為冷凍狀態，需要將肉類完全解凍，不可解凍過度。解凍程度是以肉品周圍已經變軟，中心部分仍然堅硬的「半解凍狀態」為佳。解凍至半解凍狀態時，必須馬上加以分切並烹調。良好的冷凍食品解凍方式有三種：

1. 低溫解凍：烹調前若有足夠的時間，可利用低溫慢慢地解凍，此為保持肉品品質的最佳方法。乃是將冷凍食品連同包裝袋移至約 5°C 的冷藏室，經過數小時即可解凍，恢復成原來的生鮮狀態。在 5°C 左右解凍，可避免解凍過度，及防止過多的細菌繁殖，清潔又衛生。

2. 流水解凍：是將冷凍食品連同包裝一起套上塑膠袋，排除袋內空氣、紮緊袋口，再以流水（如自來水）解凍。注意切勿將食品直接浸於水中，以免流失風味及營養價值。

3. 微波解凍：若以微波爐解凍時，表面先噴灑水滴後，再放入微波爐，減低輸出功率（不用100%電力），即可完成解凍，操作時間時間很短，毋須擔心微生物滋生問題。

八、肉品的嫩化

　　如何使烹調完成的肉品滑嫩易入口，這是最高境界，可依下列方法為之：

（一）屠體的選擇

1. 年齡：選擇年紀小者，肉嫩。

2. 運動：運動部位肉質較硬。

3. 脂肪與肌肉組織：脂肪含量多的部位較嫩，若脂肪呈大理石紋路均勻分布於肌肉組織中，肉質更嫩。

4. 結締組織：結締組織含量多的部位較硬。

（二）機械外力的操作

1. 切割方式：纖維較粗、長者，如豬、牛，採順紋逆切，可避免纖維收縮太劇烈，致不易咀嚼；魚肉、雞肉則宜順紋順切，避免加熱後纖維碎裂，不成形。

2. 拍打肉或絞成肉末：肉排（片、塊）利用刀背（或刀面）將其拍打深入纖維內部、揉壓，或者剁碎、絞碎，均可使肉嫩。

（三）添加蛋白質分解酵素（嫩精）

如青木瓜、鳳梨、無花果內的蛋白質分解酵素可使肉軟化，但隨著加熱溫度的提升而失去效用，通常前處理醃拌時即行加入浸漬約 30 分鐘，使其滲入肉 0.5~2 mm 作用，若用量過多、浸漬太久會使肉塊（片）碎裂。以此法嫩化肉，大多採用過油、快炒、舒肥方式烹調，可收肉品軟嫩的最大效果。

（四）pH 值的調整

加酸或鹼可調整肉的軟硬度，pH 值 5~6 時肉質最硬，pH 值低於 5 或高於 6 時肉都會軟化，如加白醋（肉色變白）或加小蘇打醃肉均可達到嫩化肉的目的，使用小蘇打時應注意用量，避免鹼、苦味出現，及出現不正常的紅褐色，約半斤的肉使用一顆綠豆大小的小蘇打用量。

（五）調味料的添加

在調味料添加中，用於肉類醃拌的大多是鹽、糖、醬油、澱粉，先行與肉（塊、片、絲）一同抓麻，使肉均勻吸附住上述調味料後（比例依個人喜好而定，澱粉太多一下油鍋易成團），再加入沙拉油抓麻均勻，利用過油的方式，使肉於短時間內受熱至熟，必可保嫩。各種調味料的添加原理如下：

1. 鹽、醬油：肉蛋白質在稀鹽水溶液中是可溶的，且鹽具離子水化作用，因此可添加鹽以嫩化肉，如鹽焗雞的製作。鹽濃度過高會使肉脫水反而失去水份，以 2~5% 濃度的保水力最佳。醬油中亦含有鹽分，可代替使用之。
2. 糖：糖可增加肉的光澤度、容易上金黃色，適量的濃度亦可柔軟肉，濃度太高如同鹽水一樣，會使肉的水份脫去，肉質變乾澀。
3. 油脂：可增加潤滑性與光澤。
4. 澱粉：各式澱粉如太白粉、麵粉、玉米粉等均可用於沾裹肉的表面，防止肉中水份、養分的散失，並增加其嫩度。

✎ 九、肉品的烹調原則

（一）選擇適當部位烹調

1. 腰內肉、里肌肉、小排、梅花肉等較嫩部位的肉，可採大火短時間的加熱法，以保持成品肉質軟嫩口感，適用於烤、煎、炸、炒。

2. 肉質老、筋腱多的部位，可使用文火長時間的熬煮，以加水加熱的濕熱法如滷、燜煮、紅燒等，長時間熬煮可使其軟化好入口，烹調初始宜僅添加少量的鹽、醬油、糖，可使肉嫩，至肉快熟時再加入適口的調味料；若於初始即加入適口的鹽、醬油、糖，會使汁液濃度過高，肉脫水而乾澀變硬。腿肉、蹄膀、前腳、後腳等較老部位的肉，適用於長時間加熱，如紅燒、清燉、滷、煮、蒸。若為大塊肉可以大火將肉表面炙熟，使蛋白質凝固肉汁被封住不致流出。

（二）前處理

1. 嫩度保持方法：肉質較硬、較老的部位靠外力槌打、絞碎或在前處理時添加酵素或澱粉、雞蛋、調味料等處理，以保持其軟嫩口感。

2. 切割：為易於咀嚼，豬、牛肉切片、切絲時，應順紋逆切；雞肉則順紋順切。肉片、絲要好切，可先將肉塊放在冷凍庫凍至有些硬度，就容易切了。

3. 保持肉片平整美麗的方法：前處理時，先用刀將肉片上（內部或邊緣）的白筋剁斷（多剁幾段），如此加熱肉片就不會卷縮。

4. 肉的保存期限：絞肉之調理，買回絞肉，最好當天使用，若須保存，可先調理並以容器或袋子盛裝，壓成扁平狀，置冷藏庫，並於隔天使用完畢為宜。脂肪含量多的部位貯存期限較脂肪含量少的短；同一部位，分割成愈小面積者貯存期限愈短，如整塊 1 公斤的五花肉比絞碎的 1 公斤的五花肉貯存期限長。

5. 肚腸清洗方式：豬肚、豬腸、雞腸等腸類先以麵粉 2 大匙、沙拉油 1 大匙混合抓洗，或以白醋原液抓洗（不可浸泡）再用筷子將其內部翻出，用相同方法清洗，再以清水沖淨，另用 1 大匙鹽繼續洗，最後用清水沖洗，黏液即可清除乾淨且無腥味。

6. 去血水、腥臭味方法：
   (1) 肉塊欲燉燒滷時，肉皮先用刀刮一刮，整塊入水川燙，可使肉塊定型且去血水。
   (2) 去除豬肉腥臊味的方法：將豬肉入滾水中川燙，川燙後的水倒掉，再重新加水，並加入蔥、薑、酒同煮至沸騰，去掉水即可。

（三）製作技巧

1. 滑嫩的肉絲、肉片作法：依所需的厚薄、粗細，順紋逆紋切成片或絲，放入容器以鹽、胡椒粉、酒、醬油、太白粉等醃拌（隨個人口味而定）、抓麻，待調味料被肉吸收，加沙拉油再抓麻，爾後過油，就會柔嫩易入口。

2. 欲烹調如蒜泥白肉菜餚時，若要吃肉則宜先行將水煮滾，再將肉塊投入熱水中煮熟，肉塊遇熱水可使肉表面受熱凝固封住肉汁甜味；若是要食用湯，則將骨頭、肉塊川燙過後，再放入冷水中同煮，可使肉汁溶出增加湯汁美味。

3. 煮肉要煮得恰到好處，且必須煮熟才能食用，但煮過久又會使組織液流失，肉太過乾澀。做白切肉時，最好是煮到內部剛熟就好，可用筷子插入肉的內部，若很容易插入，並抽出來看看，若不帶血，即是已熟、肉汁多又好吃的熟肉了。

4. 冷凍肉絲、肉片適合爆炒，成品的口感較嫩。

5. 排骨要炸二次才能酥脆，排骨以醃料浸漬 5 分鐘後，第一次中火炸透撈出，第二次則將火開大，將排骨再次倒入，且要先提起排骨，再關火，否則排骨又會回吸油炸油。

6. 使扣肉及蹄膀色澤金黃、肉皮易爛的方法：在烹調前先將肉川燙，以清水洗淨、沖涼後，瀝乾水份，以醬油醃漬 5 分鐘，起油鍋，將皮面向下入油鍋熱油炸至表面上色取出，再行紅燒或蒸煮。

7. 湯清質脆的豬肝湯作法：豬肝切片先川燙，並立即以冷水沖涼，質感較脆，湯汁也不易變成濁的。

8. 排骨湯作法：排骨熬煮好後，放涼，入冷藏庫，待油脂凝結於湯的上層，刮除後，再將其加熱、加醋食用，即可以喝到營養又不多油的排骨湯。

十、肉品的選購

1. 選購方法：肉品的選購方法可依視覺、嗅覺、觸感決定之。
   (1) 視覺：肉品肌纖維的正常顏色，豬肉為粉紅色、淡暗紅色，牛為深紅色，雞為淡粉紅色，鴨為棕紅色。脂肪顏色應潔白具光澤，或帶淺淺的黃色。家禽類的雞、鴨毛孔粗大視為老雞、鴨。
   (2) 嗅覺：應為肉品的正常味道，不可有氨臭味或油耗味。
   (3) 觸覺：肉質有彈性，以手指按壓能快速恢復原狀、而不存留按壓痕跡，肉品表面無黏液、水狀。
2. 選購場所：
   (1) 產品包裝完整、標示清楚，具有冷凍、冷藏設備者且裝載貨品不超過最大裝載線。
   (2) 若購買溫體肉，應選擇信譽良好可靠、販賣場所乾淨衛生、貨品流通率高的商販。

5-8　水產類的製備

　　水產類包括：

1. 魚類：分淡水魚、海水魚、養殖魚，現今海水魚亦可用淡水養殖。
2. 蝦蟹類：草蝦、劍蝦、白翅蝦、溪蝦、斑節蝦、龍蝦、旭蟹、紅蟳、蝦姑、青蟹、大閘蟹等。
3. 軟體頭足類：墨魚（花枝）、透抽（魷魚）、軟絲、章魚、小管等。
4. 貝殼類：蜆、蛤蜊、海瓜子、九孔、貽貝、牡蠣（蚵仔）等。
5. 腔腸類：水母（即海蜇皮）。
6. 棘皮類：海膽、海參。
7. 兩棲類：蛙。
8. 龜甲類：龜、鱉。

一、魚貝類的構造

（一）魚　類

　　人類食用的魚，其表皮有分泌黏液的黏液腺，真皮中有由石灰質沉積的鱗片，魚肉由肌纖維與結締組織構成，魚體兩側脊椎骨所附著的側肌是人們食用魚肉最主要的部分，側肌的肌節彎曲與體軸並列，分為背側與腹側，肌節中有大致向體軸平行的肌纖維，肌節與肌節間由極薄的腱狀隔膜接合，肌節與腱狀隔膜的性狀異於蛋白質，經加熱後腱狀隔膜變為膠質，因此魚肉一經煮烤，肌節便會易於剝下。

　　魚類肌肉富含肌原纖維蛋白，缺乏肉基質蛋白，此為魚類肌肉比哺乳動物肌肉較為細嫩、柔軟、易咀嚼消化的原因。結締組織含多量的膠原蛋白 (collagen) 與彈性蛋白 (elastin)。魚肌肉分為肉汁及肉基質，肉汁成分為白蛋白 (albumin)、球蛋白 (globulins)，肉基質為神經、肌肉纖維、結締組織所構成，含有非凝固性蛋白質，且魚類含有其他動物所沒有的血合肉組織，呈暗紅褐色，不同於普通肉，富含脂肪、肌肉色素、結締組織。魚類肌肉含 70~85% 的水份、15~20% 的蛋白質、1~10% 的脂肪、0.5~1.0% 的醣類和 1.0~1.5% 的礦物質。魚肌肉組織以腹肉、頸肉較多，血合肉多於普通肉。

（二）貝　類

　　貝類缺少魚肉的肌酸、肌酸酐，但有大量的肝醣，其肉是由粗密與厚膜的纖維構成，其口感較堅韌、肌肉硬，與魚肉相似的蛋白質使其味道鮮美。牡蠣亦含多量的肝醣，肉質易於消化。墨魚胴部肌肉組織與魚肉不同，肌纖維直徑約 5 μm，向胴體輪切面並行堆積，於 200~500 μm 的間隔中有肌橫紋的組織隔開，並在外側皮與內側皮扭結方向有細纖維延伸其中，因此可見煮熟的墨魚肉與體軸呈直角方向裂開。[註52]魚貝類含有 trimethylamine，可使魚產生腥臭味，加熱後可揮發掉，海產魚的腥臭味較淡。[註53]

（三）魚貝類的腐敗原因

　　魚貝類死亡後 1~7 小時內即會產生死後僵直現象，肌肉組織有逐漸收縮、硬化、變濁情況。魚死後組織的氧氣供應中斷，肝醣起分解作用，由於缺氧使肝醣分解為焦性葡萄糖酸再變成乳酸，致使肉質 pH 值降低，磷酸肌酸消失，ATP 開始急速減少，使肌肉收縮、硬化、僵直，此時的魚肉最新鮮好吃。魚肉僵直的時間約 5~22 小時，一過此階段，肌肉恢復柔軟，稱為熟成，是肌肉保持於無菌狀態下，由其組織內的酵素使肉蛋白質分解的現象，就是自體分解，可以加熱方式停止自體分解。因魚肉組織較脆弱、自體分解會傷害肉的香味，故魚肉不宜發生自體分解。

　　一旦自體分解開始，微生物的作用使魚貝類逐漸產生惡臭，稱為腐敗。魚類捕獲後未先將內臟等去除即運往市場，又其外皮較薄、鱗片易因被捕獲時掙扎脫落、受外傷，易被細菌自外傷處侵入體內，且表面的黏液是細菌的良好培養基，因而使腐敗速度較禽肉、畜肉為快。

（四）魚貝類的選購

　　各類食材新鮮的選購辨別法：

1. 魚：眼睛明亮、魚鱗不脫落、魚身有光澤、鰓呈紅色、魚身與腹部肉質壓下可很快彈回者。
2. 貝殼類：選擇殼緊閉，輕敲聲音響亮清脆者，蛤蜊、蜆前半段高起者肉多。牡蠣以個體愈大、飽滿、黑邊白肉為佳。
3. 蝦蟹：蝦頭、節各部位不脫落、不變色，蝦體堅硬結實。蟹身體各部位完整，背深色、腹白色，兩眼突出有神、口內有泡沫、腹部堅硬微突，重量愈重愈好，選擇殼硬者表示為成蟹。

4. 軟體頭足類：肉質白色透明、結實有彈性，眼睛明亮、皮膜完整。

5. 棘皮類：海參選擇肉壁厚、有彈性者。

二、魚貝類加熱的變化

　　魚貝類加熱至肉溫 35~40°C，呈現具透明感的肉質，顏色漸漸變白；溫度至 50~60°C 以上時，則生蛋白質受熱變性凝固，肉質收縮、重量減輕、水份含量減少、硬度增大等現象。魚貝肉加熱時重量減少多寡，視加熱溫度、加熱時間、魚種、魚體大小、新鮮度而定，硬骨魚肉以 100°C 加熱 10 分鐘，重量減少 15~20%，但烏賊、鮑魚等軟體動物的肉，重量減輕更可達 35~40%。煮熟魚肉的硬度與水份有極大關係，於加熱時脫水現象劇烈者，硬度愈高。魚皮含膠原蛋白，於水中加熱至一定溫度時，長度急遽收縮；若持續加熱，隨著溫度的上升，吸收水份開始膨潤終至分解為動物膠（即明膠）。

三、魚貝類的烹調原則

1. 魚去鱗後稍沖水，以細鹽擦遍魚身，放置一會兒再仔細清洗，可使腥味成分 (trimethylamine) 溶出並使魚肉收縮，易烹調。有些魚具土味，如吳郭魚、泥鰍等，可以餓養法將其放入清水中養 2、3 天不餵飼料，可去除魚肉的土味。蝦類則需去除腸泥，將蝦身彎曲以牙籤挑出腸泥或以刀剖蝦背取出。

2. 魚類的肌纖維嫩、結締組織少，烹調時間毋須太久即可熟。一尾 1 斤重的，中大火蒸 12 分鐘可熟。

3. 脂肪量多的魚可用烤、燒、煎烹調法，宜在魚身上抹油，防止魚皮黏附在烤具。

4. 蒸魚用大火，蒸鍋水沸騰後再入鍋。

5. 煎魚需熱鍋冷油，待魚肉凝固始可翻面，魚皮不脫落。魚身若厚，可斜切 2~3 刀（1/2~2/3 深度，勿見骨，避免熟時露出骨頭不美觀）。

6. 貝殼類煮湯或快炒，一定要等鍋中的水（或調味汁液）已沸騰，再加入貝殼蓋鍋同煮，煮至殼開聲音出現，立即開鍋翻炒起鍋，否則肉煮過頭難入口。

7. 蝦類為防止受熱身體收縮，可由頭部串一竹籤串穿蝦身，多為斑節蝦使用；蝦仁若要爽脆，清洗時去泥腸、加鹽搓揉，去除黏液沖洗乾淨、以紙巾吸乾水份，加醃料拌勻 10 分鐘，過油後即刻起鍋，可得爽脆蝦仁。明蝦宜煮熟再炸，不然顏色不美，防止蝦體彎曲亦可插入竹籤。

8. 海蜇皮保持嫩、脆的方法：海蜇皮洗淨切絲，入滾水中川燙 5 秒鐘，即刻撈起浸於流動的冷水中 1~2 小時，使發大後再行醃拌調味，冷藏後食用。

5-9　黃豆的製備

一、黃豆的營養成分

含有約 34~40% 的蛋白質，是所有植物性食物中蛋白質含量最多的，是素食者蛋白質營養來源的主要提供者。含有 17% 的脂肪可製作大豆油，另外含有醣類、維生素 B_1、B_2、菸鹼酸、礦物質、鈣、磷、鐵、鉀及纖維素等。黃豆不能生吃，因其含有胰蛋白酵素抑制因子，會阻止消化酵素及血球凝集素的分泌，但於 80°C 以上的溫度則會被分解消失。

二、黃豆加工利用

黃豆（即大豆）大多是乾燥的，烹煮前需先泡水，使其吸水膨潤後，煮熟後加糖或鹽調味，因滲透作用使煮熟的黃豆皮有皺紋，如筍豆的製作。

黃豆常用於加工製作成豆漿、豆腐皮、豆花、豆腐、豆乾、干絲、素雞、百頁等。豆漿的作法：將黃豆泡水漲至原來顆粒 2~3 倍大，以果汁機打碎（加 80°C 熱水，去豆腥味），過濾後煮沸（泡沫多可加沙拉油消泡），即成豆漿。煮豆漿的過程，若豆漿濃度高，利用細竹籤將表面的豆膜挑起即是濕豆腐皮、晾乾即為乾豆腐皮，利用豆腐皮可作成素雞、素鴨、千張、百頁等。將豆漿冷卻至 65~70°C，使用生豆重量 2~3% 的硫酸鈣為凝固劑，靜置 10 分鐘可得豆花。將豆花倒入模型加壓、釋出水份，成為豆腐。若將豆腐再重壓，可得豆乾。將豆腐冷凍，解凍後內部組織成海綿狀即為凍豆腐，多用於火鍋料理。

三、豆製品的選購與烹調

1. 盒裝豆腐依盒上之有效期限內選購，豆腐易腐敗，購買回來後宜清洗後泡水冷藏。盒裝豆腐可直接冷藏。豆乾表面若有滑滑的黏液感則為腐敗，應丟棄。冷藏 1~2 天的保存期限。

2. 豆乾、千張、百頁、干絲等選擇有良好商譽、品質新鮮有豆香味者，冷藏 1~2 天需盡快使用完畢；若選購油炸之豆包，則需注意是否有油耗味；素肉、素雞、素鴨則需於有冷凍冷藏庫設備的廠商購買。

3. 烹煮豆腐時，湯汁中宜先加鹽再放豆腐，因豆腐是蛋白質的溶體，加上電解質使其沉澱成凝體；或先勾芡使澱粉層包圍豆腐，可使豆腐保嫩。

4. 嫩豆腐通常用於涼拌，老豆腐、板豆腐多用煎、炸、燉、煮的方式烹調。另外亦會使用豆腐皮包裹內餡成長圓形、三角形油炸，均是不錯的選擇。

5. 以干絲豆干製作菜餚時，需先行川燙再涼拌或炒製，豆干亦可切片油炸後炒製。

 **5-10 蛋的製備**

一、蛋的營養價值

蛋含有豐富的蛋白質、維生素及礦物質。蛋類的蛋白質是所有高蛋白食物中最優秀的，因為富含所有的必需胺基酸，可以用來維持生長和健康，而且非常容易吸收。蛋也是鐵、磷、其他礦物質、維生素 A、D、E 及所有維生素 B 群的優良來源。蛋的營養價值高，價格又便宜，是一項很棒的食品。常見的有雞蛋、鴨蛋、鵪鶉蛋及其加工品皮蛋、鹹蛋、鐵蛋等。

二、蛋的構造

蛋有一外殼，殼內有二層薄膜相黏（外蛋殼膜、內蛋殼膜），若貯存時間較久或冷藏過度，位於蛋鈍端的氣室會明顯分開此二層薄膜，膜內有蛋白，由外而內分別為外稀蛋白、濃厚蛋白、內稀蛋白、蛋黃膜包裹住蛋黃呈圓形（愈新鮮的蛋，蛋黃愈圓），蛋黃兩端有一繫帶固定蛋黃居中間位置。

一雞蛋重量，蛋殼占 10~12%、蛋黃 26~33%、蛋白占 45~60%，為方便計算通常計蛋殼：蛋黃、蛋白＝ 1：3：6，蛋殼鈍端氣孔數目多、通透性大，尖端氣孔較小，通透性小。新鮮的蛋表面有蛋白質與石灰所化合成的薄膜，無光澤、粗糙、不新鮮時，薄膜消失而生光澤，蛋殼下有兩層蛋殼膜與氣室，不新鮮的蛋由於水份蒸發，內容物收縮而氣室增大，可知新鮮的蛋，氣室小。蛋白濃度主要是黏蛋白 (mucin) 含量多寡而異，

黏蛋白含量多者黏度大、稠，反之則稀；蛋愈新鮮，濃厚蛋白占的比例愈多。蛋內含有溶菌酵素 (lysozyme) 可殺死微生物，增長貯存時間。蛋白不宜生吃，因生蛋白內含有抗生物素蛋白，會與腸內的生物素結合成不溶物，致生物素缺乏，若將蛋白加熱後即可防止上述情形。[註54]

三、蛋的選購

1. 通常，圓的蛋，蛋黃多、蛋白少；細長的蛋，蛋白多、蛋黃少。蛋小者，蛋黃比例大。
2. 蛋殼愈粗糙，愈新鮮。蛋殼破損者，可能已有細菌滋長，不宜購買。
3. 氣室愈小（小於 5 公釐），愈新鮮。
4. 蛋放入 4% 的鹽水中，會立即下沉、橫躺的是新鮮蛋。
5. 打開蛋殼，蛋黃愈呈圓球狀，愈新鮮。濃厚蛋白、稀薄蛋白分界明顯，且濃厚蛋白多者為新鮮。
6. 打開蛋時，若蛋黃膜液易破裂，表示蛋不太新鮮。
7. 新鮮的蛋 pH 值為 7.5~8.5，達 9.0 以上則不新鮮。
8. 盡量選擇有 CAS 優質蛋品標誌的蛋。選擇已徹底清除蛋殼上污物、細菌的洗選蛋。
9. 蛋殼的顏色與蛋本身的營養價值並沒有關係，所以只要是新鮮的，紅、白兩種顏色的均可選擇。
10. 烹調之前則必須將蛋的外殼清洗乾淨；打多個蛋時，必須一次打開一個在小碗中檢查，品質良好者再倒入大碗裡一起打，如果蛋黃已經散開，表示品質已經不好，必須丟棄。

（一）CAS 生鮮蛋品（洗選分級雞蛋）之特色

1. 大小均一且品質優良，CAS 生鮮蛋品驗證之洗選分級雞蛋依雞蛋重量大小分為 SS、S、M、L、LL 等 5 級，每級級距 6 克，每一盒產品之大小均一且品質優良。
2. 營養均衡風味美，CAS 生鮮蛋品（洗選分級雞蛋）含有之蛋白質、脂質、維生素及礦物質，為營養最為均衡之天然食品；且其為方便調理，可廣泛應用於食品工業及家庭烹調上。
3. 衛生安全有保障，CAS 蛋品之生產場（廠）其軟硬體設備與衛生管理均良好，且經專家評鑑合格，蛋品及生產場之飼料亦經中央畜產會檢驗合格，產品符合動物用藥標準與無病原菌才能使用 CAS 標章。

4. 兼顧新鮮與衛生，CAS 生鮮蛋品之包裝符合行政院衛生福利部訂定之「食品器具容器包裝衛生標準」，消費者不需於傳統蛋箱中挑選無雞糞污染者或破蛋，同時兼顧「新鮮」及「衛生」之消費訴求，可廣泛應用於食品工業及家庭烹調上。

（二）如何選購 CAS 生鮮蛋品（洗選分級雞蛋）

1. 選擇具有 CAS 優良食品標誌認證者。
2. 選擇包裝完整、無使用騎釘（應使用縫線及密封）。
3. 選擇標示明確者。產品之單一零售包裝上應清楚標示出品名、淨重、有效日期、保存條件、製造者名號、地址及電話。

四、蛋的貯存

1. CAS 生鮮蛋品（洗選分級雞蛋）保存方式：CAS 生鮮蛋品於 25℃ 以下可保存 14 天；惟仍建議消費者購買後立即貯放於冰箱冷藏，保存期限可達 4 週以上，保存時應將鈍端朝上。
2. 一般傳統的散裝蛋：
   (1) 放冷藏庫之前，一定要先徹底清洗、拭乾。
   (2) 一般新鮮的帶殼蛋，若夏天在冰箱貯存 7 天左右，冬天則可放一個月左右。
   (3) 蛋殼很怕潮濕，所以不能悶放在不透氣的塑膠盒中以免受潮發霉。
   (4) 蛋擺放時，須將較圓的一頭向上（鈍端），較尖的一頭向下。
   (5) 蛋的冰點是 -2.2℃，若冰箱溫度低於此溫度時，蛋殼可能就會破裂，使蛋遭受污染。
   (6) 蛋去殼之後，最好馬上煮食，就算放冰箱，也不宜超過 4 小時。
   (7) 水煮蛋、茶葉蛋等煮熟的蛋，如果沒有馬上吃完，可存放於冷藏庫約 10 天左右。

五、蛋的烹調特性

（一）蛋的加熱凝固

　　將雞蛋洗淨，放入鍋中，加入冷水同煮，因蛋白的蛋白質受熱凝結變性，先變成膠體狀再慢慢凝固。煮蛋時從外圍的蛋白先行受熱，58~60℃ 蛋白呈現白濁，62~65℃ 蛋白的流動性消失，為很軟的膠體狀（會晃動），70°C 開始凝固，80~90°C 以上完全凝固成

硬狀；內側的蛋黃於 65°C 時開始膠體化，70°C 流動性消失，80°C 開始凝固。可知蛋白 70°C 開始凝固，蛋黃 80°C 才開始。經過試驗，蛋泡於 68~70°C 的熱水中 20 分鐘可得蛋白、蛋黃均半熟的蛋，是最易於人體消化的。

1. 白煮蛋、蛋花、蒸蛋：

   (1) 白煮蛋：雞蛋洗乾淨，連同冷水、食鹽（或醋）加入，開始加熱。煮白煮蛋時，由外側慢慢傳熱至蛋黃部分，在 100°C 的沸水中需約 12 分鐘即可得蛋白、蛋黃均凝固，且蛋黃表面無墨綠色的漂亮白煮蛋。若要剝殼剝的漂亮，需將剛煮好的白煮蛋快速沖冷水，趁著蛋殼內有內外溫差時，快速敲裂蛋殼，剝殼即可。切勿浸泡至蛋殼內外溫度無差，此時剝出的蛋必會坑坑巴巴了。加鹽或加醋的目的為水對流時會帶動蛋，造成蛋彼此碰撞、可能出現裂痕未凝固的蛋白流出，鹽或醋可使剛流出的蛋白液立即凝固，不會流得整鍋都是蛋白。或以電鍋烹煮，將洗淨蛋殼之整顆蛋放入內鍋，外鍋倒水，待開關跳起即熟，外鍋所加水量隨烹煮之蛋的數量增加而增加，例：四顆蛋加 1/5 杯水。

   (2) 蛋花：煮蛋花湯，打蛋花時宜液面沸騰（勿大滾），倒入蛋花可即刻凝固，火候大滾易使蛋花太硬；煮濃湯欲使蛋花細碎、均勻分布於湯中，應於勾芡後為之，待液面停止沸騰（關火），將蛋液以線狀加入同時快速攪拌即可，因為該溫度足以使蛋液熟。

   (3) 蒸蛋：蛋加熱的凝固速度隨溫度的上升而急遽增加，且溫度愈高、加熱時間愈長，蛋白質的凝固強度愈強、愈硬。生活中常見蒸蛋蒸出有蜂窩狀孔洞、質地粗糙之情形，乃因蛋的凝固溫度為 80°C，若加熱溫度過高，火候過大，蛋液沸騰劇烈，其蛋白質鎖鍊狀裡的水份氣化，就留有孔洞；使用小火時就可避免此情況。

2. 添加物對蛋凝固的影響[註55]：除了白煮蛋無法在蛋本身加任何添加物之外，其他的蛋類烹煮或多或少都有加一些添加物，他們對蛋品的凝固可產生之影響如下：

   (1) 水份：蒸蛋時會添加液體材料（水、高湯），通常為蛋：水＝1：2（容量比），液體材料愈多，成品愈稀軟、愈不易凝固，若欲其凝固，所需的時間要更長且溫度要更高。日式蒸蛋成品較嫩，其蛋：水＝1：3（容量比）。

   (2) 鹽類：添加無機類，如氯化鈉 $(NaCl)$、鈣離子 (Ca^{2+})、鎂離子 (Mg^{2+}) 會與蛋形成鹽類，促進蛋白質的凝固。如白煮蛋加入食鹽，使流出的蛋白液凝固。蒸蛋時，加入食鹽可降低凝固溫度，促進稀釋過的蛋水液凝固。蒸蛋時，添加二價

的鹽類如鈣離子（牛奶）增加軟度，使成品較軟；添加一價的鹽類如鈉離子（氯化鈉），成品較硬。

(3) 牛奶：添加牛奶除了鈣離子可增加軟度外，其中的酪蛋白 (casein) 與鈣離子會結合成鹽類，促進凝固。常見烤布丁或蒸蛋於蛋液中加水，成品會有多餘水份析出，加牛奶則無此現象。

(4) 糖：糖加入蛋液中，會使蛋白質的凝固溫度上升，糖量添加愈多，凝固溫度愈高，且會抑制蛋白質變性，使成品軟而有彈性。

(5) 酸、鹼：蛋在 pH 值 4.6~4.8 時，蛋白質變性最快。一般新鮮的蛋 pH 值為 7.6，加酸使到達蛋白質的等電點 pH4.7 時，在 60°C 左右便能凝固。若繼續加酸使 pH 值下降至 4.3~4.4，需 80°C 蛋白才能凝固；若 pH 值降至 4.0 以下，即使加熱也不凝固。製作蛋黃醬時，添加醋或檸檬汁可使其變軟。加鹼，通常應用於製作泡漬皮蛋，若是蒸蛋添加鹼，加熱是不會凝固的，不過這樣做沒有意義。

3. 煮蛋的顏色變化：蛋加熱過久，其中所含硫胺酸於 70°C 以上會分解成硫化氫 (H_2S)，其與蛋黃中的鐵在蛋黃表面生成硫化鐵 (FeS)，硫化鐵 (FeS) 與胡蘿蔔素混合而成暗綠色，受下列因素的影響：

(1) 加熱時間愈長、溫度愈高，愈易生成。

(2) 受蛋新鮮度影響 (pH)：不新鮮的蛋比新鮮的蛋更易生成墨綠色，即使加熱溫度不高亦會如此。

(3) 蛋白、蛋黃中均含有硫，比例差不多；蛋黃含的鐵質則為蛋白的 63 倍，所以變色易在蛋黃表面生成。

（二）起泡性

利用蛋白的起泡性，可將蛋白打發製作蛋糕或作為中式菜餚高麗炸的裹衣等。蛋白的起泡力是蛋黃的 4 倍，攪拌蛋白時，藉由球蛋白表面張力的降低，使空氣快速拌入，形成細小的泡沫，另由於黏蛋白的因素，攪拌時使泡沫表面變性，可固化薄膜，以保留打入的空氣。攪拌蛋白分為四個階段：

1. 第一階段：起始擴展期，即一般打勻的蛋液，有粗大泡沫，氣泡呈不均勻分布。

2. 第二階段：濕性發泡期，氣泡體積變小、數量增多，為濕潤的泡沫半流體。若不繼續攪打，又會恢復成液狀，泡沫穩定性不佳。

3. 第三階段：乾性發泡期，泡沫十分細小、具有光澤，為一不流動的泡沫體，看不出顆粒，總體積為最大（約為液體的 5~6 倍），挑起泡沫，尖端形狀不會晃動，倒置亦不彎曲。

4. 第四階段：棉絮期，拌打過度，蛋白失去彈性，成為乾燥、無光澤的棉絮塊狀，且有水份析出，無利用價值。攪拌時應注意：

   (1) 以中速攪拌蛋白。

   (2) 蛋白要新鮮，可添加塔塔粉、檸檬汁、鹽、白醋，增加蛋白的安定性及硬度；檸檬酸的用量是塔塔粉 (0.5%) 的 1/4，新鮮檸檬汁用量為配方中麵粉的 3~4%、白醋則為配方中麵粉的 2~3%。

   (3) 蛋白溫度介於 17~22°C 最佳。溫度高易起泡、但泡沫不穩定。夏天時，可將蛋先行冷藏降溫，冬天則需以溫水浸泡。

   (4) 加糖的時機：應於濕性發泡時才加入。太早加入會抑制泡沫體積形成，加糖可增加泡沫的光澤及穩定性。

   (5) 攪拌缸、攪拌器勿沾有油脂、水份，會阻礙起泡。

（三）乳化性

蛋黃含有磷脂成分是一種天然的乳化劑。油、水原本互不相溶，若加上機械力使之相溶成為乳濁液，並添加乳化劑即可使油、水長期保持乳濁狀。蛋黃的乳化力是蛋白的 4 倍。蛋黃的乳化應用於食品上，如蛋黃醬的製作（範例 5-1）。

 **範例 5-1**

蛋黃醬的製作

1. 蛋黃愈新鮮，乳化力愈強；一顆蛋黃、一杯油的比例、同時調味料如鹽、糖、胡椒等；製作時蛋黃和油先攪打至起乳化作用，才添加醋，醋會降低黏稠度。或可油、醋交互加入攪拌，再加入蛋黃攪打至乳濁液。若蛋黃與醋先攪打，再加油攪打成乳濁液，此種蛋黃醬油粒子較粗。

2. 添加的油需在低溫時不會凍結，如沙拉油、棉子油。

3. 添加的醋以濃度高者為佳，亦可以檸檬汁為之。醋可調整蛋黃醬的軟硬度。

4. 添加食鹽可使乳濁液安定，且可防腐。

5. 添加胡椒等香辛料，可調味同時兼具防腐與增加蛋黃乳化力的功能作用。

6. 蛋黃醬的貯存：因其含有醋、多量的油、水份少，貯存期限可於冷藏庫放置 3 個月。

5-11 奶類及西點

一、奶品的種類及選購

（一）奶品的種類

奶品的種類繁多，是鈣質的最佳來源，為人體不可缺少的食品，為了長期貯存與便利使用，其有各種不同性質及型態的產品，液體狀態、性質不同、濃度不同者有新鮮牛奶、酸化牛奶、濃縮牛奶等，固體狀態的有全脂奶粉和脫脂奶粉、乳酪等。

1. 鮮乳：生乳（直接由乳牛擠出未經處理的乳汁）經殺菌消毒、裝瓶後供飲用的全乳。

2. 調味乳：以 50% 以上的生乳或鮮乳為主要原料，再添加調味料後加工而製成者，如果汁調味乳、巧克力調味乳等，營養價值較鮮乳低，但因其具有特殊香味、甜味與色澤，深為兒童所喜愛。

3. 濃縮牛奶：

   (1) 煉乳：鮮乳加入砂糖，加熱蒸發濃縮至原體積的 1/3~1/2.5 的乳製品。其含糖量高達 40% 以上，較易保存；因含糖量高不利消化且亦使腸胃產生醱酵現象，引起腹瀉，通常作為製作點心的材料。

   (2) 蒸發奶水：將鮮奶蒸發濃縮成為原有體積的一半，不加糖，裝入罐頭殺菌稱為蒸發奶水。此種奶於製造過程煮的時間較久，飲用後蛋白質在胃內變成較小而質軟的奶塊，易於消化，惟開罐後需冷藏。例如三花奶水。

4. 奶粉：將鮮奶去掉 95~98% 的水份而成為粉狀者稱為奶粉。奶粉裝罐後易貯存，不須冷藏，分為全脂、脫脂及調製三種。

   (1) 全脂奶粉：全脂鮮奶只除去水份，奶粉內所含奶油不低於 26%，水份低於 4% 者。

   (2) 脫脂奶粉：全脂鮮奶脫去奶油及水份而成的粉狀奶粉，奶油含量低於 1.5%，水份含量低於 5%。脫脂奶粉不但使用方便且較經濟，可廣泛使用於烹調及西點飲料等。

(3) 調製奶粉：由於牛奶和人奶的差異，在奶粉中添加維生素、鐵等經均質化使之近似人奶的成分，適於 3 個月內的嬰兒食用，是為調製奶粉。

5. 酸乳：以鮮奶或脫脂奶為原料在 80~85°C 加熱殺菌然後均質化，待冷卻至適當溫度後加入某種微生物（如乳酸菌），使乳糖產生乳酸，加入糖及香料，裝瓶殺菌而製成。如養樂多、可爾必思等。此種奶製品在人體胃內凝乳塊體積小，故容易消化。

6. 乳酪 (cheese)：將牛奶加酸或凝乳劑使牛奶中的酪蛋白沉澱，經加熱、加壓、調味後而製得，有生乳酪、熟乳酪、加工乳酪等。

7. 鮮奶油 (cream)：牛奶經離心作用，所得的上層富含脂肪的乳油，即為動物性鮮奶油，至少含 10% 的脂肪含量。低脂鮮奶油（含脂肪 10.5~18%）亦名為奶精，常用於咖啡、紅茶等飲料中；起泡鮮奶油（含脂肪 30% 以上），用來作為蛋糕或西點的霜飾；更高脂肪含量的鮮奶油，起泡性更佳，減少打發時間，打成的奶油較硬，泡沫維持較久。若含 70% 脂肪含量的鮮奶油則可應用於製作冰淇淋。

8. 奶油 (butter)：牛奶以離心機離心後，取出脂肪（至少 80%）經水洗、加鹽、擠壓即成為奶油。

（二）奶製品的選購與貯存

鮮奶油、鮮奶應於有冷藏設備的場所購買，注意保存期限。罐頭奶粉開封後應於 1 個月內食用完畢。鮮奶易吸收味道，放於冷藏庫時務必加蓋密封，或選購有小圓螺旋蓋者。

二、牛奶的營養與烹調注意事項

（一）牛奶的營養成分

牛奶的營養成分依季節、所食飼料、品種等因素之不同而有差異，以下分項說明之：

1. 水份：約 88%。

2. 蛋白質：約占 3.5%，屬完全蛋白質。牛奶之蛋白質主要分為兩類：一為酪蛋白、另一為乳清蛋白。其中 80% 為酪蛋白，酪蛋白為一群含磷蛋白質，又名磷蛋白，當牛奶之 pH 值降至 4.6 時，於 20°C 下，酪蛋白會有凝結、沉澱現象，此可利用於乳品

加工；將牛奶的酪蛋白除去，剩下的大多數是為乳清蛋白，當加熱至 60°C 以上，乳清蛋白會變性、而產生凝結現象。

3. 脂肪：約 3.0~3.8%。量的高低隨季節、品種、泌乳期、營養狀態等而改變，夏天的乳脂肪含量以 5~7 月最低。

4. 醣類：約 4.9%。除少量葡萄糖外，其餘均為乳糖，乳糖甜度低，在腸道能使酸性細菌生長，更可增加鈣、磷的吸收。乳糖有 α 型與 β 型，當兩者等量時對人體沒有影響（例如人奶中乳糖的比例），若 α 型多於 β 型時，則易有下痢現象。β 型的乳糖較適合製造煉奶，因此煉奶中含有較多的 β 型乳糖，同時煉奶中亦加有多量的糖，因此煉奶不適合嬰兒食用。

5. 礦物質：約含 0.7%。鈣、磷含量極豐。牛奶中的礦物質除了增加營養外，亦可保護安定牛奶由於受熱所引起的變化。如鈣及鎂鹽是兩種引起牛奶蛋白質的凝結，因此假如牛奶內所含的鈣太多，可加入磷酸鈉及檸檬酸，使結合成鎂及鈣的檸檬酸鹽或磷酸鹽，而保持牛奶礦物質的平衡。

6. 維生素：牛奶是維生素 A、B_2 及菸鹼酸的最佳來源，但缺乏維生素 C、D。

7. 酵素：牛奶中含有多種酵素，如脂解酶、磷酸酶、乳過氧化酶等，其中磷酸酶可作為巴氏殺菌是否適當的指標，脂解酶則是未加熱完全之牛乳製品產生油脂酸敗的主因。

（二）牛奶烹調應注意的事項

加熱會導致牛奶的不安定，最常見的問題即是蛋白質變性：

1. 奶皮形成：當牛奶加熱至 40°C 以上，表面會形成薄膜的奶皮，當加熱溫度愈高，牛奶中的酪蛋白與鈣作用及表面水份蒸發速度加快，而促進此現象發生。奶皮形成，可以筷子挑走，但只要持續加熱，仍會繼續形成。惟有一邊加熱一邊攪拌，盡量將加熱溫度低於 120°C 以下，或加鍋蓋、鋁箔以減少水份蒸發防止其形成。

2. 烹調牛奶要用乾淨的鍋，最好是搪瓷、陶器或玻璃，以防金屬離子產生化學變化生成有毒物質。

3. 牛奶加熱最好使用間接加熱法（水浴法），若採直接加熱法宜用厚鍋子、小火且加熱時間要短並給予攪拌，忌燒焦；因加熱時間愈久、加熱溫度愈高，焦味愈重。而直接加熱易有奶膜形成，造成蛋白質與鈣的流失。

4. 遇牛奶與其他物質一起烹煮時，通常是將牛奶倒入或加入其他食物。例如：製作番茄濃湯，為防止加酸而凝固，應先行勾芡後，徐徐倒入牛奶，再行煮開，加入番茄。

三、西點的種類

　　凡使用麵粉、蛋、糖、油脂等主要材料所製作的產品，均屬西點。狹義的西點產品種類指派、比薩、鬆餅、奶油空心餅、小西餅、甜甜圈等。廣義的西點產品除上述產品種類之外尚包括蛋糕、麵包、餅乾等，製作西點常用的材料如下：

（一）主材料

1. 麵粉（見本章第四節）。
2. 蛋：製作各式產品的材料均需要選用新鮮者，尤其是製作蛋糕類產品。一般每個蛋之蛋殼：蛋白：蛋黃重量比約 = 1：6：3，個人可依需要換算應購買之個數。蛋在製作西點的應用上，可分為：
   (1) 全蛋：指蛋白與蛋黃（不含蛋殼），海綿類蛋糕用之。
   (2) 蛋白：指全蛋去除蛋黃，製作天使蛋糕或蛋白霜飾用之，新鮮的蛋白較易打發，最適宜的蛋白打發溫度是 17~22°C。
   (3) 蛋黃：常與全蛋一起用於製作海綿類蛋糕，或者刷上蛋黃液以增加產品表面光澤用。
   (4) 蛋水：指全蛋加等重之水攪勻。
   (5) 蛋液：指全蛋攪勻。
   (6) 蛋黃液：指純蛋黃攪勻。
3. 糖：一般西點產品多多少少均會添加糖，糖顆粒的大小對小西餅影響頗大，顆粒大可增加小西餅的擴展面積，若完全使用液體糖漿則會使產品體積太小。
   (1) 糖對西點產品的功能：包括產生甜味、增加色澤、保持產品的水份、延緩老化等。
   (2) 常用於西點的糖類：細砂糖、糖粉、蜂蜜、轉化糖漿等；最常用的是細砂糖。
   (3) 用糖注意事項：使用糖粉須先行過篩，因其易吸濕結塊；蜂蜜、轉化糖漿的使用只能取代部分的糖量，不可完全使用蜂蜜、轉化糖漿來製作產品。
4. 油脂：西點常用的油脂種類如下：
   (1) 雪白油：又名白油、氫化油，不含水份、鹽分。

(2) 酥油：雪白油添加黃色素、香料配製而成的。

(3) 奶油：分為含水、含鹽與不含水者，選用時應自配方中扣除奶油中所含的水份、鹽分，才是實際應加入的量。

(4) 瑪琪琳：又名植物奶油，含水 17%、鹽 3% 左右，常作為奶油代替品。

(5) 起酥瑪琪琳、片狀裹入油：常用於製作具層次的產品，如丹麥麵包、起酥麵包、蝴蝶酥、拿破崙鬆餅等。

(6) 豬油：油性最佳的油脂，常用於製作中式點心。

(7) 液體油：常用者為沙拉油，加入戚風類 (chiffon) 蛋糕製作；另有花生油、芝麻油等風味重之油脂，常用於港式月餅皮、台式喜餅皮。

5. 牛奶：

(1) 鮮奶：可分全脂、低脂、脫脂，可直接取代水份使用，惟成本較高。

(2) 蒸發奶：如三花奶水，直接加上 50% 水調勻，即可使用。

(3) 脫脂奶粉：最常添加於西點產品之奶製品，通常以奶粉：水＝ 1：9 的比例調成奶水使用之，最為經濟。

(4) 鮮奶油：通常作為霜飾使用。市面上可購得盒裝之動物性鮮奶油（如鮮奶之包裝，有 236 c.c.、960 c.c. 等），加上鮮奶油重量 8%（可依個人對甜度的喜好酌予增減）的細砂糖以網狀拌打器拌打即可使用，植物性的鮮奶油通常已有甜味，可直接攪拌。需注意者：鮮奶油需置於 0~5°C 之冷藏庫保存之，否則有溶化之虞。另有販賣現成之罐裝品，使用時只需擠出即可。

（二）副材料

1. 化學膨大劑：

(1) 酵母：可分為乾酵母、新鮮酵母、快速酵母粉三類。用於麵包、中式醱麵食品。此三者的用量比例是乾酵母：新鮮酵母：快速酵母粉＝ 2：3：1。

    A. 乾酵母：圓球狀，使用前需泡溫水 (37~42°C) 使其恢復活性，再加入配方材料中攪拌。存放於室溫中。

    B. 新鮮酵母：長方體磚塊狀，一磅裝，可直接加入配方材料中攪拌。需冷藏。

    C. 快速酵母粉：針尖狀，很細小。通常為真空包裝。亦可直接加入配方材料中攪拌、需冷藏。

(2) 醱粉：用於蛋糕、小西餅中。雙重反應者，用於蛋糕；快性反應者，用於小西餅。

A. 小蘇打：遇配方中有使用可可粉、巧克力或其他酸性鹽類之添加材料時，使用之。

B. 阿摩尼亞：有碳酸銨、碳酸氫銨兩種，受熱均分解為阿摩尼亞、二氧化碳、水，膨大作用比醱粉、小蘇打佳，惟配方中水份含量多時，會破壞產品風味。常用於水份含量少的小西餅製作中。

2. 塔塔粉：拌打蛋白時所添加之酸性鹽，可降低蛋之 pH 值，保持蛋白的新鮮度。

3. 乳化劑：若配方中有油脂，通常會添加乳化劑，以防止攪拌過程的油水分離現象。

4. 改良劑：製作麵包時添加，可當酵母養分促進醱酵及增加烤焙彈性。

5. 裝飾及香味材料：巧克力有米狀、塊狀、片狀等，顏色有白色、黃色、綠色、褐色等。香料如肉桂、薑母、丁香等。香精如香草精、檸檬精、橘子精等。其他尚有椰子粉、杏仁膏等材料可供使用。惟香料、香精能不用就不用，用量適當即可，否則過量易破壞產品風味，適得其反。

（三）膠凍材料

　　一般常用的膠凍原料有洋菜（agar，又名凍瓊脂）、植物膠（俗名吉利 T）、動物膠（俗名吉利丁）。洋菜是一種海藻膠，市售的洋菜種類有粉末狀、條狀，約一兩一個包裝；購買條狀洋菜時，宜選擇乾燥、富光澤、透明度高、顏色潔白者，可以手緊握一下後放鬆，彈性大者為佳，且附著物或殘渣愈少愈好。植物膠是由海藻提煉出來的膠狀物質，為白色極細顆粒狀。動物膠又名明膠，是由動物的皮骨筋等提煉出來的乾燥物，市售有粉末狀及片狀兩種。其腥味較重、顏色稍黃，以粉末狀較方便使用。洋菜、植物膠、動物膠的特性有極大的不同，在選用時應小心，以避免失敗。茲將三者的特性差異比較如下：[註56]

1. 特性差異：

(1) 洋菜：是植物性，不溶於冷水，但洗淨後泡水會膨脹且飽含水份，溶於熱水，當溫度降低即成膠體；食用後可增加糞便實體，助排便，且不含熱量可作為減重食品。

(2) 植物膠：是植物性，不溶於冷水，溶於熱水，溶液降溫後即可凝固。

(3) 動物膠：是一種蛋白質，溫度過高會使蛋白質變性，失去凝固力。

2. 使用量：

(1) 洋菜：以熱水煮溶，洋菜：水重量比＝ 1：100~150，洋菜愈多膠體愈脆硬。

(2) 植物膠：以熱水煮溶，植物膠：水重量比（依包裝上用量而定），植物膠愈多膠體愈 Q 軟。

  (3) 動物膠：以冷開水泡之（水量要夠，至少為動物膠的 5 倍），待其他材料混合加熱均勻後，再行拌入。動物膠：水重量比＝ 1：40，動物膠愈多凝固愈快，但量過多，則成品變韌如橡皮狀。

3. 使用方法：

  (1) 洋菜、植物膠泡冷水的時間愈久，愈易溶化；加熱時間愈久，溫度降低後愈易凝固。

  (2) 動物膠不可以熱水煮之，否則無法凝固。

4. 添加材料的影響：

  (1) 糖：洋菜、植物膠與之共煮，可增加凝固強度；糖加愈多，透明度愈好；動物膠溶液加糖，會降低膠體硬度，因此需增加動物膠用量。

  (2) 添加果汁、水果、醋等酸性材料：洋菜或植物膠溶液會無法凝固，須待洋菜充分煮沸溶解，膠體稍冷卻時，再加入酸性材料，且最好使用水煮過或罐頭水果。果汁、水果等酸性材料會降低動物膠溶液硬度，故最好亦使用水煮過或罐頭水果，或者需增加動物膠用量，因為像生鳳梨、生木瓜均含有蛋白質分解酵素，會阻礙膠化作用。

5. 凝固時間：洋菜或植物膠溶液只要溫度降低，即可形成膠體；動物膠溶液則需溫度降低後，置入冷藏庫內始能成為膠體，若從冷藏庫取出置室溫下未食用，則動物膠溶液又會恢復液體狀態。

6. 成品比較：洋菜果凍放置一天即會有水份析出，口感脆；植物膠果凍軟嫩有彈性無離水現象；動物膠果凍口感柔軟有彈性，常溫下不易出水。

5-12 調味品

  調味品在菜餚製作上雖非主角，但少了它可就缺了味道，它能增強或改變食物的色、香、味，促進食慾，只要適量使用即能增加菜餚的美味。依常用者介紹：[註57]

1. 食鹽（氯化鈉，NaCl）：
   (1) 為最普通的鹹味調味品，有低鈉鹽、細鹽、粗鹽之分；低鈉鹽是將原本 100% 的鈉替代成 50% 的鉀與 50% 的鈉，細鹽與低鈉鹽多用於烹調，粗鹽多用於醃漬食品。
   (2) 鹽具有調味功能，用量約為菜量 1%，並可用於醃漬蔬菜時防腐。

2. 味精（麩胺酸鈉，monosodium glutamate, MSG）：
   (1) 味精與食鹽同是鈉鹽，其麩胺酸成分可增添鮮甜味，但加熱過久易生苦味，因此煮湯或烹調時間稍長的菜餚宜起鍋前才加入味精調味。
   (2) 用量約為菜餚量的 0.1~0.3%，味精應選購顏色越潔白光亮者，其純度愈高。可利用錫箔紙，把少量味精置其上，點燃火柴在錫箔紙下燃燒，若固體味精能完全溶解為液體，就是純味精；若無法完全溶解，留有顆粒者，即是摻有雜質。

3. 酒：酒常用於去腥味，尤其是海鮮、魚貝類，豬、雞、牛等亦常使用酒去肉腥味，更可提出主材料的香味。炒綠色蔬菜時，也會使用酒以縮短熟製的時間保持蔬菜的青翠色澤與脆感。常用的種類有米酒、稻香米酒、紹興酒、高粱酒等。

4. 醬油：
   (1) 醬油與食鹽同樣具有鹹味，並可調節菜餚色澤，有特殊香味。可分純釀造醬油、蔭油化學醬油。純釀造醬油是利用黃豆和小麥加入種麴，經醱酵而成的不透明液體。蔭油是利用黑豆為原料，可得副產品豆豉。化學醬油以鹽酸分解黃豆蛋白質所做成的速成醬油。
   (2) 醬油的香味是因各種胺基酸、酒精、糖分及酯類混合形成的。廣東人稱淡色醬油為生抽，深色醬油為老抽。另市面上有醬油膏是因加入糯米澱粉才顯得濃稠，淡味醬油則是鹽分含量減半，又名薄鹽醬油。
   (3) 添加醬油烹煮菜餚的時間不要過久，因醬油本身的特殊香氣—酒精，會隨加熱時間的增長而遞減，可將食物烹煮至半熟或近全熟，再加入醬油同煮一小段時間，保持香氣；或於烹調末段加入少許酒，以補足醬油的香醇味道。

5. 醋 (vinegar)：食用醋的酸味可刺激味覺、可增進食慾、增加食品風味，並能去腥、中和菜餚中所有調味品的香味。有白醋、烏醋、糯米醋、化學合成醋、果汁醋等，香味以釀造醋較佳，食醋約含 3~6% 的醋酸，香氣成分由醋酸、乙醛、戊醇、丁醇等形成，美味成分來自於葡萄糖酸、琥珀酸等有機酸。

6. 糖：
   (1) 主要增加菜餚的甜味、中和酸味、增加色澤（焦化作用）、防止食物腐敗（降低食物水溶性，醃漬食物）。
   (2) 市面上販賣有細砂糖（白色）、二砂（褐色）、冰糖，另有蜂蜜、麥芽糖、糖粉、黑糖等，冰糖添加於滷汁中，可增加食物光澤度效果優於其他糖類，黑糖多用於中式甜品（如薑湯），蜂蜜、麥芽糖的保濕度良好，可使產品柔軟，糖粉則是將細砂糖磨成粉末再添加 4% 的玉米澱粉防結塊。

7. 芡粉：芡粉是利用太白粉、玉米粉、麵粉、番薯粉等粉類加少許水調勻，倒入有汁液的菜餚中一起加熱調成濃稠狀的原料。目的是增加食物的嫩滑性，如肉片、肉絲添加芡粉。使用的芡粉以玉米粉較佳，湯品放涼後不會有離水現象，且透明度佳。

8. 蠔油：原料是煮牡蠣製造牡蠣干的濃縮汁液製成的醬，深褐色、鮮鹹味，可蓋去食材的腥味增添香味。

9. 嫩精：含蛋白質分解酵素，可使肉組織柔嫩，多由青木瓜、鳳梨、無花果提煉出。

10. 醬：種類繁多，如豆瓣醬、辣豆瓣醬、甜麵醬、芝麻醬、辣椒醬、甜辣醬、沙茶醬、番茄醬、蝦醬、海鮮醬、XO 醬、芥末醬、花生醬等，不同的醬料味道各異，依菜餚的需求添加製作，惟醬料大多已有鹹味，鹽量應少加或不加。芥末醬若不辣時，可加細砂糖攪拌，重現辣味。

11. 味噌：以黃豆為原料的釀酵品，分為豆味噌、米味噌（米、黃豆）、麥味噌（小麥麵粉、黃豆），味道鮮美、富含蛋白質，味噌使用時宜先以水調開，其所含特殊風味乃因：
    (1) 甜味來自於糖化作用（糖化酵素作用）。
    (2) 酸味、香味來自於酒精醱酵作用（酵母的作用）。
    (3) 有機酸來自於酸醱酵作用（細菌的作用）。
    (4) 酯味、鹹味來自於蛋白質分解作用（食鹽作用）。

12. 豆豉：黑豆製成，為製作醬油的副產物，有乾、濕之分，乾豆豉使用前需泡水減去些許鹹味。

13. 麻油：有黑、白芝麻兩種原料，白芝麻榨成白麻油，即平日所稱香油；黑芝麻榨成的稱為黑麻油，又名胡麻油。白麻油多用於涼拌，黑麻油多使用於熱炒，如麻油雞的製作。

14. 香辛料：

 (1) 主要是由植物的種子、果實、花、葉、根、樹皮等部分抽取，有蔥、薑、蒜、辣椒、乾辣椒、芫荽、胡椒、八角（大茴香）、花椒、芥末、肉桂（桂皮）、甘草、陳皮、五香粉、咖哩粉等。

 (2) 薑含薑油、薑辛素、薑糖，薑辛素、薑糖是使其具香辛味的因素。五香是用桂皮、茴香、甘草、丁香、八角混合製成的，香氣濃郁，可去腥羶味。咖哩粉具特殊的辛辣味，現在市面上販售有甜味的咖哩，咖哩粉使用時需以油炒才能顯出其香味。辣椒可分青、紅兩色，紅色為成熟的顏色，含 capsicun 成分，具強烈辛辣味，可製成辣椒醬、辣油，替代辣味材料；曬乾可成乾辣椒，若要發揮充分的辣味，乾辣椒與新鮮辣椒均需以油炒過，才能顯出辣味。

5-13 團體膳食常用的烹調法及操作方式

　　大量製備不似小量製備，設備、食物份量、工作量、操作時間等均會增加；設備如蒸鍋、炒鍋、湯鍋等均為大容量，食物份量增多相對地工作量與操作時間均增加（不一定是成倍數增加），全部的炒菜份量並非一次均能同時下鍋炒熟，蒸籠、湯鍋倒是可一次同時蒸熟、煮熟完成，完成的熟品應考慮是否容易配膳，避免配膳速度太慢（如豬排一片比洋蔥牛柳容易配膳；菜單名為洋蔥牛柳，配膳時應注意洋蔥與牛柳兩者的重量分配，整道菜不可看起來牛柳兩三條、一大堆洋蔥）或導致消費者抗議食品份量與菜名不符。因此需從食物材料的前處理（清洗、切割、醃拌）、熟製過程等使菜餚切割形狀一致、容易熟製、成品色澤口感佳、配膳快速等方面檢視各類食物在團體膳食較常使用的烹調法及操作方式。

一、蔬菜類

（一）蔬菜的炒製過程

◎前處理

1. 大量製備採用大型中式炒鍋（常見直徑 29 吋以上）、大型炒鏟。清洗完成時將莖、葉二部分分開。

◎製　備

1. 100 人份的量無法一次炒完成，需分 2~3 次。綠色蔬菜如青江菜炒製時，若有莖、葉不同厚薄二部分，可先將莖的部分分次調味、炒熟盛起，再炒葉的部分，亦是調味、炒熟盛起（莖、葉分開盛裝，盡量平鋪瀝除菜汁、避免燜黃），於配膳時依供應量秤取莖、葉個別重量放置同一餐盒格內。

2. 或可先分莖、葉二部分，各分四次炒製的量，第一次先下油、調味、下第一部分的莖，炒至五分熟，下第一部分的葉翻拌、加 2 杯熱水炒至熟起鍋，盛於同一盤盡量平鋪（最好是上層有孔洞、下層具高度的不鏽鋼平盤），瀝除菜汁（因熱氣會使綠色蔬菜燜黃）；再續炒第二、三、四部分，配膳時每一盤有莖有葉的青江菜可分 25 人份，控制份量分配的正確性。

（二）烹製綠色蔬菜應注意的事項

1. 清洗時即考慮分幾次炒製、莖葉是否分開等，直接以容器分裝且容器數量需足夠，減少重複工作的情形。

2. 熱鍋冷油後，先下鹽巴、爆香辛料，再下厚莖部分，不易炒熟時可加熱水助其縮短烹調時間（冷水會延長烹調時間、或使炒菜變成煮菜，不宜）或加米酒。

3. 葉片較薄、莖較少的綠色蔬菜如 A 菜、空心菜，可直接分次炒熟。

4. 炒熟後以平盤容器盛裝，瀝乾菜汁。可依機構設備大小估計每一次炒製的菜餚供應幾人份、可用幾個平盤盛裝，工作人員可依平日習慣瞭解製作份量是否足夠，有時配膳時才發現份量不足，原來是尚有青菜置於冷藏庫忘記拿出來製備。

5. 烹調前，需先準備好盛裝容器至於炒爐旁之工作台，使炒好的青菜立即起鍋，避免起鍋前才臨時找容器，導致青菜變黃或過熟。

6. 以餐盒盛裝方式供應的餐食，忌諱湯湯水水，最好保持乾淨清爽。

（三）川燙綠色蔬菜應注意的事項

團體膳食半葷素的菜餚，不一定是直接炒熟的，會經過初熟的步驟，如西洋芹炒花枝，西洋芹菜、花枝清洗、切割完成後，煮滾大量水（水量至少為每次所下川燙蔬菜量的 6 倍），川燙綠色蔬菜前，鍋內先下鹽巴（加水量 ×1% ＝鹽量，可嚐出鹹味即可），水大滾時，下一定份量的西洋芹菜（火候仍是大火），蔬菜稍稍變色，撈起一段以手折之，有硬脆狀即撈起（若講求光澤度可起鍋前淋沙拉油使亮），約 15 秒的時間（與川

燙的水量、溫度有關，水量愈多、溫度愈高愈快熟），切勿川燙過久，若至蔬菜折之軟軟的程度，口感必不佳；蔬菜分幾次川燙時，需確認每一次的水量夠多且是沸騰狀態才可下鍋，鹽巴則每次蔬菜下鍋前嚐得出鹹味即可，若不足再加。

1. 川燙食物材料使用同一鍋水的原則：食材本身味道淡的先川燙，本身味道重的後川燙；若是有綠色蔬菜如芥菜、白色蔬菜如白花椰菜、豆芽菜，使用同一鍋水，則需先川燙綠色蔬菜（鍋中加鹽巴）、再行川燙白色蔬菜（鍋中加白醋），切不可顛倒；若先川燙白色蔬菜，鍋中已加了白醋，會使得後來川燙的綠色蔬菜變黃，需特別留意。川燙完成的蔬菜食材若是要涼拌，如豆芽菜、四季豆，應立即泡冰水（冷開水加冰塊）使脆，若冰水溫度升高應更換，使蔬菜食材冰鎮著。

2. 同一道菜兩種川燙完成的材料，應盡速於 30 分鐘內拌炒在一起，若材料放置太久都已涼了，大量製備拌炒的動作很快，僅對整道菜作爆香及調味的動作，會使得菜餚仍是涼的。有時一道菜如西洋芹炒牛柳，兩種材料牛柳甚早過油、西洋芹川燙後即與牛柳拌炒，成品則會發生西洋芹是熱的、牛柳是涼的現象，不宜。

（四）烹製白色、黃色蔬菜應注意的事項

1. 如炒豆芽菜、洋蔥、山東大白菜，熱鍋冷油後，下菜隨即加白醋（以不影響菜餚味道為原則）可保持白色、黃色蔬菜的色澤，避免加熱過久而變褐色。

2. 花椰菜不易直接炒熟，宜大量水加白醋川燙後再行拌炒。

（五）烹製紫色蔬菜應注意的事項

　　紫色蔬菜如紫色高麗菜，大多生食，清洗乾淨後浸泡白醋溶液可得漂亮的紅紫色；茄子算是紫色蔬菜的代表，花青素的特性易溶於水，除了涼拌茄子是將其水煮或蒸熟外，其餘的茄子料理通常將其油炸初熟定色後，再行烹調。油炸時溫度為高溫，若溫度不足，下油鍋後不久色素逐漸溶出成灰暗色。

（六）烹製紅、橙黃色蔬菜應注意的事項

　　紅、橙黃色蔬菜如番茄、紅蘿蔔，色素不受熱、酸、鹼的影響，炒製過程色素可能溶於油中，可利用於炒麵調出漂亮的金黃色，只要不要把菜炒焦、糊，應該可得良好成品。

二、肉　類

（一）豬牛肉絲、肉片

◎前處理

1. 可向廠商直接訂購符合自己機構切割形狀的規格（部位、脂肪分布應向廠商要求），清洗後，以嫩精、鹽、糖、米酒、醬油、胡椒粉、太白粉、沙拉油、蔥、薑、蒜、白開水等醃拌抓麻，通常醃拌 20 分鐘即可烹調。

2. 若醃拌至隔天才烹調，醬油的量應少加，若菜餚顏色較淺，應以鹽巴代替醬油使用。

◎製　備

1. 大量製備以炒的方式烹調較費時且成品不夠嫩，建議以低溫油過油方式加熱，可得軟嫩肉絲、肉片，起鍋後稍瀝乾油，另起一鍋將漏杓的油滴入即可爆香香辛料，隨入配料、肉絲或肉片拌炒、調味即可，如蔥爆牛肉絲、京醬肉絲、洋蔥肉片等。

2. 小肉片若片薄可包裹蔬菜，以牙籤串成蔬菜肉串，烤或油炸，大量製備配膳很方便。

（二）豬牛肉排

◎前處理

1. 肉排：向廠商直接訂購符合自己機構切割形狀的規格（部位、脂肪分布應向廠商要求），或訂購整條大里肌以切肉片機自訂厚度切割，清洗後，去除筋膜、切斷肉排內的白筋（防止加熱收縮），以肉錘或刀稍稍搥鬆肉排成同一厚度（勿搥成碎狀），以嫩精、鹽、糖、米酒、醬油、胡椒粉、太白粉、沙拉油、蔥、薑、蒜、白開水等醃拌抓麻。

2. 100 人份的醬油約用 2 杯，為避免過鹹，操作時將上述醃料置於鋼盆中，每次 10 來片的肉排放入沾裹醬汁幾秒鐘，取出放入另一容器存放，直至完成醃拌動作。此種作法可避免肉排太鹹（勿將肉排浸泡於醬汁中攪拌，不易攪拌均勻）。大量製備為增加單位時間產量，肉排多以炸或蒸烤的方式烹調。

◎製　備

1. 肉排油炸溫度為中溫，熱鍋後倒入多量的油，容積約為油炸食物的 3~4 倍；油溫辨別方法：可以乾的筷子（木頭或竹製）立於油鍋中心至鍋底（初學者於鍋中一倒入油即如此做），隨著溫度的升高可發現筷子周圍慢慢出現氣泡，油溫低（130°C 左

右）、氣泡體積大（約 0.5 公分直徑）、上升速度慢，中溫時（160~170°C 左右）、氣泡體積稍小（約 0.2 公分直徑）、上升速度稍快，高溫時（180~200°C 左右）、氣泡體積小（約 0.1 公分直徑）、上升速度快，此為程度上的相對差距，需實際觀察過始能正確辨識。

2. 辨識油溫時亦可將手掌張開不時地於油鍋上（距離 10 公分高）隨意晃動，感受油溫，若手掌感覺熱時通常已達中溫溫度；若發現油面已冒煙，表示溫度過高（超過 200°C），不可貿然將食物投入油炸，必定馬上焦黑。

3. 油溫過高的解決方法：熄火一段時間後，不開火，先下食物材料油炸一會兒，再開火。不可先熄火，加入新油降低油溫，會起火燃燒。

4. 注意事項：

   (1) 同一批的油炸食材應一同下鍋和起鍋，才能保證是同一種油溫油炸出來的成品，品質前後才能均一，忌諱一片片慢慢投入油鍋中（因原本是使用中溫油炸，但後來所下的幾片卻因前面的肉片降低了油溫，且在油鍋中將無法辨別哪些是先下鍋的，哪些是後下鍋的，難以評估每片肉排是否皆熟透）；應以同一批油炸食材一起下鍋，一同起鍋，然後試戳當中最厚的一片即可，若該片已熟透，即可整鍋撈起。

   (2) 油炸肉排最好炸兩次，第一次炸至九分熟或剛熟（色澤稍淺），第二次火候加大至高溫，炸物下鍋後幾秒鐘立即起鍋，除了可上色外，亦可逼出炸物油脂而不顯油膩。

   (3) 油炸完的食材應瀝油後配膳或先行放置烤箱以 60°C 的溫度保溫至配膳（溫度過高會使成品過熟、上色過深且喪失水份）；油炸應使用油炸油（也稱為酥炸油）。

◎油炸法種類

依不同的裹衣可分類為：

1. 清炸：食物醃過調味後即下鍋油炸。缺點是食物內的水份較易蒸發，致肉排乾硬。

2. 乾炸：食物醃過調味料後沾乾粉或濃稠的糊油炸。

   (1) 乾粉：可使用有顆粒的粉如番薯粉（即番薯粉，有分粗粒、細粒）、麵包粉，粉末狀的粉如太白粉、玉米粉、麵粉等（可自行調製成不同比例添加），顆粒愈粗、口感愈脆；沾裹時，需緊壓後再抖掉多餘的粉，大量製備時應只沾裹同一批要油炸的肉排份數，待這一批要起鍋前 2、3 分鐘（視每一批沾裹的時間而

定）再沾裹下一批肉排，因為沾裹了粉的肉排放置一段時間，食材本身或調味料的汁液會濕濡裹粉，若如此下鍋油炸，肉排在鍋中容易沾黏，炸熟後的裹衣會像蚵仔煎一樣成透明狀、互相沾黏破裂而賣相不佳；沾裹的粉應一次次少量倒入（不夠沾裹時才倒入新的粉），因肉排汁液或調味料會沾在剩下的粉裡，未用完只能丟棄。

(2) 濃稠糊的作法：將粉加水調成裹衣，可加全蛋、蛋黃（使酥、成品色金黃）、蛋白（使軟滑脆、成品色白）、沙拉油或豬油（使酥、成品具光澤），麵糊可自行調味，若加糖需注意上色程度會較深，易炸焦。大量製備使用濃稠的糊當裹衣時，沾裹下鍋油炸的速度要快，才易得漂亮成品。

3. 軟炸：食物醃過調味料後沾稀軟的糊油炸。如將上述濃稠的糊（可添加全蛋或蛋黃）加水稀釋成麵拖炸法；或將蛋白打發加入稀軟的糊調勻成高麗炸法（成品色白）。大量製備少用此法。

4. 酥炸：可分中式醱粉糊、西式沾粉－裹漿－沾粉兩種炸法。體積大、口感膨鬆是其特徵。

(1) 中式醱粉糊：以低筋麵粉（筋度低）、豬油或沙拉油、醱粉、水攪拌，可依個人喜好添加鹽、糖、香辛料。醱粉加入後，要注意麵糊是否有氣泡冒出，表示醱粉開始作用，加熱油炸後體積才會膨大，若調製醱粉放置許久才使用，氣泡已經逸失，亦無法使體積膨大。

(2) 西式沾粉－裹漿－沾粉法：第一層裹粉使用無顆粒的粉、均勻鋪上食物表面即可（應將多餘的粉抖掉），第二層裹漿通常為麵粉糊或蛋液（一些香辛料常加於此層，避免溶入油中破壞油炸油品質、或被熱油破壞香辛料香氣），第三層常使用有顆粒的粉以增加脆感。常見的西式沾粉－裹漿－沾粉炸法，如日式炸豬排，將豬排調味醃漬後，沾裹一層麵粉、沾裹蛋黃液、最後裹上顆粒的麵包粉油炸即成。

(3) 大量製備使用此方法油炸時，仍應一次沾裹好要炸的份數 40 片或 50 片（勿全部將 200、300 多片一次裹好粉，裹衣會濕濡，成品外觀不佳），多餘的粉要抖掉，以免影響油炸油的品質。

5. 紙包炸：將食材調味後以玻璃紙、鋁箔紙包裹投入油鍋油炸。食材水份保存較佳，配膳容易、賣相佳。

◎烤的方式烹調肉排

1. 肉排以烤箱蒸烤，若另購買蒸烤箱費用太過昂貴，可使用現有烤箱；肉排以醃料拌勻入烤箱前，先行放入一碗水至烤箱中，約 15 分鐘後烤箱充滿蒸氣，再放入肉排蒸烤（上下火均 200℃，200℃/200℃，15 分鐘），瀝出肉汁，取出烤箱中的水杯，於肉排刷上醬汁，再進爐烤至上色與入味，即成。

2. 使用蒸烤方式，於第一蒸烤階段目的是使肉排熟且不失去水份，第二烤的階段是使肉排上色與入味，若不使用蒸烤方式，肉排易乾硬、無水份、口感差。

（三）其他豬牛肉產品的製備

1. 絞肉：炒絞肉油量可少放，因炒的過程中肥肉會出油。

2. 大肉塊：製作蒜泥白肉時，先將水煮滾，再投入肉塊，煮至肉剛熟，即筷子戳入無血水流出即可，放涼再切片。大量製備時，為避免生熟食污染問題，可先將大肉塊切成薄肉片川燙，節省時間、肉片又有可形成波浪狀的特殊效果。

3. 排骨、小肉塊：

   (1) 清洗完一定要作嫩化的動作，如搥肉或醃拌時加入嫩精、其他調味料，否則炸、蒸或煮只得到硬的肉，口感不佳。

   (2) 大量製備常將小肉塊炸過後再行燒、糖醋，如咕咾肉，是將糖醋汁煮好後，將炸過的肉塊與之拌勻；若是燒，則需排骨與醬汁在鍋中同時加熱燒一段時間使之入味。

   (3) 排骨則可做成蒸排骨，如粉蒸排骨、番薯蒸排骨、豉汁蒸排骨等，使用蒸爐，將食材裝於大型不鏽鋼容器或以鋁箔容器一個個先分裝好再蒸，約蒸 40 分鐘，此期間人員毋須看爐，又不擔心食材燒焦，單位時間產能也很大，對大量製備是很不錯的理想烹調方式。

   (4) 排骨亦可炸過後再行燒、滷，如無錫排骨、京都排骨等。

   (5) 小肉塊，可醃拌後，以竹籤串成肉串（夾雜青菜）烤或炸之。或將 2 立方公分小肉塊以調味料醃漬、澱粉類最後抓麻，靜置至少 20 分鐘，使用類舒肥方式，將全數小肉塊泡入四倍量的沸水中，攪拌、使肉塊均勻受熱，小火維持水溫 90℃，待五分鐘肉塊變色，撈起、以紅外線食品溫度計探針測知肉塊中心溫度達 85℃，初熟完成、即可起鍋；再與各式醬汁、爆香料混炒，即成該道菜餚，如咕咾肉。

4. 香腸：宜使用烤的烹調，呈色佳；若使用油炸，應以冷油油炸，即鍋熱後，下沙拉油、同時香腸也下鍋，才能慢慢炸透，且須以竹籤戳幾個洞，避免香腸腸衣爆破、濺油。

（四）雞腿製備

大量製備常見滷雞腿、炸雞腿、烤雞腿、雞丁類。

1. 滷雞腿：

(1) 應先將雞腿川燙後，再行放入滷汁中一同加熱，滷汁應漫過雞腿，水沸騰後改小火加熱40分鐘可熟，為求入味應浸漬至配膳時再行撈起。

(2) 滷汁的作法：先使用炒鍋以油爆香蔥段、薑片、紅辣椒、蒜至香味出現，加入冰糖、米酒、醬油、水一同熬煮10分鐘移入大滷鍋（或大湯鍋），再加入五香粉、八角、中藥滷包同煮，此時可加入欲滷的雞腿或其他部位（需先川燙過），待雞腿全部放入，若滷汁不足，可增加調味料用量，液面以漫過食材5公分高左右，沸騰後小火煮30分鐘應能上色，若否，可添加自炒的焦糖醬色或加入冰糖、醬油協助上色，待上色後再行以鹽調鹹味。

(3) 滷汁的鹹味，以口嚐稍鹹即可，至滷熟才加鹽調肉的鹹味，若滷汁調味太重易致肉品乾澀。滷雞腿時，不宜時時攪動，以免破壞雞腿形狀。

2. 炸雞腿：可參考炸豬排之方法，惟雞腿肉厚易炸不熟，可先蒸半熟（煮易流失肉的甜味）再炸。

3. 烤雞腿：需烤至金黃色，可將蔥、薑、蒜、醬油膏、醬油、太白粉、糖、鹽、水煮成稠狀，再於烤的第二階段刷上醬料使上色，即可得良好成品。

4. 雞丁類：如宮保雞丁、辣子雞丁類，將2立方公分雞丁以調味料醃漬、濺粉類最後抓麻，靜置至少20分鐘，使用類舒肥方式，將全數雞丁泡入四倍量的沸水中，攪拌、使雞丁均勻受熱，小火維持水溫85℃，待五分鐘雞丁變色，撈起、以紅外線食品溫度計探針測知雞丁中心溫度達75℃，初熟完成、即可起鍋；再與宮保醬汁、爆香料混炒，即成該道菜餚。

（五）其他雞肉產品的製備

1. 雞翅：烤或炸。參考肉排炸法、烤法。鹽水雞翅作法，大量製備少用，因色彩不易引起食慾。

2. 雞胸肉：可蒸熟、放涼、剝絲，做成涼拌菜餚，如雞絲拉皮；可片薄、裹粉油炸、製作檸檬雞片，可油炸、烤製作成雞排。

3. 全雞：蒸熟、放涼、剁小塊，淋上蔥油汁，做成蔥油雞，或直接做成白斬雞；煮熟浸至湯汁涼、取出泡紹興酒，做成醉雞。紅燒，全雞剁小塊，加醬油、冰糖、水一起紅燒，色澤漂亮。

三、蛋　類

（一）炒　蛋

1. 蛋是一種十分易吸油、吸鹹味的食材，大量製備炒蛋不易製作，中式大炒鍋火候集中於鍋面 1/2 高處，再高一點則會有火候較小之狀況，蛋液不易凝固，因此炒的蛋量視爐火可達鍋面的高度而定。

2. 炒蛋時，熱鍋溫油，加入的蛋液盡量倒於油中（沒有油的鍋面易致蛋結乾皮），鍋鏟翻拌蛋液時需見蛋液有凝固狀再翻拌，翻拌一段時間，油均被蛋液吸收後，需在中途加入油同炒（避免蛋結乾皮），每次加油量視蛋液量而定，以不結乾皮為原則，炒製過程可能需加 2~3 次油，待蛋液有八成均凝固時，需加快翻拌的速度，避免蛋液過熟。

3. 200 人份的蛋液可分成 3 次，第一次炒完若鍋面有些許結皮則一定要洗鍋，否則下一批的成品極可能出現小小黑點如螞蟻狀的不乾淨感。

4. 調味：若只是單純的炒蛋，則於起鍋前再均勻地灑鹽調味；若是製作成番茄炒蛋、韭菜炒蛋等兩種材料混合者，應將蛋液炒熟、盛起，炒熟番茄或韭菜，再倒入蛋塊同拌、此時才加入鹽等其他調味料調味。

（二）蒸　蛋

　　先將蛋沖洗乾淨，打蛋時需一個個打至小碗，確認蛋是好的，再倒至大容器加兩倍水（容量比，使用 40°C 左右的溫水更佳，加速熟）攪勻、過濾、加鹽調味（不加醬油，因醬油會使成品呈褐色），使用大平盤或一人份模型蒸製，若要加魚板、蛤蜊可於蒸製達 3/4 時間時，開蒸鍋蓋將食材平均放入，使每人份均有配料，尤其是整盤蒸熟再平均分配的蒸蛋，需事先規劃好一盤的配份份數，需注意蒸蛋的供應重量 80 公克重，可能兩、三口就吃完了，需考量視覺份量與估量重量的平衡感。

（三）三色蛋

　　以三個雞蛋、二個皮蛋、一個鹹蛋的比例加20公克水（150公克：120公克：60公克：20公克）蒸成350公克的成品，供應5人份（70公克／份），蒸製技巧同蒸蛋，火候中小火為之，放涼切片，每切一刀刀片需擦拭乾淨。

（四）滷　　蛋

1. 製作滷蛋前，應先煮白煮蛋，亦需將蛋清洗乾淨，將蛋與冷水、鹽或醋同時加熱，視覺上冷水量要多於蛋量一倍，水愈多加熱速度愈快，但也浪費能源，加熱至沸騰後再煮12分鐘，即可得漂亮白煮蛋。白煮蛋要外觀漂亮，一定要煮熟後趁熱沖冷水，邊沖冷水邊敲裂蛋殼，利用蛋殼內外尚有溫度差時，連同蛋殼膜一起輕鬆剝除，即可使蛋白表面光滑平順；若偷懶，將蛋泡水至內外溫度一致時，蛋白表面可是會坑坑巴巴，毫無賣相。

2. 煮好白煮蛋，起油鍋爆香蔥段、薑片、蒜頭、紅辣椒至有香味，加入大塊肥肉、冰糖、米酒、醬油、水一同熬煮10分鐘移入大滷鍋（或大湯鍋），再加入五香粉、八角（200人份，十來顆，份量太多易致滷蛋顏色成鐵灰色，非正色）、中藥滷包同煮。

3. 若滷汁不足，可增加調味料用量，液面以漫過蛋5公分高左右，沸騰後小火煮45分鐘應能上色，若否，可添加自炒的焦糖醬色或加入冰糖、醬油協助上色，待上色後再行以鹽調鹹味，滷汁的鹹味，以口嚐稍鹹即可。熄火浸泡至配份再撈起。

4. 醬色做法：乾鍋加細砂糖500 g（量自行增減），於爐上以中小火加熱，不需攪拌，至糖溶解漸漸變褐色即可，須趁熱倒入滷鍋。要清洗時，需加水連同鍋子一同加熱，才能使焦糖溶解。

（五）蛋　　花

1. 濃湯：

　　(1) 製作濃湯的份量，應先訂出一人份成品重量，水量、各項材料重量相加即為成品湯重。如杯子容量為240 ml，火腿玉米濃湯在材料的重量分配上，為火腿10公克、玉米15公克、蛋花15公克、汁液重200公克，各種類即可計算出欲製作的份數總重量。

　　(2) 製作濃湯的蛋花欲成細碎狀，則是所有材料均加入後，煮沸、調味、勾芡（邊攪動、邊勾芡、小火，勾芡汁液勿太濃才不會一下鍋即結成團），待液面沸騰

　　狀態停止進行打細碎蛋花，將蛋液以線狀加入，同時順同一方向攪動，即可得漂亮成品。

2. 清湯：製作清湯的蛋花，需看到蛋片，如紫菜蛋花湯，湯汁沸騰、調味後，在汁液仍然保持沸騰的狀態倒入蛋液，此時不可攪動，待蛋片凝固才攪動，成品漂亮。

（六）煎　蛋

　　工廠會採用大型的輸送帶式煎蛋機械（一日供應一、二萬份），量稍小者可使用煎爐設備、購置圓形膜，將數十個圓形膜放置已加熱的煎爐上（需抹油），依序將清洗好的蛋打入模型中（模型浸入油中立即提起，可防沾黏），記錄打一個蛋費時多久（約4秒）；待打了60個蛋（耗時240秒＝4分鐘），第一個蛋已可脫膜翻面（翻面費時2秒鐘），待第60個經過脫膜翻面後，第一個蛋已可起鍋；整個過程10分鐘內可完成（從打第一個蛋至第60個蛋起鍋完成）。

四、魚　類

1. 整尾魚：
   (1) 油炸、蒸的烹調法，單位產量最多、省時省力。使用蒸爐，最好是完整的一條魚、一片魚，使用魚片蒸製，成品較軟，配份較費事。
   (2) 炸魚排、整尾魚，炸法與肉排相同，但魚肉十分容易熟，油炸時間可縮短，若需裹粉，下鍋時裹衣要乾；烤魚片時，整尾魚，須待魚肉熟才翻面，烤盤或烤網需抹油防沾黏、魚皮脫落。
   (3) 醃魚時，僅需鹽巴調味、蔥薑酒汁去腥，醬油請少量添加，因使用油炸法會使成品色澤變過深。烤魚片時，整尾魚僅需鹽巴調味即可。
2. 魚條、片、塊：沾粉炸過直接吃，如胡椒魚條。或炸過再溜、燴，如糖醋魚塊。

五、海鮮類

　　川燙均使用蔥、薑、酒汁去腥、提味。

1. 蛤蜊、蜆：多用於煮湯，菜餚則如酒烹海瓜子之類，必須吐沙後再行烹調。煮湯時，可加薑絲提鮮味、加米酒去腥，水沸騰時才能下蛤蜊、蜆，待部分殼開，即攪拌湯汁使快熟、隨後熄火，避免煮稍久，否則肉老難食。配份時需確認每一份均有蛤蜊、蜆，否則有欺騙消費者之虞。

2. 墨魚、透抽、魷魚：此三者可利用其內面切花呈現漂亮外觀，由於加熱過久肉質易老，宜使用川燙、剛熟即起鍋的特性。川燙完後，可再與其他配料炒製，或直接沾醬料食用。大量花枝一起炒時，易出水且汁液渾濁，先行川燙可改正此缺點，以同一鍋水川燙完蔬菜後，下蔥段、薑片、米酒再次煮滾，下花枝，變色即撈起，時間過久則太硬。

3. 蚵（牡蠣）：清洗乾淨後，可先川燙、放涼，冷藏可保存 3 天左右。先燙熟使蛋白質凝固較易保存，可避免生品直接加熱時收縮過劇。

4. 蝦仁：最好買蝦回來自己剝成蝦仁，若覺費工，可買急速冷凍的蝦仁（未包冰），有些包冰的冷凍蝦仁，包冰率占 50%，且口感太脆，不是正常現象。蝦仁需去腸泥，若直接炒製易出水，可先川燙再與其他配料同炒。

六、豆腐製品

大量製備若以餐盒供應，多為熱食菜餚，豆腐可製作成紅燒豆腐、麻婆豆腐、滷豆腐等；涼拌豆腐、炸豆腐則用於現場供應（因放涼，外皮不酥脆），油炸豆包、油豆腐用於滷製、或鑲肉去燒製或蒸製；干絲可滷或炒或涼拌；素雞、豆乾多使用滷的烹調法，或切片、丁加配料炒製；素火腿等素食材料易膨脹，估量時需注意配料間視覺感。

📄 註釋 BOX ▶

註34　鄭愛珠(1975)．*食物在烹調中的變化*（67-68頁）．臺北市：大陸書局。

註35　鄭愛珠(1975)．*食物在烹調中的變化*（68頁）．臺北市：大陸書局。

註36　鄭愛珠(1975)．*食物在烹調中的變化*（71-72頁）．臺北市：大陸書局。

註37　鄭愛珠(1975)．*食物在烹調中的變化*（74頁）．臺北市：大陸書局。

註38　鄭愛珠(1975)．*食物在烹調中的變化*（74頁）．臺北市：大陸書局。

註39　鄭愛珠(1975)．*食物在烹調中的變化*（75頁）．臺北市：大陸書局。

註40　鄭愛珠(1975)．*食物在烹調中的變化*（75頁）．臺北市：大陸書局。

註41　陳淑瑾(1990)．*食物製備原理與應用*（36頁）．屏東縣：睿煜。

註42　鄭愛珠(1975)．*食物在烹調中的變化*（77頁）．臺北市：大陸書局。

註43　鄭愛珠(1975)．*食物在烹調中的變化*（79頁）．臺北市：大陸書局。

註44　鄭愛珠(1975)．*食物在烹調中的變化*（81頁）．臺北市：大陸書局。

註45　鄭愛珠(1975)．*食物在烹調中的變化*（87-91頁）．臺北市：大陸書局。

註46　陳淑瑾(1990)．*食物製備原理與應用*（53頁）．屏東縣：睿煜。

註47　胡淑慧(2003)．*幼兒餐點設計與製作*（初版，35-42頁）．臺北市：五南。

註48　鄭愛珠(1975)．*食物在烹調中的變化*（8頁）．臺北市：大陸書局。

註49　鄭愛珠(1975)．*食物在烹調中的變化*（8頁）．臺北市：大陸書局。

註50　鄭愛珠(1975)．*食物在烹調中的變化*（8-9頁）．臺北市：大陸書局。

註51　鄭愛珠(1975)．*食物在烹調中的變化*（9-10頁）．臺北市：大陸書局。

註52　鄭愛珠(1975)．*食物在烹調中的變化*（58頁）．臺北市：大陸書局。

註53　鄭愛珠(1975)．*食物在烹調中的變化*（59頁）．臺北市：大陸書局。

註54　鄭愛珠(1975)．*食物在烹調中的變化*（13-14頁）．臺北市：大陸書局。

註55　鄭愛珠(1975)．*食物在烹調中的變化*（18-19頁）．臺北市：大陸書局。

註56　胡淑慧(2003)．*幼兒餐點設計與製作*（初版，117-119頁）．臺北市：五南。

註57　鄭愛珠(1975)．*食物在烹調中的變化*（137-141頁）．臺北市：大陸書局。

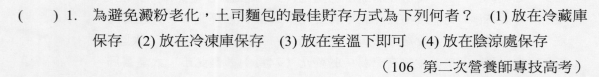

( ) 1. 為避免澱粉老化，土司麵包的最佳貯存方式為下列何者？ (1) 放在冷藏庫保存 (2) 放在冷凍庫保存 (3) 放在室溫下即可 (4) 放在陰涼處保存

（106 第二次營養師專技高考）

( ) 2. 下列計量，何者錯誤？ (1)1 杯＝ 200g (2)1T=15g (3)1 斤＝ 16 兩 (4)1 磅＝ 454g

( ) 3. 製作蛋糕，配方需使用蛋黃 300g、蛋白 600 克，已知蛋殼：蛋黃：蛋白＝ 1:3:6，一顆蛋若以 50g 計，請問需購買幾顆蛋？ (1)16 顆 (2)18 顆 (3)20 顆 (4)25 顆

( ) 4. 下列敘述，何者錯誤？ (1) 冬天製作紅豆熱甜湯，添加砂糖調味 (2) 夏天喝冰珍珠奶茶，添加細砂糖調味 (3) 玉米採收後，貯存愈久，愈不甜 (4) 洋蔥生食有嗆辣味，烹調熟後產生甜味

( ) 5. 下列敘述，何者錯誤？ (1) 拔絲地瓜，拔絲是利用煮糖時的溫度變化形成不同性狀，可裹住食材的絲狀效果 (2) 煮綠豆湯，應在一開始即加入砂糖同煮，才易煮熟 (3) 炒麵茶是澱粉糊精化現象 (4) 湯種麵包的湯種，是糊化澱粉讓麵包延緩老化的現象

( ) 6. 下列敘述，何者錯誤？ (1) 油炸裹衣，使用顆粒的地瓜粉、麵包粉，可使外表帶有脆感 (2) 烹調蝦仁，以蛋白醃，可得脆感 (3) 製作磅蛋糕，利用粉油拌合法，可得蓬鬆體積、成品口感鬆軟 (4) 煮糯米飯添加的水量比煮糙米飯多

( ) 7. 下列敘述，何者錯誤？ (1) 以手掌緊握一把麵粉，放鬆時麵粉粒鬆散者為低筋麵粉 (2) 麵包是高筋麵粉製作 (3) 深黃色的義大利麵條，是蛋白質含量 14% 的麵粉製作的 (4) 口感酥鬆的丹麥奶酥是低筋麵粉製作的

( ) 8. 下列敘述，何者錯誤？ (1)麵條、蔥油餅、春捲皮屬冷水麵食 (2)荷葉餅、韭菜盒子屬燙麵麵食 (3) 水晶餃屬全燙麵 (4) 包子、饅頭屬發麵麵食

（　） 9. 澱粉在食物製備上的功能，何者為非？　(1) 可使湯的內容物下沈　(2) 保持菜餚溫度，澱粉液愈濃厚，熱氣愈不易溢散　(3) 增加食物的嫩滑性　(4) 調味汁添加少量澱粉，可使味道黏附於材料上，使易入味

（　） 10. 下列敘述，何者錯誤？　(1) 果糖比細砂糖甜　(2) 蜂蜜比細砂糖甜　(3) 清涼飲料、冰凍食品適用果糖，熱的飲料與食品，適用蔗糖　(4) 砂糖很容易溶解在水中，其溶解度隨著溫度上升而顯著增加

（　） 11. 下列敘述，何者錯誤？　(1) 乾炸是食材醃泡後，表面沾乾粉或濃厚的糊，再下鍋油炸至金黃色的炸法　(2) 清炸是食材醃泡後，不掛糊，直接下鍋炸　(3) 西式酥炸是第一層沾細粉、第二層沾蛋液（濃稠的糊）、第三層沾顆粒的粉的油炸法　(4) 炸腰果是使用脆皮炸法

（　） 12. 下列敘述，何者錯誤？　(1) 肌肉纖維短或較嫩的部位，適合大火快炒　(2) 梅花肉是屬於上肩胛部位　(3) 和尚頭是屬於前腿部位的肉　(4) 三層肉屬於腹脇部

（　） 13. 下列敘述何者錯誤？　(1) 大排肉又名大里肌　(2) 小里肌又名腰內肉　(3) 白雲豬手是使用後豬腳製作　(4) 肉丸、火腿多使用後腿肉製作

（　） 14. 下列敘述何者錯誤？　(1) 餡肉是使用結締組織多的前蹄製作　(2) 水晶蹄是使用後蹄製作　(3) 元蹄就是蹄膀　(4) 帶骨豬大排骨相當於牛的丁骨部位

（　） 15. 下列敘述何者錯誤？　(1) 蹄筋是從後豬腳第一個關節以下取出的腳筋　(2) 培根肉以五花肉部位製作　(3) 適合製作龍鳳腿、蝦捲的網狀脂肪膜是板油　(4) 牛小排相當於豬的小排骨

（　） 16. 下列敘述何者錯誤？　(1) 製作烤雞腿排，應使用土雞腿　(2) 製作香菇雞湯應使用土雞肉　(3) 飼養時間長短，由長時間至短時間依序為土雞、半土雞、肉雞　(4) 雞隻價格高低，由高至低依序為土雞、半土雞、肉雞

（　） 17. 下列敘述何者錯誤？　(1) 結締組織易收縮，前處理時應將肉排的筋、膜等切斷，防止收縮過度　(2) 結締組織多的部位，應使用乾熱法加熱　(3) 肌肉纖維呈紅色，主要是因為含有肌紅素、血紅素　(4) 脂肪的分佈會影響肉品的柔嫩度，大理石花紋的脂肪分佈肉質最嫩

（　） 18. 肉的嫩化敘述何者錯誤？　(1)3 斤重的雞肉，醃 90 公克的鹽可使肉嫩　(2)使用嫩精醃肉，需在溫度80℃以上時有效　(3)半斤肉添加小蘇打進行嫩化，

小蘇打用量為一顆綠豆大小的量　(4) 豬、牛、羊等纖維長的肉品應順紋逆切

( ) 19. 選出錯誤者？　(1) 新鮮肉色為紫紅色　(2) 與空氣接觸後，肉品顏色會變成橘紅色　(3) 於空氣中存放愈久肉色會變呈暗紅色、無光澤　(4) 腐敗的肉色表面會有微生物滋生的暗綠色

( ) 20. 選出錯誤者？　(1) 肉品加熱愈久，收縮愈多　(2) 為防止肉汁流失，製作蒜泥白肉，會以沸水川燙肉塊，使表面蛋白質儘速凝固　(3) 煎牛排會以小火將牛排煎至所需熟度　(4) 川燙時間相同，肉絲的收縮率高於肉排

( ) 21. 選出敘述錯誤者？　(1) 菠菜加熱時間過久會變黃　(2) 炒空心菜時加醋，可保持空心菜翠綠色　(3) 為保持蔬菜中的維生素 C，應先清洗，於烹調前再切割　(4) 為保持青江菜的綠色，應在蔬菜下鍋前，先加鹽

( ) 22. 選出敘述錯誤者？　(1) 花青素極易溶於水　(2) 紅莧菜、紅鳳菜、茄子都含有花青素　(3) 在酸性溶液中，紫色高麗菜會呈現藍綠色，在小蘇打溶液中呈現紅紫色　(4) 為保持漂亮紫色，烹調茄子應以高溫油炸方式為之

( ) 23. 選出敘述錯誤者？　(1) 烹調開陽白菜應在熱鍋後先加鹽，再下大白菜，防止菜餚色澤變棕褐色　(2) 洋蔥、綠豆芽、白蘿蔔所含色素為黃鹼醇、香黃素，遇酸會變得顏色較白　(3) 大白菜烹調過久會變暗棕色　(4) 川燙綠豆芽，於沸水中先添加白醋，可以保持綠豆芽的白色

( ) 24. 選出敘述錯誤者？　(1) 蔬菜屬於鹼性食物　(2) 橙黃色蔬菜含葉黃素、葉紅素、類胡蘿蔔素等　(3) 葉黃素烹調時，受高熱、氧化、金屬、酸鹼、小蘇打的影響很小　(4) 青辣椒、蕃茄、南瓜、金針菜屬橙黃色蔬菜

( ) 25. 選出敘述錯誤者？　(1) 橙黃色蔬菜所含色素為脂溶性　(2) 綠色蔬菜應大火快炒　(3) 快炒青菜，添加米酒是為了縮短烹調時間　(4) 一鍋沸水，連續川燙綠花椰菜與綠豆芽，因添加防止蔬菜變色之調味料不同，為避免兩種蔬菜變色，應先川燙綠豆芽，再川燙綠花椰菜

( ) 26. 選出敘述錯誤者？　(1) 脂肪含量少的魚類，適合製作生魚片、烤、燒、煎的作法　(2) 魚類肌纖維短，作成魚條，應順紋順切　(3) 煎魚應熱鍋冷油，為避免魚皮黏鍋，須待魚皮、魚肉凝固再翻面　(4) 蒸魚使用大火，蒸鍋水沸騰才入鍋蒸

( ) 27. 蛋新鮮度判別，選出錯誤的敘述？　(1) 蛋殼粗糙屬新鮮　(2) 打開蛋，蛋黃愈呈球狀愈新鮮　(3) 濃樣蛋白愈少、稀樣蛋白愈多，愈新鮮　(4) 氣室愈小愈新鮮

( ) 28. 下列敘述，何者錯誤？　(1) 洋菜、果凍粉（吉利T）需加熱煮沸、降溫後才會凝結，動物膠則是煮沸的水降至 60℃後，加入動物膠拌至溶解、再冷藏，才會凝結　(2) 若將生鳳梨塊加入洋菜、果凍粉（吉利T）、動物膠的溶液中，應將生鳳梨先煮過，避免阻礙膠體凝結　(3) 洋菜膠體，口感脆、易水解；果凍粉（吉利T）膠體，口感軟Q、動物膠體Q彈、不易水解　(4) 洋菜、果凍粉（吉利T）、動物膠三者與液體材料的比例均為 1:40

( ) 29. 選出錯誤的敘述？　(1) 蒸蛋時，添加的液體愈多，愈不易凝固　(2) 製作蛋布丁，添加糖會使其凝固溫度升高　(3) 製作蛋黃醬，當沙拉油與蛋黃攪動不了時，加入小蘇打水即可繼續攪動　(4) 蒸蛋時，添加含有 Ca^{2+} 的成品比 Na^+ 的成品軟

( ) 30. 選出錯誤的敘述？　(1) 蛋白的起泡性四階段：起始階段、濕性發泡、乾性發泡、棉絮期　(2) 乾性發泡為泡沫體最佳狀態，細緻均勻、穩定　(3) 蛋白溫度 17~22℃起泡性最佳　(4) 打發蛋白時，都會加小蘇打粉，以保蛋白的起泡性穩定

( ) 31. 選出錯誤的敘述？　(1) 蛋愈新鮮，起泡力愈佳　(2) 打發蛋白最佳加糖時機為硬性發泡期　(3) 拌打器使用球狀，拌入的空氣最多　(4) 若容器、拌打器沾有油脂、蛋黃等，則蛋白非常不易打發

( ) 32. 選出錯誤的敘述？　(1) 煮蛋花湯，要讓蛋片明顯，需水沸騰時倒入蛋液，稍待一會兒才攪動　(2) 要讓玉米濃湯的蛋花呈細絲狀，須待濃湯沸騰後，關火、液面不沸騰時，才將蛋液呈線狀加入，並立即攪動　(3) 製作蛋花湯，若成品湯汁渾濁，表示倒入蛋液時湯汁溫度不夠所致　(4) 蒸蛋需以大火蒸，成品才會光滑細緻

( ) 33. 選出錯誤的敘述？　(1) 奶類加熱至 40℃左右，會形成一層薄膜這是蛋白質熱變性現象　(2) 鮮奶應保存於冷藏環境中，熱藏則需 60℃以上溫度　(3) 奶類貯存於冷藏時，不需密封　(4) 乾酪的製作是利用蛋白質加酸，使其溶解度變小而沈澱凝固

(　　) 34. 選出錯誤的敘述？　(1) 蛋殼：蛋黃：蛋白重量比 = 1:3:6　(2) 廣東菜的焗烤是梅納反應　(3) 巴斯德滅菌法 130℃、加熱 1~3 秒，可保乳品在室溫下保存　(4) 全脂鮮奶是指乳脂肪含量在 3.5% 以上

(　　) 35. 選出錯誤的敘述？　(1) 將鮮乳濃縮 50%，即為蒸發奶　(2) 蒸發乳中加入高量的糖，稱為煉乳　(3) 鮮奶油是將牛奶經高速離心攪拌而得的上層部分　(4) 脂肪含量高低依序為：奶油、奶精、鮮奶油

(　　) 36. 選出錯誤的敘述？　(1) 海鮮產品的收縮率較高，不宜加熱過久，避免失水過多，產品口感韌　(2) 爆香辛香料，應待其出味後，再加主料烹調　(3) 川燙蚵仔時，應冷水下鍋與水一起加熱、泡熟即可　(4) 海產烹調時，加醬油膏有去腥作用

(　　) 37. 何者正確？　(1) 糖加熱變為褐色，是屬於酵素型的褐變　(2) 將糖加熱，分子間會互相結合形成分子較大的紅褐色聚合物 (polymer)，稱為黑糖，例油炒糖，成紅燒菜餚、烤焙產品　(3) 製作拔絲地瓜，將糖熬煮至 120℃ 即可得拔絲產品　(4) 砂糖在酸或轉化酵素 (Invertase) 存在下，加水加熱，很容易可以把它分解成等量葡萄糖及果糖，此種混合物稱為轉化糖

(　　) 38. 選出錯誤的敘述？　(1) 黃豆又名大豆　(2) 生黃豆與生蛋白都含有胰蛋白酶抑制因子，適宜生吃　(3) 豆漿添加鹽滷可使其凝固成豆花　(4) 豆腐烹調時易碎，通常會在汁液中加鹽，增加硬度

參考答案

1.2	2.1	3.3	4.2	5.2	6.4	7.1	8.1	9.1	10.2
11.4	12.3	13.3	14.2	15.3	16.1	17.2	18.2	19.2	20.3
21.2	22.3	23.1	24.4	25.4	26.1	27.3	28.4	29.3	30.4
31.2	32.4	33.3	34.3	35.4	36.4	37.4	38.2		

Quantity Food Production
Management

6
CHAPTER

廚房的設計規劃與設備

6-1　廚房空間設計規劃

　　廚房是員工長時間製作餐點的工作場所，廚房設備與空間的規劃設計十分重要，因廚房若設計不良，必導致人力與時間的浪費，使員工情緒紛亂，無法樂在工作中；常見設計一新餐廳與廚房時，大多先重視餐廳的規劃設計，未充分注意廚房，可能是缺乏知識或吝於提供成本，致使廚房位於狹窄場所，為遷就場所地形而使得設備配置不當、混亂，用具隨意放置，造成工作效率低落，使廚房設備不能在有效率的基礎上作妥善利用。

一、設計前

　　設計團體膳食廚房的目的，是為了使廚房設備與工作人員作有效的安排，食物製備過程能簡化及廚房空間能作有效利用。為達此目標，設計前應先：

1. 瞭解現在與將來對膳食作業的需要（經營目標、經營方式、膳食供應份數、菜單設計及內容等）。

2. 瞭解膳食機構未來可能的成長（趨勢分析、產能增加與轉型考量等）。

3. 繪製廚房初步設計圖。

4. 分析發生於廚房的各種作業。

5. 各種作業的相關性與決定工作流動的效果。

6. 詳細估計廚房設計計畫的成本。

7. 尋找詳細瞭解廚房內部作業流程細節的人（可能是資深員工）、團膳專家、設計師、建築師等，協助完成計畫。

二、設計時

　　廚房設計者進行廚房空間設計時，應同時考慮六項因素：設備、食物、工作人員、作業效率、時間、距離，始能於廚房空間內恰當地調和設備、食物與人員三者間的配合，以其最短距離與可能的最少時間內，依照廚房作業程序，將食品盡可能迅速通過廚房流程，而進行配膳、供餐。

（一）設　備

1. 廚房設計者應考慮工作人員須有足夠的空間進行工作，必須注意工作、原料及必需品的放置位置；當進行工作時需使用設備、器具等物件，則應考慮：

   (1) 該空間能容納所有機械設備、器具、工作人員數及迴轉空間等。

   (2) 所使用的工具能置於方便拿取之處。

   (3) 所有工作上所需使用物品，須在容易拿取到的距離內。

   (4) 原物料、半成品、已製備完成的食物，在移往其他地方之前，須有一臨時貯存場所。

2. 設備會影響空間的需求，一般團體膳食廚房空間約可分為驗收區、前處理區、烹調區、配膳區、餐具洗滌區、倉儲區等，設備通常是較大型的，須配置水、電、瓦斯等管線，經常是擺放固定位置後無法移動（有時為了便於打掃，工作台加裝活動輪），需考慮維修保養時的操作空間（設備擺放太密，不易打掃間隙的髒污）。

3. 設備與生產的需求配合需考慮菜單內容、食物種類與設備使用（單位時間產量、操作過程、生產流程），以規劃出適當的設備；可依菜單的總生產量、每次的烹調量及烹調次數、烹調時間、預計的生產流程等，來決定適當的設備需求量及工作人員操作迴轉空間、食物暫存場所空間的容納量。

（二）廚房作業活動

1. 廚房設計是以廚房活動為主，同類作業應於同一工作中心操作，即相同功能的作業內容應設於同一區，如肉類切割作業中心、蔬菜切割作業中心，各工作中心在作業上互有關聯，應集中於一區，此區可包含放置切菜機、切肉片機、各式刀具、砧板等；這些作業中心依據工作流動而相互連接。所謂工作流動 (work flow)，指食品在廚房內所連續發生的處理工作。一廚房若設計良好可產生極大貢獻，包括：員工工作動線的改進、不同種類食品作業活動混亂的消失或減少、改善廚房作業效率、促進各種廚房作業較多的協調、食品衛生安全的掌握等。

2. 所有廚房作業的進行，是以處理各類食物為主體，而衍生出其他與處理食物有關的工作。因此廚房設計工作，建議可以不同顏色線條、箭頭表示處理不同類食物的動線方向。利用所繪製之動線方向圖可明瞭工作人員、設備、食物與處理過程的連續動作、來回移動次數及是否與另一類食物動線有重疊現象等，以使各種作業在最短的距離內，將食物移往下一作業區進行接下來的處理。

（三）工作人員

1. 一個有效率的廚房設計，須能將廚房內的各項設備置於適當地點，以一連貫的有效方法，使食物材料驗收後經前處理、製備過程成為一完美餐食；其動線的安排關係到污染作業區、準清潔區、完全清潔作業區的區隔、員工工作的安全性及省時省力、作業效率等，除了考慮設計良好、供膳系統完善、空間配置恰當、作業流程順利、能掌握產品品質外，俾使員工能在一良好環境下工作，使工作效率達到最高。

2. 動線流程的設計關係到廚房作業效率的高低，當廚房內設備規格、數量已訂定完成，接下來須考慮細部動線設計及工作人員的行走動線，其影響生產成本、生產速度、生產品質，例如：炒爐爐灶上方無水龍頭、旁無調味架、後方無水槽、無工作台，在烹調過程中工作人員必須移動位置取水、取調味料而影響產品品質、速度，來回移動易致工作人員疲累。此時的細部動線設計應邀請廚房現場實際工作者加入討論，以瞭解動線合乎操作方向否？設備高度恰當否？迴轉空間足夠否？操作成本最低否？工作環境良好否？食物品質是否能控制等。

3. 任何工作人員，坐著或站立工作不宜超過最大工作範圍；若絕大多數的動作在正常工作範圍之內，則員工較省時省力；設備或貯存架等的高度、寬度亦應考量是否在員工的最大工作範圍之內（圖 6-1）。

三、設計後

1. 當依上述觀念設計繪製完成廚房廚具機械配置圖時，利用廚房員工作業分析圖分析員工的整個作業流程是否有效率的進行，是有意義的（圖 6-2）。依食物處理的工作時間，將該時段工作人員（1、2、3、4、分別代表四位員工）的工作動線繪在廚房廚具機械配置圖，就可明瞭該時段不同工作人員動線是否相同、會否造成碰撞？這是有助於未來廚房作業有效率進行的辦法。

2. 當設計完成之際，可以下列幾點原則進行最後的評估：
   (1) 是否所有的廚房設備種類、數量、放置地點區域劃分、動線流程、細部動線設計、人員操作空間等均已審慎考慮。
   (2) 是否所有的廚房新配置，均能在提供的經費預算之內完成。
   (3) 是否所需建造新廚房的經費與未來的投資報酬率能符合業者的需求。
   (4) 是否能增加團體膳食的收益。

水平面 (horizontal plane)

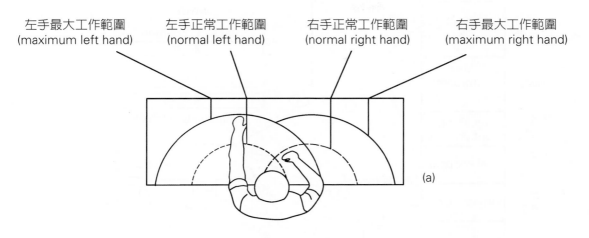

最大工作範圍   垂直面 (vertical plane)

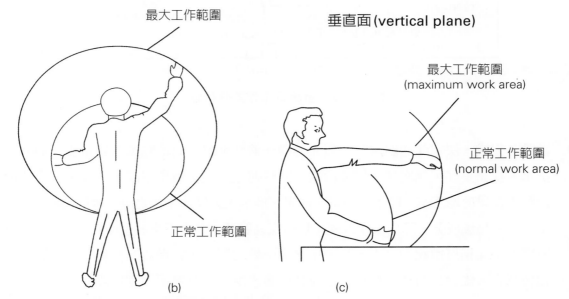

資料來源：蘇尚毅 (1979)．*團體膳食管理*（126 頁）．自版。

● 圖 6-1　正常與最大工作範圍

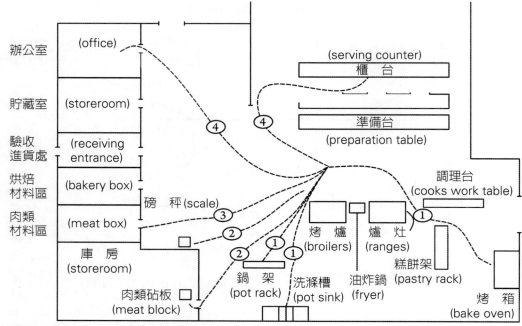

資料來源：蘇尚毅 (1979)·*團體膳食管理*（126頁）·自版。

⊃ **圖 6-2　廚房員工作業分析圖**

3. 當設計完成，決定建造廚房時，須先選擇一適當地點，此地點須落塵量少，通風、排水、採光良好，無空氣、垃圾污染，原料運送方便，廠房空間足夠等。廚房建造樓層不宜建於地下室，除了因通風、採光、排水先天條件不佳之外，也因陰暗潮濕，工作人員易感疲勞、降低工作效率，且病媒易躲藏；若真不幸發生火災，火苗竄升，將導致上面樓層遭祝融之災，從防止火災延燒的觀點，較理想的廚房建造樓層應以頂樓為宜，儘管火苗往上竄升，也僅該樓層遭殃；惟原料運送需增設一運貨電梯，以利作業。

6-2　廚房面積規劃的考慮因素及計算

一、考慮因素

　　廚房空間容納的內容不外乎機械設備、工作人員與工作人員所處理的食物材料，此三者填入設計圖後，留下工作動線、人員與推車迴轉的空間即成之。考慮一間廚房的大小時應以有效面積來決定，而除了面積大小，尚須考慮下列因素：

1. 工作流程動線：依污染作業區、準清潔區、完全清潔作業區處理食品，以符合衛生原則。

2. 供餐內容與設備的搭配：中餐、西餐、自助餐、麵食等，煎、煮、炒、炸等菜餚烹調方式與設備、數量是否適用等。

3. 製作菜式數量：數量多，盛裝容器多，廚房空間要大始能容納。

4. 調理機械的大小與放置位置：能使員工工作順手不費力。

5. 各工作區域間隔距離、廚房與餐廳間隔距離：減少員工來回走動，省時省力。

6. 工作人員數多寡。

7. 未來是否要增加設備，需預留空間。

二、規劃原則

（一）機械設備

　　機械設備的配置，應依作業流程的先後順序排列，使流程順暢，並注意調理台的位置、高度及與器具之間的距離是否恰當？機械設備配置完成後所留之空間是否足夠工作使用？之後再計算廚房面積，廚房面積不是愈大愈好，因為作業過程中的往返及搬運的距離，都會增加人力的浪費與負擔；更甚者，若未顧及每條動線，工作人員來回的次數與使用運送推車的空間，會增加工作人員彼此碰撞及物品傾倒的機會。因此，在規劃廚房空間時，應將調理器具、機械設備配置面積，各項設備與設備間的適當距離、人體的伸展幅度及在工作中所需要的空間等均一併考慮，甚或預留未來的擴展空間。

（二）食材衛生

因廚房首重衛生原則，廠區清潔度可區分為一般作業區（又名污染作業區）、準清潔作業區、完全清潔作業區（後二區統稱為非污染作業區）、非食品處理區。一般作業區包括驗收區、洗滌區，準清潔作業區包括切割區、烹調區，完全清潔作業區包括配膳區、包裝區（詳見「圖 6-3　廚房內衛生作業流程圖」及「圖 6-4　廚房設施各場所的區分與食品流向圖」；廚房中食品原料、調理作業與人員實際作業流程是互相交錯的，執行時原料、從業人員、調理器具均是由低清潔度移向高清潔度，不可讓從事污染作業區的工作人員進出非污染作業區；並需於準清潔作業區、完全清潔作業區入口處設置消毒槽，內置 200 ppm 之消毒液，當工作人員欲更換工作區時，應重新進行消毒動作，以維護作業區之衛生；更方便的作法是不同作業區漆不同顏色或鋪設不同顏色、型態之地磚板，以提醒工作人員；亦可採用只能單向開啟的自動門，可由完全清潔作業區進到準清潔作業區或一般作業區，而不能反向開啟。

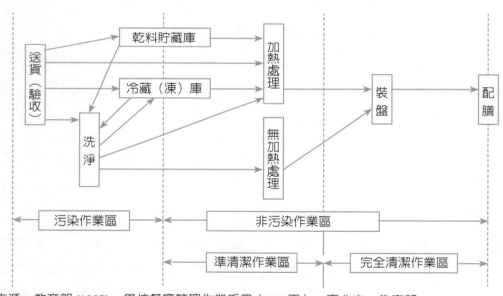

資料來源：教育部 (1987)．*學校餐廳管理作業手冊*（134 頁）．臺北市：教育部。

⊃ **圖 6-3　廚房內衛生作業流程圖**

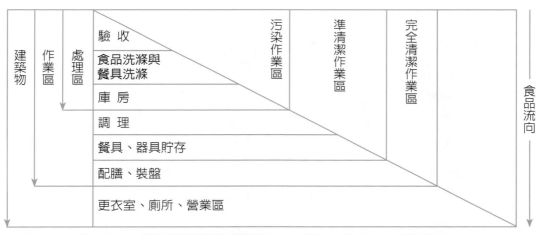

資料來源：教育部 (1987)‧*學校餐廳管理作業手冊*（133 頁）‧臺北市：教育部。

⊃ 圖 6-4　廚房設施各場所的區分與食品流向圖

（三）人員活動與廚房空間的關係

　　人是使用設備的主體，在設計設備的大小與建築物空間規劃時，應注意：

1. 人體在作業流程中的各種動作，是否省時省力、符合人體工學、不引起職業傷害。

2. 人的動作空間與工作人員身高、身材胖瘦有關。可參考表 6-1、圖 6-5。

▸ 表 6-1　人體動作與工作高度、寬度之關係

人體動作	工作高度與動作
身　高	通道、天花板、屋樑及入口處等之高度
手上揚指尖高度	物櫃、物架之高度
手臂前伸範圍	坐或站立時的作業空間
手掌大小	握把、握柄大小
手掌（臂）彎曲方向	順手否
兩手臂左右平伸之寬度	兩手張開所能環抱的最大範圍
身體寬度	通道所需空間
站立時手肘高度	工作台面的高度

資料來源：教育部 (1987)‧*學校餐廳管理作業手冊*（138 頁）‧臺北市：教育部。

例一 直立正面

例二 直立側面

例三 直立側面

例四 彎腰拾物或打掃

資料來源：教育部 (1987)．*學校餐廳管理作業手冊*（139 頁）．臺北市：教育部。

● 圖 6-5　各項作業人體所需空間（單位：公分）

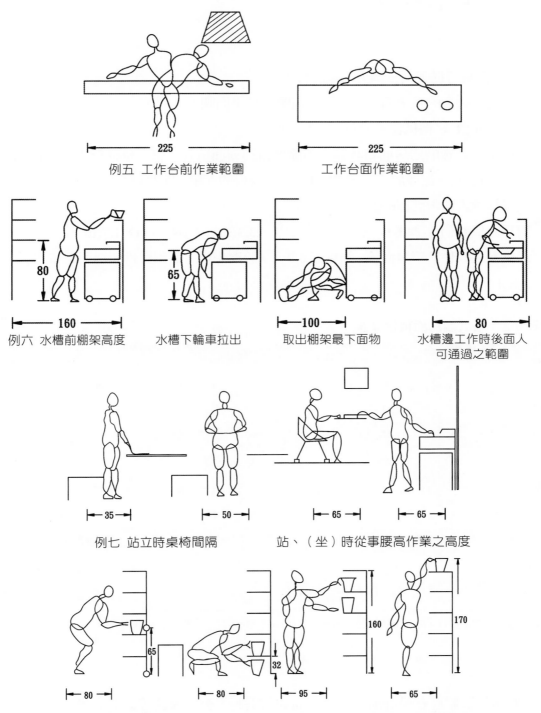

例五 工作台前作業範圍　　　　工作台面作業範圍

例六 水槽前棚架高度　　水槽下輪車拉出　　取出棚架最下面物　　水槽邊工作時後面人
　　　　　　　　　　　　　　　　　　　　　　　　　　　　　　　　可通過之範圍

例七 站立時桌椅間隔　　　　站、（坐）時從事腰高作業之高度

例八 取出放置於 65、32、160、175（公分）之物品時之工作空間

⊃ **圖 6-5 各項作業人體所需空間（單位：公分）（續）**

三、面積計算與形狀

（一）計算法[註58]

廚房面積可從下列三個方向來計算：

1. 機械器具較多的廚房面積計算：（俯瞰廚房平面圖）

   廚房總面積 ÷ 機械器具面積＝ 4.5~5.0

2. 以從業人員數的廚房面積計算：扣除機器排列面積外，第一位從業人員所需面積為 3.3 平方公尺，每增加一人，增加 1.7 平方公尺的面積，即假設廚房從業人員有 N 人，則以從業人員數計算的廚房面積為：

   廚房面積 (m^2)＝機器排列面積 (m^2) ＋ $1 \times 3.3(m^2)$ ＋ $(N－1) \times 1.7(m^2)$

3. 以供餐人數估算廚房面積：詳見表 6-2。一般理想廚房面積與供膳場所面積比例為 1：3 左右。

表 6-2　各式廚房面積估算值

廚房種類	供應份數	每單位調理場所面積	
		單　位	面積（平方公尺）
小　　學	700~1,000	每位兒童	0.1
小　　學	1,000 以上	每位兒童	0.1
大　　學	700~1,000	每　人	0.4~0.6
醫　　院	300 床以上	每　床	0.8~1.0
小型團膳	50~100	每　人	0.3
工　　廠	100~200	餐廳面積 ×1/4~1/3	
一般餐館		餐廳面積 ×1/3	
西餐廳		餐廳面積 ×1/10~1/5	

資料來源：教育部 (1987)．*學校餐廳管理作業手冊*（ 136 頁）．臺北市：教育部。

（二）廚房形狀

廚房的形狀應在設計前即決定，而非將餐廳、公共設施等設計完後，才將剩餘空間挪為廚房之用，此種作為易造成日後使用上之困難。理想的廚房形狀宜為長方形、無

凹凸，長：寬＝１：1.5 或 1：2~1：3 之間，盡量避免空間內出現柱子；並絕對避免不規則、多邊形、圓形之廚房，以免流程設計及機械設備擺放時造成困擾。

1. 長方形廚房具有由長側進行進貨、驗收、貯存、調理加工至成品盛裝等一連貫作業系統流暢的特性，將寬側連接餐廳或出貨區，十分便利作業。在大量製備的工廠中，通常將廠區劃分為前處理場、熱食調理、冷食調理、裝盤、清洗等區域，此種作業流程以長：寬＝１：２ 至 １：３ 的長方形廚房較易安排。

2. 正方形廚房在空間的利用上較長方形佳；而區域規劃與流程安排則以長方形廚房較佳；通常正方形廚房不適宜作為大量膳食製備的廚房，對於半調理食品工廠則是不錯的選擇。

6-3　各類型廚房設計範例

一、中央廚房規劃設計

（一）設計需求及硬體規劃

◎ 廚房設計需求

1. 設計者：如何設計一個廚房？設計者應具備一定經驗與知識。

2. 廚房形狀：團膳廚房宜採長方形，利於流程安排；但應視各廚房條件與需求。

3. 安全：避免危險性、傷害性之機具使用，消防設施、疏散走道需明確，電源燃料等安全保護措施，人體操作可能造成的傷害預防。

4. 衛生：注意清洗、調理、烹飪、供應收回及保管等過程。

5. 效率：機械化、人工操作或混合使用。

6. 流暢：操作或動線之考慮，以符合人體工學及工作順暢為原則。

7. 經濟：成本或預算之考慮，以符合成本會計為原則。

8. 標準：依各式餐飲內容規劃廚房基本排列設計。

9. 通風：排油煙、空氣調節良好之設計。

10. 排水：地坪排水、排水溝、污水池、截油槽等須通暢易清洗。

11. 燃料：便於取得符合效益之不間斷燃料選擇。

12. 貯存：安全庫存量的計算及占有空間足夠。

13. 預留：預留將來之發展空間。

◎ 硬體規劃

　　廚房位置的選擇標準是很重要的，首先應瞭解是否符合工業區設廠，周圍環境、左鄰右舍、各種行業及樓上樓下的相互影響等；現在個人意識非常高漲，對於污染、噪音、異味、安全等皆有要求，為避免日後的困擾，事先的建廠實在要做詳盡的評估。同樣的，在校園內行政大樓裡也是一樣，很多學校將地下室的防空避難室改為廚房使用，而在規劃中又沒做妥善的處理，往往會影響一、二樓的品質，尤其是噪音及異味的產生。因此，廚房廠區環境宜有適當綠化以減少塵土，能有流暢的室內、外排水系統，選擇影響最小的油煙排放地點，都是非常重要的。

　　很多的辦公大樓、百貨業者、飯店餐廳，因環境的限制，將廚房設置在樓層中，但廚房屬於重污染區，每日的機具及地面清洗總不可免，排水系統上，加高地坪基礎設置排水溝，是不變的法則，而樓板的載重分為供公眾使用及非公眾使用，其乘載重量各有不同，如加高基礎的固定載重及機具載重再加上人員的活載重，往往是日後龜裂的主因，尤其在地震過後，常影響樓下天花板的美觀或產生滴水問題，實應於大樓規劃時，即考慮廚房欲設於何樓層，對該樓層之地板厚度、水溝、瓦斯管線埋設等管路先預留，勿以一般規範改成普通樓層後，又決定設為廚房，重新敲敲打打，既浪費時間又浪費金錢（基礎加高施工，另有規範）。

（二）設計面積與流程規劃

◎ 面積計算

　　依照供應人數換算使用坪數或既有廚房面積可允許最高供餐人數，皆可換算一般以正統的計算方法，我們每人每餐以 0.3~0.08 m^2 來計算，而其中差距，包括人數的多寡、場地的方正與規則否、供餐的菜色及餐數等，皆是考量的標準。例如：

1. 以供應用餐人數 20 人廚房，即 0.3 m^2×20 人份 = 6 m^2×0.3025（坪）

　　= 1.815 坪的使用面積。

2. 以供應用餐人數 5,000 人廚房，即 0.08 m²×5,000 人份 = 400 m²×0.3025 坪 = 121 坪的使用面積。

　　如要以面積計算可供應人數，請依上列式子反向計算即可。以上的計算標準，包含了機具占用的面積、流程走道、庫房面積、辦公室、廚房等，當然，此處是以正規標準的擺設下進行，如果以克難式或路邊攤式，50 坪來供應 5,000 人吃飯也是有可能的，但這種只求量產、快速，不求衛生者，也是最容易引發團膳安全衛生疑慮與問題的單位來源。

◎ **動線與流程**

　　無論廚房的大小，皆有一定的流程秩序，而每個環節必須緊緊相連，才能減少作業的時間及人員的浪費，而這些區域間的主動線與附屬走道，一定要考慮其流通性，甚至作業中固定走動性。在主動線上應預留 150~180 cm 寬度，而附屬走道可以在 75~90 cm，因為一般的推車寬度皆在 60 cm，而一個人搬拿貨物時正面平均為 60 cm；臂膀的寬距也在 75 cm 之間，所以為了主動線迴旋及交叉無礙，建議最少在 150 cm 以上，而附屬走道要 75 cm 也是考慮到貨物搬運的方便性。另外更應配合消防法則的疏散，考慮其快速與便捷性，尤其是主動線的前後疏散門，更是不可忽視（詳見圖 6-6）。

1. 生產動線區域：依序劃分為—進貨區 → 驗貨過磅區 → 冷凍冷藏貯存區 → 生鮮清洗區 → 蔬果清洗區 → 調理區 → 中央烹飪區 → 包裝（分裝區）→ 出貨（保溫配膳）區 → 污餐具回收清洗區。

2. 行政附屬區域：可在其他區域設置，如辦公室、會議室、品嚐室、外送的調度室、更衣室、實驗室、營養室、廁所等，如果還有能力應包括業務性質的整廠參觀步道，都應該計算在內。上述的附屬間室也可以視情況合併；如辦公室與調度室合併、會議室與品嚐室合併、實驗室與營養室合併等，若環境條件不夠，也可視情況省略去除。

（三）區域設備及注意事項

◎ **設備與注意事項**

1. 照明設施：照明應在 150 米燭光以上，而屬於檢查檢驗作業區，應要保持在 200 米燭光以上，燈具以不在作業線上為佳，否則應加護罩，避免燈管破裂。斷電照明則應配合法規設置。

2. 地板工程：地板應以無毒、耐熱、堅硬不透水、非吸收性質地板為佳，耐磨不光滑的地磚，並須有適當的排水斜度。

3. 排水溝的設置：排水溝應具有防鼠或其他生物的入侵設施，溝板要不生鏽、不光滑者為佳。水溝底部要有適當的弧度及傾斜度，不可讓廢水逆流，溝內不可有各式的配置，如水電瓦斯管等。

4. 屋頂及天花板要求：屋頂應以平坦、無裂縫且易於清潔者佳，以防止灰塵堆積，如有 A 型屋頂架構者，應加裝天花板並保持密閉，材料應選擇白色、防水、無毒、光滑等，以減少昆蟲生長。

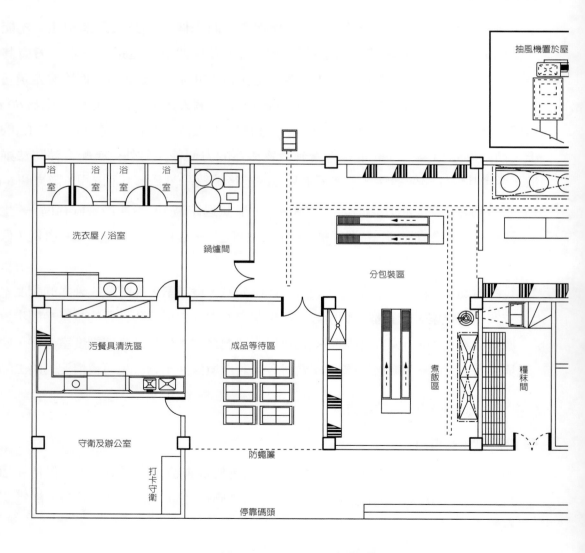

⊃ **圖 6-6　中央廚房規劃建議圖**

5. 壁面的要求：牆壁應平坦無裂縫，且由地面以上 120 cm 處應以非吸收性，耐酸、耐熱、易清洗之建材構築。壁面與地面宜有圓弧角最少 5 cm 以上，以利清洗及消毒作業。

6. 門窗及換氣口：門窗及換氣口等凡是有開放的地方，應設置有防鼠、昆蟲等入侵的設施，門片亦要能自動關閉，並要設置空氣簾或防蠅簾，主要推車行走之動線門片，應設防止碰撞護墊，紗窗或換氣口應設易拆洗不生鏽紗窗，且網目應在 1.5 mm 以下。

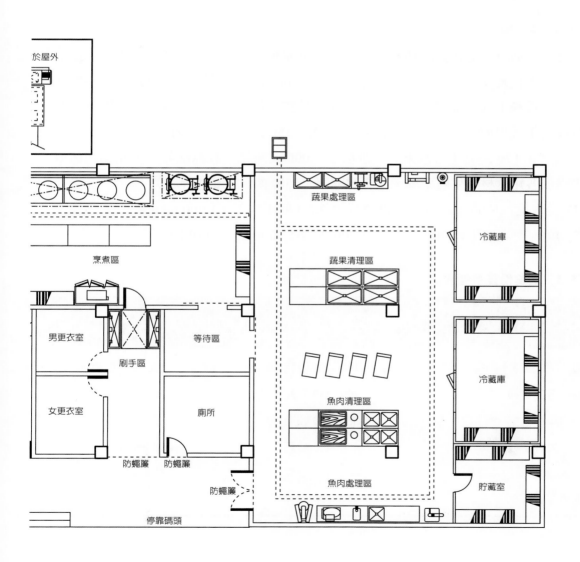

7. 供水系統事項：應有充分的供水及貯水設備，及符合水質標準規定，如清洗水、飲用水的區分，應以明顯顏色區分，地下水及淨水設備，應與污染源保持距離，貯水塔應加鎖並常清洗，並使用無毒非透明之貯水塔（桶）。

8. 廠內配電事項：一切配管配線應以國內施工法則來施工，而電源插座必須要防水，不同的電壓，應有明顯的標示及漏電斷電的系統。

9. 廁所的要求：對於廠區內如必須要設置廁所，應要男女分開，廁所門向不可對向作業場，應每日刷洗保持清潔，龍頭應採感應式並有清潔劑或手指消毒系統，廁所應有良好的通風設施，及防蠅設備。

◎ 其他注意事項

1. 進貨量的估算：進貨量的估算必須從進食量開始算起，一般而言，大概分為孩童與成人、男性及女性，工作的份量來衡量進食的標準。參考表 6-3 可知，如果是供應小學的營養午餐，那麼每餐應在 280~380 公克／每人／每餐，視男、女學童，低年級或高年級再取一個中間數來衡量。如果為 350 公克，依比例飯約為 180 公克，魚肉蔬菜在 170 公克（含水果），那麼以 1,000 人為量，計算法如下（此為初估值，仍需依各類食材的生廢棄率、膨脹收縮率、熟廢棄率詳細估計之）。

   (1) 生米重：180 g 飯／人 ×1,000 人 ÷2.5（膨脹率）÷1,000 g/kg ＝ 72 公斤／餐。

   (2) 魚肉蔬菜熟重：170 g ／人 ×1,000 人 ÷1,000g/kg ＝ 170 kg ／餐。

▷ 表 6-3　進食份量參考表

進食分量 / 類型	男 生	女 生
幼童（6 歲以下）	180~200 公克	180~200 公克
小學一至四年級	300~380 公克	280~320 公克
五、六年－國中	380~400 公克	350~400 公克
高中－大專院校	400~450 公克	380~420 公克
成 人	420~450 公克	380~420 公克
勞動者（軍人）	450~500 公克	420~450 公克

2. 微生物與食品衛生：一般而言，設計者在進行硬體的規劃時所作的區域強制劃分，其實已內含軟體的約束力，例如：作業區（清洗魚肉、蔬果、污餐具）的劃分、現場空氣中的落塵量與菌落數、預估凍藏的溫度要求、加熱的係數、器具的消毒與清潔等，這些非常容易交叉污染的問題，均可藉由良好的廚房規劃設計降低其風險。一般熱便當、18℃便當、常溫飯糰或壽司之微生物含量，在保存期限時間內，應符合表 6-4 食品中微生物衛生標準～生鮮即食食品及生熟食混合即食食品類、其他即食食品類。

> 表 6-4　食品中微生物衛生標準～生鮮即食食品及生熟食混合即食食品類、其他即食食品類

中華民國109年10月6日　衛授食字第1091302247號

本標準自110年7月1日施行

食品品項	微生物及其毒素、代謝產物	限量
3. 生鮮即食食品及生熟食混合即食食品類		
3.1 生鮮即食水產品 3.2 混和生鮮即食水產品之生熟食混和即食食品	沙門氏菌	陰性
	腸炎弧菌	100MPN/g
	單核球增多性李斯特菌	陰性
3.3 生鮮即食蔬果 3.4 混和生鮮即食蔬果之生熟食混和即食食品	大腸桿菌	10MPN/g
	大腸桿菌 O157:H7	陰性
	沙門氏菌	陰性
	單核球增多性李斯特菌	陰性
3.5 供即食之未全熟蛋及含有未全熟蛋之即食食品	沙門氏菌	陰性
6. 其他即食食品類		
6.1 本表第 1 類至第 5 類食品所列以外之其他經復水或沖調即可食用之食品	金黃色葡萄球菌	100CFU/g(mL)
6.2 本表第 1 類至第 5 類食品所以外之其他即食食品，以常溫或熱藏保存者	沙門氏菌	陰性
6.3 本表第 1 類至第 5 類食品所列以外之其他即食食品，以冷藏或低溫保存者，包括： - 經復熱後即可食用之冷藏或低溫即食食品（如：18℃鮮食） - 冷藏甜點、醬料等	單核球增多性李斯特菌	100CFU/g(mL)

＊大腸桿菌如「陰性」，得不用加驗大腸桿菌 O157:H7。

 二、團膳廚房設置規劃書（慶亞公司提供）

（一）設計需求及硬體規劃

1. 設計條件與規劃：見範例 6-1。

2. 由範例 6-1 可知設置此案標準廠房的大原則如下：

   (1) 所有設置須符合政府相關法令實施。

   (2) 本體建築使用或條件符合。

   (3) 廠外周圍環境的許可或解決方式。

   (4) 以已知的預算作全盤考量或前、後期設置計畫。預算考量時的先後排列順序應為：安全 → 衛生 → 環保 → 效率 → 美觀（或其他）。

範例 6-1

項　目	設計條件
設置地點	基隆市
周圍環境	（住家／學校／化工廠／水泥廠／高科技廠／等）
使用坪數	100 坪
廚房位置	七樓之一樓及地下室
廚房使用	80 坪／80%（建議使用）
其他使用	20 坪／20%（建議使用）
供餐人數	校內 1,500 人份，外送 3,500 人份
供餐次數	中、晚二餐
供餐菜數	四菜一湯、一水果
供餐種類	中式餐飲：配送式自助餐、麵食、便當盒餐等
供餐時間	配合本校及外送供餐時間
供餐方式	1. 由中央廚房製作完成飯菜分類 2. 以各交通工具運輸各供應點配餐室或指定點 3. 依各供應點實際人數分類（分裝）自助配膳 4. 製作盒餐供應

項　目	設計條件
餐具使用	1. 可清洗餐具容器／配合回收清洗 2. 攜帶式餐具／由學生自行帶回清洗 3. 拋棄式餐具／由現場收集
廚房廢水	依據業主及建築師提供之位置
廚房空污	頂樓排放
燃料使用	天然瓦斯、電力設備
配置設計	依食品衛生規範要求
安全要求	1. 依建築師結構變更許可要求 2. 依水電機師設計規範要求 3. 依瓦斯／消防等設置規範要求（本三項須有專業人才顧問或依法配合設置）
環保要求	1. 空氣污染要求：不可影響鄰近住家 2. 廢水處理要求：不可孳生蚊蟲小動物 3. 噪音處理要求：不可影響學生上課
效率要求	配合業主需求及預算或預估使用人員設置機器或非機器設備

（二）設計面積與流程規劃

◎ 面積計算

1. 倉庫面積計算（完整算式）：

{[0.08 ft³（食量／人／餐）×1（餐）×5,000（人份）×3（安全係數）]÷7(ft)（貯藏空間之一般高度）}×50%（食品貯存空間占該空間的 50%）＝ 85.7143 (feet)。

已知 $1 m^2 = 0.3025$ 坪，欲推知 $1 feet^2 = ?$ 坪

1 英呎 (feet) = 12 英吋 (inch)，1 英吋 (inch) = 2.54 公分

∴ 1 英呎 (feet) = 12×2.54 公分 = 30.48（公分）

$1 m^2 = 1 m×1 m = 0.3025$ 坪

$\quad = (100 cm÷30.48 cm)^2 ≒ 3.2808(feet)×3.2808(feet) ≒ 10.764(feet)^2$

∴ 0.3025 坪 = 10.764 $feet^2$，故 1 坪 ≒ 35.6 $feet^2$

∴ 85.7143 $feet^2$÷35.6 $feet^2$ = 2.41 坪 ≒ 8 m^2

2. 冷凍庫面積計算（簡易算式）：

{[0.04 ft³（食量／人／餐）×1（餐）×5,000（人份）×3（安全係數）]÷7(ft)（貯藏高度）}×40%÷35.6 ft² ＝ 0.936 坪

3. 冷藏庫面積計算（簡易算式）：

{[0.05 ft³（食量／人／餐）×1（餐）×5,000（人份）×3（安全係數）]÷7(ft)（貯藏高度）}×40%÷35.6 ft² ＝ 1.21 坪

◎ **動線與流程**（圖 6-7）

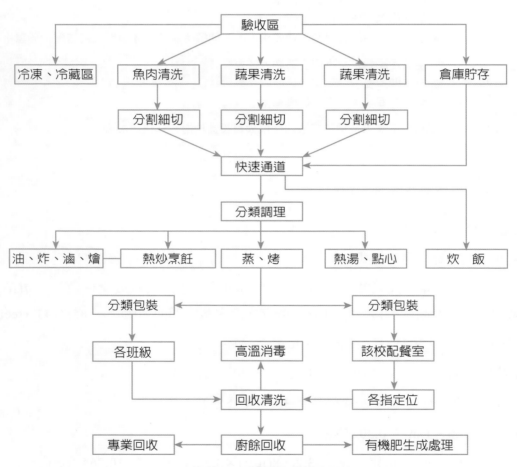

➲ 圖 6-7　廚房工作流程圖

（三）區域設備及注意事項

◎ 卸貨接收區（隔離區）

負責送菜貨車卸貨及食物分類、驗收；所需設備包括磅秤、推車、水槽。此區須人力 1 人且可與食物清洗區共用。

◎ 貯存區

負責貯存所需之食物及用品。

1. 倉庫用以貯存南北貨，所需設備包括組合式存放架、置米架。

2. 冷凍庫負責貯存魚肉類食物，溫度在 -20~0℃；冷藏庫負責貯存蔬菜及水果，溫度在 -5~0℃。魚、肉及蔬果等應以每季與市場合約採購，運交僅供當日使用不貯存為佳，凍藏設備僅供當日暫存或醃漬使用即可，以此約定較省貯藏空間及來源品質；但偏遠地區採購困難者可另議。

◎ 清洗準備區

蔬菜水果、魚肉類配料清洗準備細切處。所需設備包括洗菜機、水槽、魚肉處理台、工作台、切菜機、組合式存放菜架等。此區域人力需求約 3~4 人。

◎ 主烹煮區

負責午餐食物烹調、炒煮、油炸、煮湯、煮飯、蒸烤。所需設備如下：

1. 瓦斯大炒灶：每口每次供餐 120~200 人份，設 4 口炒灶（每鍋平均約 20 分鐘）。

2. 蒸飯櫃：專供飯類及蒸食烹調所需（每次一櫃約 35 分鐘）。每台每次可供應 850~900 人份，設 4 台蒸櫃。

3. 蒸氣迴轉鍋：專供煮滷食物及煮湯之設備（每鍋平均約 20 分鐘）。每台每次可供應湯量 250~300 人份，設 4 台迴轉鍋。

4. 萬能蒸烤箱：可供對流烘烤、高溫蒸煮、對流蒸／烤、低溫蒸煮、探針式烹調、再生加熱蒸烤、解凍等使用，設 4 台蒸烤箱（蒸烤時間視使用範圍）。

5. 洗米機：以大量水清洗米糧，每台每次清洗量為 30 公斤，清洗時間為 1~2 分鐘。本區所需人力約 5~6 人。

◎ 分裝配膳區

　　本區所需人力（不含外送司機）約 4~5 人，所需設備如下：

1. 分菜配膳台：依本校各班使用午餐人數供應，依序取盆、打菜、過磅、封蓋、運送，外校供餐則為裝桶至各校配餐教室再分盆過磅配送。

2. 配菜車：為便於分裝配菜設置，以分菜 4 盆備用 4 盆輪替之方式使用。

3. 外送推車：用以適當多層推車設計分送各班，外送以承重型推車運送。

4. 外送車輛：以承包伙食廠商提供。

◎ 其他安全與環保設備功能簡介

1. 油煙處理及消防設備：
   (1) 自動清洗式油煙罩：利用特殊設計之裝置有效抽除烹調時產生之油煙，並利用罩內設置之強力噴嘴噴洗附著之油污，並於煙罩內供給新鮮風。其尺寸與長度依爐具而定。
   (2) 煙罩控制盤：控制煙罩清洗之程序。
   (3) 油煙罩／濾網：設於產生輕油煙及蒸氣之區域，如蒸烤區、蒸飯區、湯滷區。
   (4) 油煙淨化機：利用加壓噴水（霧）擾流濾網過濾清除油煙中之油脂。
   (5) 翼截式風車：設置抽風用及補風用兩種。
   (6) 油煙系統附屬設備：循環水箱（使油煙罩內清洗水可循環使用以節約能源及業主經費）及控制箱（為風車、抽煙淨化機、循環水箱、煙罩防爆燈之控制開關，並設燈罩清潔劑注藥幫浦）。
   (7) 自動消防滅火系統：能在最短的時間、最有效率及最安全的狀態下滅火，以確保生命及財產的安全。（本書所介紹之自動消防滅火系統，其藥劑放射有效時間為 27 秒，滅火藥劑量乾粉 6.5 公斤，以電子式感應，感應溫度為 150℃，若有失火情事，可迅速有效撲滅，見圖 6-8。）

2. 廚房污水處理區設備：
   (1) 不鏽鋼水溝、鋁鑄溝蓋。
   (2) 截油截污槽：設於排水溝末端，槽體採六槽式過濾系統設計，能有效攔截油污殘渣。
   (3) 廚房專用廚餘廢水處理系統：廢水浮除過濾等處理，廢水中污物需求達 10 ppm 以下排放，不阻塞排水管或排入水溝以免產生惡臭、蚊蠅。

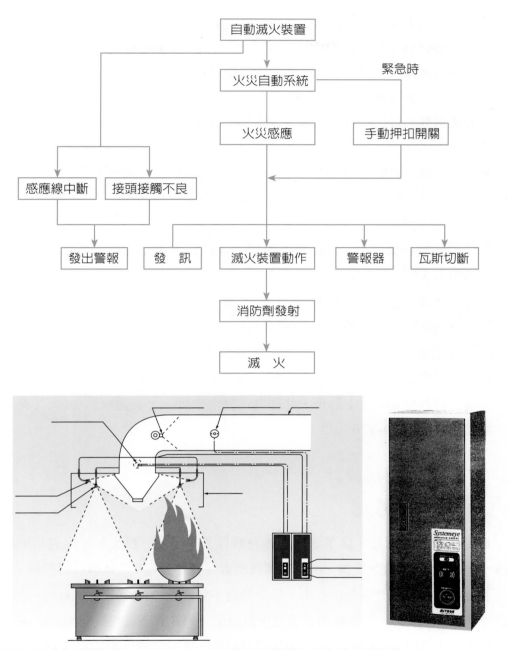

資料來源：專業化廚房設備工程手冊，23 頁，慶亞不鏽鋼工業有限公司提供。

⊃ 圖 6-8　自動消防滅火系統動作系統圖

3. 餐具清洗區：（(1) 為大容器，(2)~(6) 為小容器）

(1) 三連水槽／滴水槽：用於大件裝菜湯桶（用於外校之容器），設置三槽為肥皂水／熱水／清水／及滴水台，標準清洗使用。

(2) 浸水槽：浸泡污餐具之用。

(3) 高溫洗碗機：每小時可清洗 500~700 個菜盆。

(4) 滴水台。

(5) 高溫消毒櫃：需儲放 80~100 件菜盆以上者設置 6 台，採循環增溫系統溫度。

(6) 消毒庫：用於餐具蓋等消毒使用，配置 4 台交替輪流消毒。

4. 廚餘生成有機肥處理：

(1) 殘菜絞碎榨乾機：每日生熟食廚餘經由絞碎脫水榨乾處理，可將 100 公斤廢棄物濃縮至 35 公斤。

(2) 高速醱酵機：將濃縮廚餘加入生化菌，攪拌均勻放入，3 天後可生成有機肥（此為「有機生肥」，僅適用於粗根類植物）。

(3) 落葉堆肥桶：將廚餘生肥每日混合學校落葉置入堆肥桶，此為二次醱酵，因廚餘生菌樹葉混合醱酵，所以樹葉每日約 1/4~1/3 將縮減至完全熟肥成分為止，廚餘部分將再濃縮至 1/2 為止，此即為「完全熟肥」，其過程約 30 天（在天然環境熟肥過程約 90~120 天以上）。

三、營養午餐廚房設計

（一）設計需求及硬體規劃

一個衛生安全的廚房，除了建築物本身條件外（通風、採光），尚包括環境衛生的維護，食物清潔、調理、烹飪、供應和餐具消毒保管等流程，上述種種過程缺一不可，也馬虎不得，廚具設計動線是否流暢、學童搬運午餐過程中是否安全等因素，均需專業設計之考慮來加以規範。午餐廚房必須至少劃分出下列 6 個區域：接受驗貨區、貯存區、調理準備區、烹調區、分配區、餐具清洗與貯藏區。在設計時，污染區域及清潔區域應做嚴格之區隔，保證食物之衛生，視情況亦須設置午餐秘書辦公室及蒸氣鍋爐間。

（二）設計面積與流程規劃

◎ 面積計算

依教育部頒布設置原則如下：

1. 學校人數在 300 人以下者，新建 20~25 坪。

2. 學校人數在 300~600 人者，新建 25~30 坪。

3. 學校人數在 600~900 人者，新建 30~35 坪。

4. 學校人數在 900~1,500 人者，新建 35~40 坪。

5. 學校人數在 1,500~3,000 人者，新建 40~45 坪。

6. 學校人數在 3,000~5,000 人者，新建 45~50 坪。

7. 學校人數在 5,000 人以上者，新建 50~60 坪。

另應設置防火天花板，牆面貼磁磚，地面貼磁磚或鋪設環氧樹脂 (epoxy)、牆面與地面銜接處圓角處理（不可以有死角），以及設置紗門、紗窗及空氣門等。

◎ 動線與流程（圖 6-9）

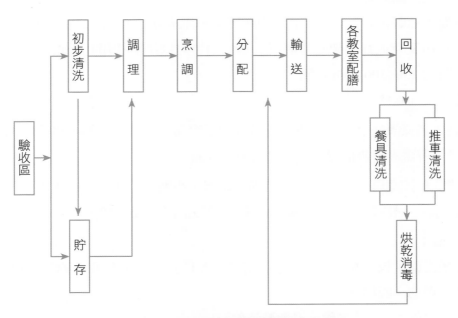

⊃ 圖 6-9　營養午餐團膳作業流程

（三）區域設備及注意事項

1. 接收驗貨區：食品廠商進貨、過磅和驗收；所需設備包括磅秤、L 型推車（300 人以下設置一部，300 人以上二部）、存放架等。

2. 貯存區：食品之常溫或低溫貯存。

   (1) 乾貨倉庫：依使用人數約在 1.5~5 坪之間。所需設備有存放架及置米架。

   (2) 低溫貯藏：辦理營養午餐原則上需每日進生鮮食品，當日食畢，並不鼓勵低溫隔日或長期保存，但仍需冷藏保存當日午餐之樣品一份，以供檢驗之需；所需設備為冷凍、冷藏櫃。

3. 調理準備區：食物清洗及切割處理配菜；所需設備有水槽（葷素分開清洗）、工作台、絞肉機、切菜機等。

4. 烹調區：所需設備差異如下。

   (1) 瓦斯大灶：500 人內應設置二口式瓦斯爐灶；500~1,200 人應設置三口式爐灶；1,200 人以上則應設置四口式的瓦斯爐灶。

   (2) 迴轉鍋：煮湯專用，300 人以內無蒸氣者可設置瓦斯迴轉鍋或改設置湯爐；300 人以上以蒸氣者則設置蒸氣式迴轉鍋。

   (3) 蒸櫃：蒸飯、菜、有蒸氣者採用蒸氣式，無蒸氣者，採用瓦斯式。200 人以內煮菜可用瓦斯大灶，架蒸籠使用（蒸氣鍋爐之選擇應採用瓦斯貫流式，依設備使用量約 250~500 kg/h 之間）。

   (4) 煙罩及抽風機。

5. 分配區：將烹調好之食物依班級人數分配至容器中，注意容器不可置於地面以避免受污染。所需設備包括置架、不鏽鋼湯及飯鍋。

6. 餐具清洗和貯藏區：所需設備為自動洗碗機（小型學校使用洗碗水槽即可）、餐具消毒櫃等。一般國中（小）學營養午餐廚房設計詳見圖 6-10。

7. 其他設備：

   (1) 班級設備：包括配膳推車、配膳講桌、餐具籃、湯桶 1 個、菜桶 2~3 個、飯盒 1 個、湯杓、飯杓及菜杓等。

   (2) 個人設備：4 格式餐盤、湯匙及湯碗。

四、學校教職員餐廳或員工餐廳廚房設計

（一）設計需求及硬體規劃

1. 員工總人數：依製作份量而定。

2. 供餐方式：如自助餐、合菜式或便當等。

3. 環境清潔所需設備：

    (1) 清潔劑配加高壓噴洗設備：每一區域考慮設置一套。

    (2) 截油截污槽：設置於廚房水溝末端，設計為六槽式將油污菜渣及污水份離，清理方便，以避免水源污染。

    (3) 油煙處理設備：風管、油煙淨化機（利用高壓水幕將通過之油煙洗淨）、抽風機（視油煙罩大小計算出抽風量，以選擇抽風機大小）。

4. 相關計算：

    (1) 抽風量：抽煙罩長度 (M)× 寬度 (M)×1,600 ＝ CFM

    (2) 新鮮風（補風）：抽風量 ×(80~85%) ＝ CFM

    (3) 給水量：冷水量為每支水龍頭約 200~300 L ／小時；熱水量為每支水龍頭約 110~170 L ／小時。

    (4) 排水量：冷水量＋熱水量 ×90%。

（二）設計面積

1. 廚房面積的計算方式為：人數 ×(0.3~0.5 m^2) ＝面積。

2. 冷藏、冷凍庫面積：{[0.04 ft^3 ／餐（每人餐量）×7（含颱風期間的最大存放天數）× 餐數 × 人數]÷7(ft)（貯藏高度）}×40%÷35.6 ft^2 ＝坪（理想狀況）。

（三）區域設備及注意事項

◎ 卸貨接收區

　　負責送菜卡車卸貨及食物分類、食物清點；所需設備為磅秤、工作台、送菜推車、水槽及補蟲燈。

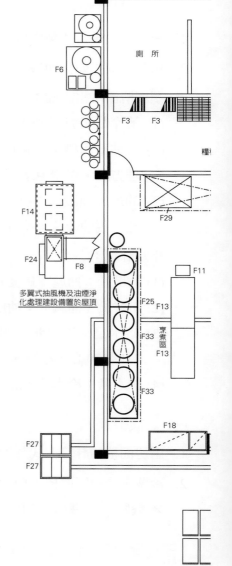

F1	工作台／下棚架
F2	鑄鋁水溝蓋
F3	組合式存放架
F4	工作台／下棚架
F5	蒸氣迴轉鍋
F6	500 kg／H 貫流式蒸氣鍋爐
F7	洗米機
F8	不鏽鋼風管
F9	置米架
F10	工作台／下棚架
F11	調味品車
F12	保溫湯桶
F13	工作台／下棚架
F14	油煙淨化機
F15	不鏽鋼餐具籃
F16	蒸氣罩
F17	不鏽鋼蒸飯盆／含蓋
F18	四門冷藏櫃

F19	200 kg 送菜梯
F20	飯湯桶存放架
F21	送餐推車
F22	蒸氣罩
F23	不鏽鋼菜盆／含蓋
F24	多翼式抽風機
F25	油煙罩／濾網
F26	不鏽鋼餐具
F27	截油截污槽
F28	高溫餐具消毒櫃
F29	蒸氣式蒸庫／推車
F30	單水槽工作台
F31	浸水槽
F32	空氣門
F33	中式鼓風爐
F34	併裝式冷凍、冷藏庫
F35	瓦斯自動切換裝置

⊃ 圖 6-10　國中（小）學營養午餐廚房設計圖

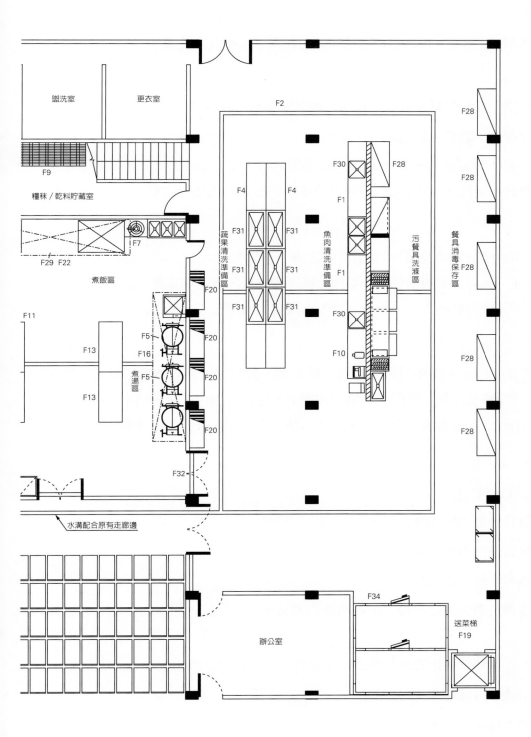

◎ 初步清洗區

負責食物清洗、整理，所需設備為抽屜式工作台、水槽及存放架。

◎ 貯存區

1. 南北貨貯存室：設備包括存放架、推車、櫥櫃、存放工作台架。

2. 米、麵粉貯存室：設備包括置米架、推車。

3. 冷藏、冷凍庫：冷藏庫用來貯存蔬菜、水果和飲料，溫度約在 0~5℃；冷凍庫用來貯存肉類食物，溫度在 -20~0℃。冷藏及冷凍庫的所需設備為存放架。

◎ 準備區

指蔬菜、魚肉類、水果及配料準備細切之處。若供餐量大，空間足夠時，可將各類食物分開處理。所需主要設備包括：切肉片機、絞肉機、萬能切菜機、蔬菜細切機、球根剝皮機、紫外線刀具消毒箱、水槽、工作台及魚肉處理台。

◎ 麵食製作區

視實際需要而設立，需要的設備包括：攪拌機、醱酵櫃、活動盤架、烤箱（雙層或三層）、冷藏及冷凍冰箱、雙口瓦斯爐附油煙罩、麵食工作台、麵粉桶車、饅頭製作機、壓麵機、工作台（配合現場製作）、雙連水槽工作台、存放棚架以及推車。

◎ 蒸煮炒菜區

為主要烹調區域，所需設備如下：

1. 大炒灶：每日供應 150~180 人份。

2. 小炒灶：每日供應 100~120 人份。

3. 副爐：每兩個小炒灶之間設一口。

4. 迴轉鍋：專供烹煮湯類之設備，能源可使用蒸氣或瓦斯。每一加崙約可供應湯量 10 人份。

5. 瓦斯蒸灶：專供蒸菜類用及蒸炊飯或饅頭麵食等。每口可供應約 250~300 人份。

6. 水壓式洗米機：每部可洗 45 公斤。

7. 瓦斯煮飯鍋：每次可煮 50 人份。

8. 立式炊飯機：每台每次可煮 150 份。

9. 油炸機、煎板爐、煮麵機：依實際需要設立。

10. 豆漿製作區：依實際需要設立。

11. 自動清洗式抽煙罩：尺寸長度依爐具而定。

◎ 配膳區

依供餐方式不同，設計方式也不同：

1. 採自助式供餐方式，設備包括：

   (1) 升盤車：存放餐盤用，可隨餐盤多寡升降。

   (2) 餐具存放車。

   (3) 保溫配膳台：採用濕式保溫方式，並設有玻璃防塵罩防止灰塵及飛沫掉落。

   (4) 保溫湯飯桶：每部可裝 100~150 人份。

2. 採便當式供餐方式，設備包括：

   (1) 自動清洗式配膳輸送帶：以正常速度，平均每部可配膳 400 人。

   (2) 配膳車：每台可供應 2~3 種菜式，每種菜可供應 150~200 人份。

3. 採合菜式供餐方式，設備包括：

   (1) 工作台。

   (2) 送餐推車。

◎ 餐具回收及洗滌區

常見使用設備包括：污餐具回收車、殘菜回收車、殘菜絞碎榨乾機、污餐具處理台、預洗噴槍、高溫全自動洗碗機（視人數多寡設計）、烘乾機（依洗碗機所需而設置）、餐具整理台、高溫餐具消毒櫃（可採蒸氣或電熱式加熱）、熱水鍋爐（供應廚房內及洗碗機所需之熱水）、污餐具輸送帶（量大可考慮設置）。若面積許可，應考慮獨立設置餐具存放室，內設存放架及櫥櫃（圖 6-11）。

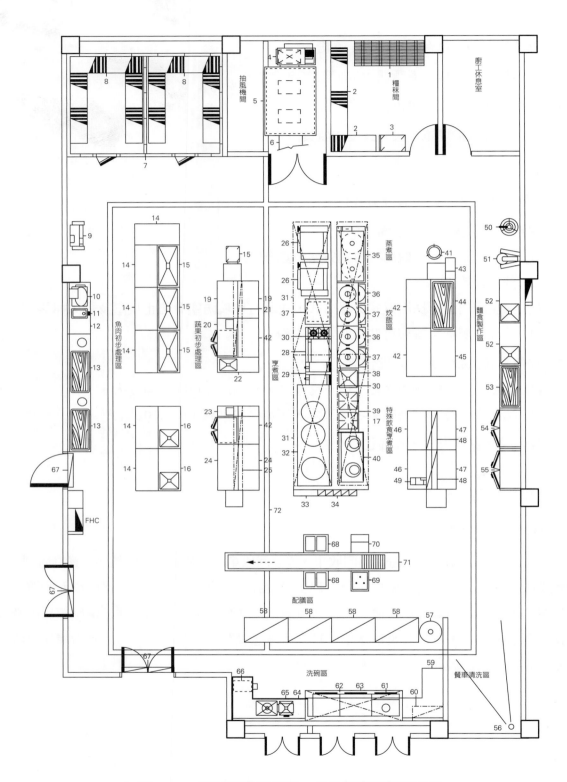

◯ 圖 6-11　學校教職員餐廳、員工餐廳廚房設計圖

1 置米架	26 平底迴轉鍋	51 攪拌機
2 組合式存放架	27 萬能蒸烤箱	52 單水槽工作台
3 L型推車	28 煎板／西式爐／烤箱／櫥櫃	53 魚肉處理台
4 多翼式抽風機／鐵架	29 油炸機	54 雙門立式冷凍冰箱
5 油煙淨化機	30 灶後封板	55 雙門立式冷藏冰箱
6 風　管	31 自動清洗式油煙罩	56 高壓消毒噴槍
7 併裝式冷凍、冷藏庫	32 中式鼓風爐	57 瓦斯熱水鍋爐
8 組合式存放架	33 煙罩控制盤	58 高溫餐具消毒櫃／籃
9 萬能切菜機	34 自動消防滅火系統	59 L型滴水台
10 電動切肉機	35 自動給水式蒸灶／蒸籠	60 碗籃壁架
11 多功能調理機	36 瓦斯炊飯鍋	61 高溫餐具烘乾機
12 工作台／下棚	37 雙層飯鍋置台	62 高溫全自動洗碗機
13 魚肉處理台／殘菜機	38 單水槽	63 洗碗機蒸氣罩
14 重切工作台／下棚	39 雙口鼓風湯爐	64 L型殘菜機／雙水槽
15 浸水槽	40 中式鼓風炒爐	65 預洗噴槍／肘動龍頭
16 單水槽工作台	41 活動蒸籠架	66 分離式殘菜碾碎榨乾機
17 自動清洗式油煙罩	42 調理工作台／下棚	67 空氣門
18 調味品車	43 麵粉桶車	68 保溫配膳車
19 調理工作台	44 麵食工作台／抽屜	69 碗保溫車
20 臥式冷凍櫃	45 調理工作台／下棚	70 升盤車
21 桌上架	46 調理工作台／下棚	71 配膳輸送帶
22 單水槽工作台	47 重切工作台／下棚	72 鑄鋁溝蓋／不鏽鋼邊框
23 臥式冷藏櫃	48 桌上架	
24 調理工作台	49 食物細切機	
25 桌上架	50 電動洗米機	

五、醫院廚房設計

（一）設計需求及硬體規劃

　　一般會依病床總床數、員工總人數，以及醫院內廚房種類需求為設計基本考量；通常醫院內之廚房種類可以分類為病患廚房、員工廚房、訪客廚房（又分為西餐廚房及中餐廚房），以及醫師廚房；大醫院還可考慮設置冷飲或吧台。

（二）設計面積

1. 廚房面積估算：詳見表 6-5。

> 表 6-5　醫院廚房面積估算

廚房總類	廚房面積
病患廚房	0.7~1.0 m^2／床
員工廚房	0.3~0.5 m^2／人
訪客廚房	0.3~0.6 m^2／人
醫師廚房	0.5 m^2／人
冷飲吧台	由院方自定區域

註：以上面積不包括鍋爐房及電器室。

2. 冷凍庫面積：

　　$\{[0.04\ \text{ft}^3$／餐（每人餐量）$\times 7$（含颱風假期的最大存放天數）$\times$ 餐數 $\times$ 人數 $]\div 7$（冷凍庫高度）$\}\times 40\%\div 35.6\ \text{ft}^2 =$ 坪（理想狀況）。

3. 冷藏庫面積：

　　$\{[(0.05\ \text{ft}^3$／餐（每人餐量）$\times 7$（含颱風假期的最大存放天數）$\times$ 餐數 $\times$ 人數 $]\div 7$（冷凍庫高度）$\}\times 40\%\div 35.6\ \text{ft}^2 =$ 坪（理想狀況）。

（三）區域設備及注意事項

◎ 卸貨接收區

　　負責送貨菜之卡車卸貨及食物分類、食物清點。所需設備包括磅秤、工作台、送菜推車及水槽。

◎ 初步清洗區

負責清洗、整理，所需設備包括抽屜工作台、水槽和存放架。

◎ 貯存區

1. 南北貨貯存室，所需設備為存放架、推車、櫥櫃以及存放工作台架。

2. 米、麵粉貯存室，所需設備為置米架及推車。

3. 冷凍庫：貯存肉類食物，溫度在 -20~0℃，所需設備為存放架。

4. 冷藏庫：貯存蔬菜、水果、飲料，溫度在 0~5℃，所需設備為存放架。

◎ 準備區

為蔬菜、肉類、水果及配料等的準備細切處，主要設備包括：切肉片機、絞肉機、切蔬菜機、食物切割機、去皮機、附屬設備、水槽、工作台和砧板台。建議當處理量超過 1,500 床時可考慮設置絞碎榨乾機。

◎ 蒸煮炒菜區

若情況許可，亦可將蒸氣煮區與炒菜區分隔開，常見設備包括：

1. 大炒灶：每口供應 150~180 人份。

2. 小炒灶：每口供應 100~120 人份。

3. 副爐：每兩個小炒灶之間設一口。

4. 水壓式洗米機：每部可清洗 45 公斤之白米。

5. 蒸氣迴轉鍋：專供煮飯、湯之設備。每一加崙可供應的飯量約 5 人份，湯量約 10 人份。

6. 萬用瓦斯傾斜鍋：專供煎煮用。

7. 蒸庫：專供蒸煮用，每一層可供應 400 人份。

8. 蒸氣炊灶：專供蒸菜類用及蒸炊飯或饅頭麵食等。每口可供應約 250~300 人份。

9. 對流烤箱：可供食物解凍、食物加溫及烘烤麵食類食物之用。

10. 豆漿製作區：依實際需要而定。

11. 自動清洗式油煙罩：排氣量在每呎 250~500 CFM。尺寸長度依爐具而定。

12. 附屬設備：包括洗鍋水槽（若量大時可考慮設清洗鍋區）、工作台、存放架、送菜推車等。

◎ 麵食製作區

　　主要設備包括：攪拌機、醱酵櫃、活動盤架、烤箱（雙層和三層）、冷凍及冷藏冰箱、雙口瓦斯爐附油煙罩、麵食工作台、麵粉桶車、饅頭製作機、壓麵機、工作台（配合現場製作）、雙連水槽工作台、存放棚架、推車。

◎ 洗碗區

　　常用設備包括處理工作台（即洗碗機、清潔工作台和整理工作台一併稱之）和清潔器具存放區的附屬設備。

◎ 配膳區

　　分配病患飲食之處，所需設備包括：

1. 自動清洗輸送機：以正常速度，平均每部可配膳 400 人。
2. 保溫餐車：每部可存放餐量為 27~30 人。
3. 保溫飯桶車：每部可裝 100~150 人份。
4. 保溫湯桶車：每部可裝 100~150 人份。
5. 抽屜工作台：存放器具用品，每一配膳區至少需一部。
6. 餐盤食器分配器：每部可供 150 盤。
7. 湯飯碗供應器：每部可供 175 人份。
8. 保溫配菜箱附送菜箱推車（或使用保溫配菜車亦可）一組。每組可供 2~3 種菜式，每一菜式可供 150~200 人。設每配膳線提供 4 菜，則每配膳線供 400 人時則需 4 個配菜箱及 2 部推車。

◎ 餐具洗滌區

　　所需設備包括：全自動洗碗機、烘乾機（依洗碗所需而設置）、高溫餐具消毒櫃、預洗噴槍及高壓消毒噴槍、污餐具輸送帶（量大時可考慮設置）、殘菜絞碎榨乾機。附屬設備則包括：殘菜處理工作台、清潔餐盤處理台。若面積許可，應考慮獨立一餐具存放室，設存放架及櫥櫃。

◎ 環境清潔設備

1. 清潔劑配加噴洗設備：每一區域考慮設置一套。

2. 截油截污槽：設置於廚房水溝末端。

3. 油煙處理設備：設置於風管出口處，配合風車大小設計。

（四）醫院的其他廚房設施

◎ 治療飲食廚房

1. 低蛋白廚房 (low protein)：所需設備主要有冷凍及冷藏冰箱、西式爐灶附烤箱、煎板爐附烤箱、油煙罩、微波烤箱、工作台、雙連水槽、蒸氣鍋、存放架、烤麵包機（商業專用型）、保溫餐車、果汁機。

2. 流質廚房 (liquids)：所需設備包括蒸氣迴轉鍋、果汁機、油煙罩、蒸氣罩、冷凍及冷藏冰箱、西式爐灶、活動存放架推車、保溫餐車（27~30 人）、工作台、水槽工作台。

3. 冷食製作廚房：所需設備包括冷凍及冷藏冰箱、存放架、雙口爐灶、工作台、油煙罩、水槽工作台、保溫餐車（27~30 人）。

◎ 特別廚房 (Special Kitchen)

主要設備包括：果汁機、冷凍及冷藏冰箱、西式爐灶附烤箱、蒸氣鍋、油煙罩、蒸氣罩、微波烤箱、中式小炒灶、保溫餐車（27~30 人）、工作台、水槽工作台、存放架。

◎ 冷熱食供應區

1,500 床以上醫院可考慮增設，所需設備包括：工作台（按現場配置）、冷食工作台（按現場配置）、水保溫槽。

◎ 訓練廚房

也稱為教學廚房，大型醫院可考慮設立，所需的設備包括：工作台、水槽工作台、開口爐灶附烤箱、油煙罩及冰箱（圖 6-12）。

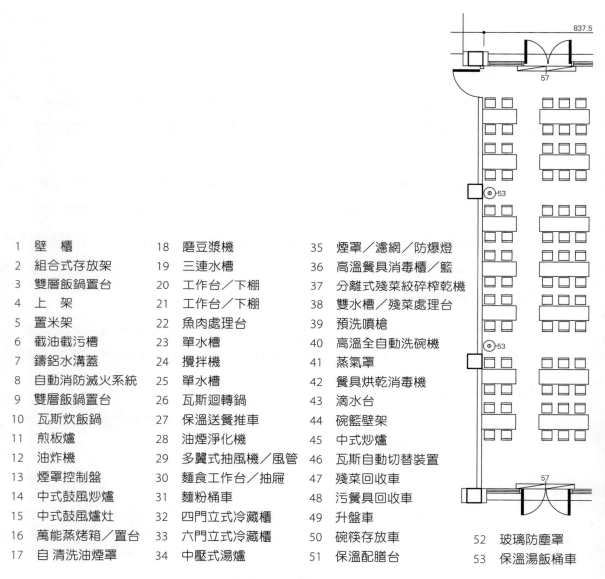

1	壁　櫃	18	磨豆漿機	35	煙罩／濾網／防爆燈
2	組合式存放架	19	三連水槽	36	高溫餐具消毒櫃／籃
3	雙層飯鍋置台	20	工作台／下棚	37	分離式殘菜絞碎榨乾機
4	上　架	21	工作台／下棚	38	雙水槽／殘菜處理台
5	置米架	22	魚肉處理台	39	預洗噴槍
6	截油截污槽	23	單水槽	40	高溫全自動洗碗機
7	鑄鋁水溝蓋	24	攪拌機	41	蒸氣罩
8	自動消防滅火系統	25	單水槽	42	餐具烘乾消毒機
9	雙層飯鍋置台	26	瓦斯迴轉鍋	43	滴水台
10	瓦斯炊飯鍋	27	保溫送餐推車	44	碗籃壁架
11	煎板爐	28	油煙淨化機	45	中式炒爐
12	油炸機	29	多翼式抽風機／風管	46	瓦斯自動切替裝置
13	煙罩控制盤	30	麵食工作台／抽屜	47	殘菜回收車
14	中式鼓風炒爐	31	麵粉桶車	48	污餐具回收車
15	中式鼓風爐灶	32	四門立式冷藏櫃	49	升盤車
16	萬能蒸烤箱／置台	33	六門立式冷藏櫃	50	碗筷存放車
17	自清洗油煙罩	34	中壓式湯爐	51	保溫配膳台
				52	玻璃防塵罩
				53	保溫湯飯桶車

⊃ 圖 6-12 醫院廚房設計圖

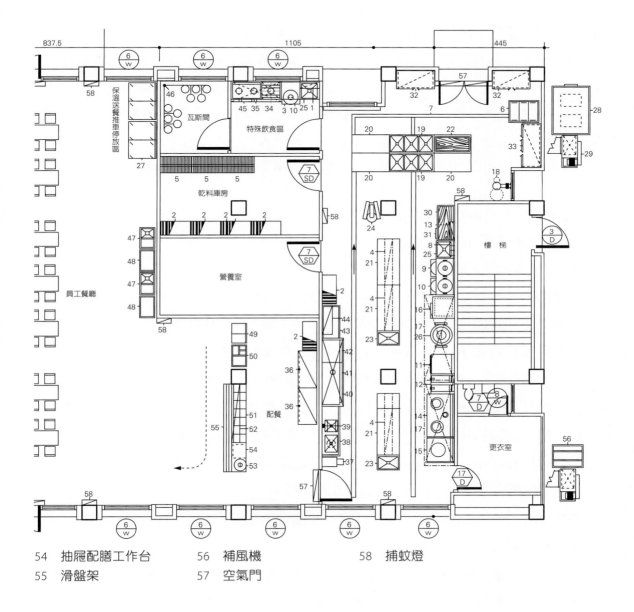

54	抽屜配膳工作台	56	補風機	58	捕蚊燈
55	滑盤架	57	空氣門		

6-4 設備介紹與使用管理

一、設備介紹（圖片提供：慶亞不鏽鋼工業有限公司）

1. 熱食機具 (cooking equipment)：動力來源可使用電力、水蒸氣及瓦斯（如圖 6-13），常見的包括：
   (1) 中式爐灶：分為兩種，一種供氣管與瓦斯管不同管徑入口，火力強大（稱為鼓風式）；另一種則供氣管與瓦斯管同一管徑入口，火力稍小。
   (2) 蒸爐：分為自動給水式和推入式（大型推車）。
   (3) 飯鍋：有蒸氣型、瓦斯型及電力型。
   (4) 烤箱：有烤箱及蒸烤箱兩種。
   (5) 蒸氣迴轉鍋、瓦斯旋轉鍋。
   (6) 其他：湯爐、煎爐、油炸機以及飲水機等。

2. 冷藏機具 (refrigerators)：動力來源主要為電力，包括了六門、四門的冷凍冷藏冰箱、walk in 大型冷凍冷藏庫、臥式冷凍冷藏冰箱、製冰機配合濾水系統等（圖 6-14）。

3. 洗滌機具 (washing-up equipment)：動力來源主要為電力，包括洗碗機（半自動、全自動、超音波）、洗菜機（超音波震盪、臭氧式）等（圖 6-15）。

4. 調理機具 (preparation equipment)：動力來源主要為電力，包括洗米機、切菜機、切肉片機、多功能調理機、削皮機、絞肉機、攪拌機等（圖 6-16）。

5. 配膳機具 (cafeteria equipment)：通常作為現場供餐用，動力來源主要是電力，包括了保溫配膳台、冷熱食物保溫台以及配膳動線台。

6. 運輸機具 (distribution equipment)：各式推車，主要用於配膳（可保溫），如 L 型推車（圖 6-17）。

7. 其他機具：動力來源主要為電力，包括紅外線收縮包裝機、醱酵箱、壓麵機、殘渣廚餘絞碎榨乾機、高溫烘乾消毒櫃、饅頭整形機、存放架、紫外線刀具消毒櫃、砧板消毒櫃等（圖 6-18）。

30~50 人份瓦斯炊飯鍋

自動蒸飯機

自動給水式蒸爐

蒸氣迴轉鍋

瓦斯迴轉鍋

油炸機

自動煮飯機

自動給水式蒸爐

油炸機

推入式蒸氣庫

萬能蒸烤箱

蒸氣、平底迴轉鍋

⊃ **圖 6-13 熱食機具** (cooking equipment)

四門式冷凍（藏）櫃

六門式冷凍（藏）櫃

製冰機

製冰機

四門立式冷凍冷藏冰箱

六門立式冷凍冷藏冰箱

雙門立式冷凍冷藏冰箱

併裝式冷凍冷藏庫

臥式冷凍冷藏冰箱

○ 圖 6-14　冷藏機具 (refrigerators)

迴旋式自動餐具洗滌機

輸送帶式自動餐具洗滌機

全自動高溫洗碗機

◯ 圖 6-15　洗滌機具 (washing-up equipment)

全自動切肉機

絞肉機

萬能切菜機

切菜機

切肉片機

多功能調理機

洗米機

◯ 圖 6-16　調理機具 (preparation equipment)

多層式活動推車

L 型推車

L 型推車

盤架推車

雙層推車

⊃ 圖 6-17　運輸機具 (distribution equipment)

饅頭整形機

蒸氣式餐具消毒烘乾櫃

電氣式餐具消毒烘乾櫃

收縮包裝機

活動工作台

組合式存放架推車

存放架

推入式活動架

紫外線刀具消毒－砧板消毒櫃

高溫烘乾消毒櫃

殘渣廚餘絞碎榨乾機

● 圖 6-18　其他機具

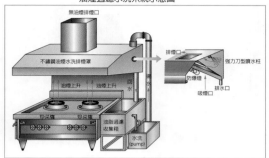

(a) 油煙過濾水洗系統圖

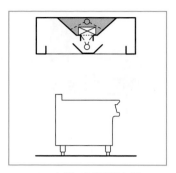

(b) 水洗式煙罩片機

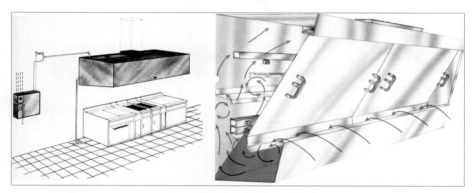

(c) 油煙過濾水洗系統示意圖

(d) 油煙淨化處理設備安裝示意圖

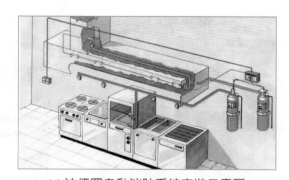

(e) 油煙罩自動消防系統安裝示意圖

⊃ 圖 6-19　抽油煙機 (a~d) 和自動消防滅火系統 (e)

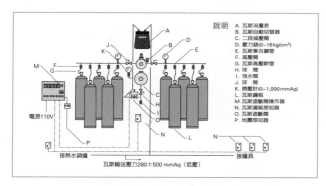

瓦斯漏氣自動遮斷系統　　　　　瓦斯漏氣警報受信監示器

⊃ **圖 6-20　瓦斯漏氣自動遮斷系統**

8. 抽油煙機：含自動清洗式抽煙罩、循環水箱、控制箱（風車、油煙淨化器、循環水箱、煙罩防爆燈之控制開關），詳見圖 6-19(a)~(d)。

9. 自動消防滅火系統：通常加裝於爐灶上方（抽油煙罩內），當失火時，可自動感應噴灑消防劑滅火，詳見圖 6-19(e)。

10. 瓦斯漏氣自動遮斷系統及瓦斯漏氣警報受信監視系統：見圖 6-20（千和櫥業有限公司提供）。

11. 油脂截油槽：設置於廚房水溝末端，可將殘渣、污水、油污分離，方便清理。

📎 二、購買設備的考慮因素

1. 考量機構目前與未來的需要：分析目前機構的供餐內容，設備是否與之相符？數量足夠否？未來是否會增添其他或同類設備？廠房空間能容納新購設備否？若經營不善，所購買之機型易轉賣脫手否？上述問題均需審慎思考。

2. 設備、產能、價格：

   (1) 產能與價格：設備的價格高低應與設備的單位時間產量等一起考量，機構應衡量自身需求後，再決定是否購買臺灣製、美國製、西德製…？是購買 200 人份／小時產能者，抑或 500 人份／小時？是否可購買中古設備？考慮使用年限及堪用率，若可接受，也未嘗不可。

(2) 設備本身考量：宜選購操作簡單容易、安全性高、省時省力、合於衛生、方便保養、易拆卸清洗、不易故障的機型；並須有詳細的規格說明（包括使用電壓、使用方式、保養注意事項等）；有時設備的故障是起因於使用方法錯誤。

3. 廠商條件：廠商在商界的經營狀態是否穩定？信用良好否？其所代理或自售的設備，評價如何？售後服務良好否？是否定期主動進行機械設備的保養？以上均需考慮。售後服務尤其重要，往往設備小零件故障，廠商拖很久才來修復或者缺零件（必須進口）而無法運作，均會造成自身機構很大困擾。

　　除上述之外，在設備確實購入後，須請廠商示範操作，並備有使用說明書，說明操作程序、平日保養工作內容及定期請廠商維修保養之時程表，且確認售後服務單位及其聯絡電話。

三、設備使用方式與安全管理

　　設備的使用首重安全，各項設備須於機器上列出使用維修單，表上明列設備名稱、使用日期、使用狀況、維修日期、維修狀況、損壞原因（表6-6），以確認設備使用壽命及平日維修情況。

表 6-6　設備使用維修單

設備使用維修單					設備名稱：＿＿＿＿＿＿		
使用日期	使用狀況	損壞原因	維修日期	維修狀況	使用人員／維修人	備	註

（一）各類設備使用要點

1. 桶裝瓦斯：
   (1) 瓦斯桶須予以固定、安全、有遮陽防護放置，瓦斯管線注意是否龜裂，每次換裝瓦斯時，須請該公司人員檢查；瓦斯桶開關，逆時針旋轉為開、順時針旋轉為關，把手與管線平行為開、把手與管線垂直為關。
   (2) 瓦斯桶使用時才打開開關，切勿開到盡頭或關到盡頭，若旋太緊易分不清是開或關，造成危險。須於平日使用、在職訓練時加強解說及演練，確保廠區安全。

2. 瓦斯漏氣自動遮斷裝置：
   (1) 爐灶點火方式：點火槍對準母火 → 按壓點火槍 → 打開母火瓦斯開關 →點燃母火成功 → 打開子火開關，若母火點燃不成功，須將母火開關關閉，再依上述方式重新為之。
   (2) 重點：瓦斯點火切不可先打開母火開關，一旦打開、瓦斯立即逸出瀰漫在爐灶周圍，此時再按壓點火槍，火舌即燃起，小則火燒眉毛，大則易釀火災。若警報器響起，務必依故障燈號檢查何處漏氣，關閉瓦斯；待檢修完成始可使用。

3. 鼓風爐：依上述爐灶點火方式點燃母火後，再同時調節瓦斯子火與空氣流量，使呈紫色火完全燃燒；子火與空氣流量大小要互相配合；子火大，空氣流量小，呈橘紅色火焰，充斥瓦斯味；調大空氣流量，子火小，易使火熄滅。

4. 蒸爐：使用自動給水式者，若蒸爐未天天使用，供水槽的水未流動，易致貯水容器生鏽，再次使用時須將水漏除，重新蓄水蒸製食品；否則不乾淨的水會使成品表面呈灰黑色。

5. 飯鍋：50 人份的瓦斯電鍋，要注意瓦斯管線是否因移動飯鍋而鬆動、脫落。

6. 烤箱：使用電力者，預溫時間約 20~30 分鐘，使用完畢須將溫度設定調回 0℃；瓦斯烤箱，火力較不均勻。

7. 油炸機：須每日清洗，並以溫度計檢測油炸機溫度顯示正確與否。

8. 蒸氣迴轉鍋：使用蒸氣能量之設備，烹調完成須先將壓力洩出再傾斜分裝。

9. 煎爐：盛裝爐面殘渣、盛油的油槽每日清除刷洗，能量多為瓦斯。

10. 冷凍、冷藏庫：庫外溫度顯示正確否？是否門未緊閉？（門邊膠條須更換否？）有無防反鎖的安全設備（walk in 式）。

11. 製冰機：濾水器之濾心須定期更換，須接自來水管線、電力，防止因拿取冰塊而污染了內部。

12. 切菜機、切肉片機、絞肉機：啟動電源前，確認更換刀片已拴緊，手移動肉片位置須注意安全距離，絞肉時，勿以手擠壓肉塊，以免手指絞入機器內。

13. 攪拌機：啟動電源前，確定手已離開缸內，放下防護網。

（二）防止廠區意外發生

為了防止廚房工作廠區的意外發生：

1. 員工應學習正確地操作設備，如爐灶瓦斯開關與管線平行為開，垂直為關；點火程序要正確；使用結束應關閉旋緊開關等，舉例來說：瓦斯裝置有瓦斯桶 → 管線平行垂直閥 → 工作台瓦斯平行垂直閥 → 爐灶母、子火開關，正確使用開啟順序應為：瓦斯桶 → 管線平行垂直閥 → 工作台瓦斯平行垂直閥 → 爐灶母、子火開關，至點火槍點燃母火，再調節子火大小，關瓦斯順序則為顛倒上述程序；若忘記關閉爐灶母火，下次使用時，雖仍依正確開啟程序，但點火槍未點燃母火前爐灶已瀰漫瓦斯，故仍造成危險，應確認每一開關均關閉，才重新開啟。又如使用萬能切菜機，刀片換裝後未卡緊，一啟動開關，刀片掉落砸傷或劃傷員工，均造成遺憾。

2. 設備須經常使用（菜單設計時考慮）、定期保養：設備不用比常用的壽命更短，機器經常使用其順暢性較好、穩定度較佳。

3. 養成使用後立即關閉每一步驟開關、電源的習慣。

（三）火災分類與滅火器

一般的火災分類：

1. 普通火災（A 類火災）：如木製品、紙纖維等可燃物引起之火災。

2. 油氣火災（B 類火災）：如引火性油類、液化石油氣、動植物油脂等引起。

3. 電氣火災（C 類火災）：由電氣設備、機器等引起。

4. 金屬火災（D 類火災）：由鋰、鈉、鉀等金屬引起。

　　餐飲機構引發的火災多為 B、C 二類，尤以 B 為最多。在廚房工作廠區，應備有急救箱，可作簡易救護；除了裝置自動消防滅火系統外，亦須備有滅火器。火災的發生須可燃性材料、氧氣、溫度三者同時存在，才可能發生；若發生爐灶起火，應先將鍋蓋蓋上以阻絕空氣，再關掉火源降溫，即可滅火；若無法滅火，則須使用滅火器（適用於 B 類火災：泡沫滅火器、二氧化碳滅火器、乾粉滅火器、鹵化烷滅火器；C 類火災：二氧化碳滅火器、乾粉滅火器）；其中二氧化碳滅火器、乾粉滅火器使用後無污染、無毒性，故適用性高，而鹵化烷滅火器則對 B 類火災效果顯著。

📄 註釋 BOX ▶

　　註58　教育部(1987)．*學校餐廳管理作業手冊*（135頁）．臺北市：教育部。

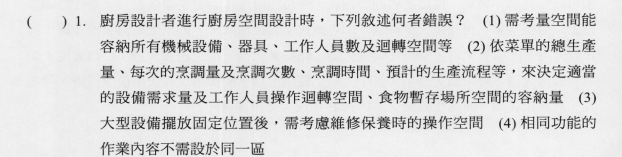

習 題

(　　) 1.　廚房設計者進行廚房空間設計時，下列敘述何者錯誤？　(1) 需考量空間能容納所有機械設備、器具、工作人員數及迴轉空間等　(2) 依菜單的總生產量、每次的烹調量及烹調次數、烹調時間、預計的生產流程等，來決定適當的設備需求量及工作人員操作迴轉空間、食物暫存場所空間的容納量　(3) 大型設備擺放固定位置後，需考慮維修保養時的操作空間　(4) 相同功能的作業內容不需設於同一區

(　　) 2.　對廚房廠區工作敘述，何者錯誤？　(1) 任何工作人員，坐著或站立工作不宜超過最大工作範圍　(2) 絕大多數的動作在正常工作範圍之內，員工較省時省力　(3) 設備或貯存架等的高度、寬度應考量是否在員工的最大工作範圍之內　(4) 只要員工不喊累，無關廠區工作環境設備

(　　) 3.　正常工作範圍的敘述，何者錯誤？　(1) 以肩膀為圓心，整隻手臂為半徑畫圓的範圍　(2) 以手肘為圓心，前臂為半徑畫圓的範圍　(3) 若將使用器具置於此範圍內，員工工作省時省力

(　　) 4.　建造適合的廚房，下列考量點，何者為非？　(1) 須落塵量少，通風、排水、採光良好　(2) 需無垃圾污染，原料運送方便，廠房空間足夠　(3) 地下室優於頂樓

(　　) 5.　下列敘述，何者錯誤？　(1) 驗收區、洗滌區屬於汙染作業區　(2) 準清潔作業區包括切割區、烹調區　(3) 配膳區、包裝區屬於完全清潔作業區　(4) 廚房中食品原料、調理作業與人員實際作業流程是由高清潔度移低清潔度

(　　) 6.　廚房設計面積的敘述，何者錯誤？　(1) 以機械器具面積估算，廚房總面積 ÷ 機械器具面積＝ 3　(2) 以從業人員數計，扣除機器排列面積外，第一位從業人員所需面積為 3.3 平方公尺，每增加一人，增加 1.7 平方公尺的面積　(3) 以供餐人數估算，廚房面積與供膳場所面積比例約為 1:3

參考答案

1.4　　　2.4　　　3.1　　　4.3　　　5.4　　　6.1

團體膳食衛生安全管理

現代人的飲食要求，已愈來愈重視營養、食品安全衛生等課題，身為團體膳食業者更應於一衛生環境下，進行食品的加工處理，以生產對人體有益的產品。先就從業人員、餐廳廚房之衛生管理作介紹，再說明自主衛生檢查與團膳工廠衛生標準操作程序。

 **7-1　從業人員的衛生管理**

團體膳食食品業者應特別重視從業人員的衛生管理，因人與食品的處理過程是緊密結合一起的，有良好的衛生工作習慣始能做出完善品質的衛生餐盒。分為健康管理、衛生習慣、衛生教育三部分。

一、健康管理

1. 應進行新進人員健康檢查，目的如下：
   (1) 以判定該員是否適合從事本行業。
   (2) 作為日後健康管理資料。
   (3) 依其身體狀況分配適當工作。

2. 新進人員健康檢查中應檢查的項目包括：
   (1) 個人及家族疾病史。
   (2) 個人自覺症狀。
   (3) 身高、體重、視力、色盲、聽力、血壓。
   (4) 胸部 X 光檢查，可檢測肺結核等。
   (5) A 型肝炎、手部皮膚病、出疹、膿瘡、外傷、性病（如梅毒血清檢查）、後期症狀（皮膚潰爛）、眼疾或傷寒、法定傳染病。
   (6) 糞便的細菌檢查（如寄生蟲卵檢查），糞便檢查至少每個月檢查一次，夏季期間則每月至少兩次，這樣才能達到預防效果。

3. 每年一次定期健康檢查：可提早發現問題，解決問題。因為有的帶菌者（如傷寒、赤痢等）本身並沒有疾病症狀，所以定期健康檢查可以幫助早期發現且給予適當的治療，同時可以幫助受檢者瞭解本身的健康狀態及變化。

二、衛生習慣

分為清潔的服務、確保儀容整潔、手部衛生、工作習慣衛生管理等四部分說明。

（一）清潔的服務

工作時應穿戴清潔的工作衣帽，目的是防止頭髮、毛線、夾雜物等異物混入食品。有時食品內發現頭髮雖不致使人致病，但卻不衛生。工作衣帽之著裝原則如下：

1. 顏色以白色為主，布料不沾棉絮、易洗、快乾、免燙為原則。
2. 工作帽須能密蓋頭髮。

（二）確保儀容整潔

1. 不可蓄留鬍子、不可化妝。
2. 頭髮應剪短，戴帽子的頭髮不可露出（長髮者宜束髮後，以工作帽包裹之）。
3. 不可配戴飾物（耳飾、項鍊、首飾—戒指、手鐲、手錶）。
4. 調理工作者應戴口罩（調理工作如烹調、配膳等）。
5. 指甲剪短（指甲長度不超過手指）。
6. 穿著廠區工作鞋。

（三）手部衛生

洗手的目的在去除附著在皮膚上的污物，尤其是微生物，因手部直接接觸食品，所以手部的清潔十分重要。一般洗手、刷手只能清潔皮膚表面附著的細菌，手部附著的細菌有兩種：一種附著於皮膚表面，稱為暫時性細菌；另一種附著於皮膚的皮紋及皮脂腺內，稱為永久性細菌。因此，當工作人員必須用手直接處理食物時，最好戴上完整、清潔的手套以確保食品衛生。工作人員為確保食品衛生務必養成常常洗手的習慣。

1. 廠區應有洗手設備：兼具冷、熱自來水洗手台，可充分供應冷熱水，備有肥皂（洗潔劑）、拭手紙（或烘乾設備）、紙屑桶、指甲剪、提醒洗手標示（如廁後應洗手之標示）、手指消毒設備（75% 酒精）。
2. 應設正確洗手法之彩圖標示指引。

3. 不可留指甲：指甲為最佳藏污納垢之處，從業人員千萬不可蓄留指甲；修剪時，指甲應稍短於手指長度。

4. 手部有創傷、膿腫或感冒症狀，不得接觸食品：創傷、膿腫部位，可能有綠膿桿菌，它與葡萄球菌中的金黃色葡萄球菌皆是食品中毒菌之一，一旦污染了食品，會在食品中生育繁殖，並產生耐熱的腸內毒素，易造成食物中毒。若感冒時，有黃稠鼻涕或痰，亦是帶菌者。因此，從業人員一旦手部有創傷、膿腫或上述感冒症狀，管理人員應將其調往非食品作業區或令其休假，嚴禁從事接觸食品作業。

5. 不可配戴飾物與塗指甲油：飾物不易清洗乾淨，可能會脫落，指甲油可能剝落，這些異物掉入食品中，不一定會有安全上的疑慮，卻代表衛生不良。

6. 手部清洗、消毒應注意事項：
   (1) 從事熟食調理人員手部應每隔 30 分鐘消毒一次。
   (2) 需要高度無菌作業的場所員工應戴用畢即丟的塑膠手套，同時每隔 30 分鐘消毒一次。

（四）工作習慣衛生管理

工作習慣上的衛生管理目的是防止從業人員因工作習慣上的疏忽導致食物、用具遭受污染。習慣最難改變，只要員工錯誤的習慣次數由多減少，即可採漸進式獎勵。

1. 飯前、如廁後要洗手。

2. 接觸食品或是器具、器皿前要洗手。

3. 不可在別人面前、處理食物前咳嗽、打噴嚏。

4. 不可在工作中吸菸、飲食、嚼檳榔。

5. 操持乾淨廚具時不可與廚具內緣直接接觸。

6. 不可用手直接接觸食品。

7. 不可在調理、工作台上坐臥，以防止污染了工作台，間接污染了食品。

8. 不要用手處理熟食。

9. 不要利用破裂的用具或器皿來供餐或準備食物。

10. 不要利用同一塊砧板切熟食和生食，不要將未煮熟的食物放進熟食。

11. 不要將廢物或廢棄的食物、垃圾桶靠近食物擺放。

12. 所有的熟食必須蓋好。

13. 工作進行中不可用手抓、摸頭髮、眼睛、鼻子、嘴巴。

14. 不可將污水、污物直接丟棄在工作廠區，心想等一下再一起清掃；應隨時將污物投入垃圾桶，將污水倒入下水道。

15. 掉落地面的器具，要洗乾淨後才可使用。

三、衛生教育

施行衛生教育的目的是使從業人員具有正確的食品衛生知識。不管是新進人員、在職人員，老闆及員工，均須接受教育。

1. 新進人員衛生訓練：令新進人員瞭解餐飲業特性及作業體系及對衛生的重要性。訓練內容應包括：衛生管理體系、食品中毒種類與原因、防止食品劣變應注意事項、個人衛生、環境衛生。

2. 在職人員衛生訓練：提醒從業人員衛生的重要性並加強衛生管理，內容以改善平時的缺點為主。

7-2 餐廳、廚房的衛生管理

一、基本設施

1. 良好採光與通風：

   (1) 良好採光：在採光不良的場所工作，人體易疲勞，工作效率低。廚房內工作台或調理台面採光應在 200 米燭光以上，並應避免太陽光直射，若以燈管、燈泡之光源，應避免設在工作台正上方，以免人體擋住光源造成陰影或應有護罩，避免積灰塵。

   (2) 良好通風：可保持廚房內、外溫度及濕度平衡、減少凝結水產生，排除蒸氣、不良氣味、熱度及有害物質，使員工感覺舒適，提高工作效率。通風的方式有自然通風、機械性通風與局部通風，各機構依其需求可採用下列設備，如天窗、

窗戶、抽風機、風扇、排氣管、排氣機與空氣調節裝置等，以達良好溫、濕度的工作空間。但須特別注意排氣口、進氣口應設有防止病媒入侵的設施。

2. 牆壁、支柱與地面：牆壁和支柱離地面 1 公尺以內與地面因必須經常清洗，材質宜選擇不透水、易洗、耐酸鹼的淺色材料。牆角接縫處應為圓弧角（半徑 5 cm 以上）使清洗容易，地面保持 1.5cm/100cm~2cm/100cm 的斜度防止積水。

3. 樓板、天花板：應為白色或淺色、表面平滑，易於清洗並有防止吸附灰塵設備、防霉設施。

4. 良好排水系統：水溝寬度應在 20 cm 以上，底部為圓弧角，並有 2cm/100cm~4 m/100cm的斜度，以利排水及清掃工作，且須有蓋；並須有防病媒侵入、防逆流措施。

二、調理器具、砧板、餐具

（一）砧　板

砧板使用不當或衛生不良，易引起食品間相互污染，導致食物中毒。故在使用時應注意下列幾點：

1. 詳細分類並標示用途：可分生食之蔬菜、水產與畜產三塊，及熟食的一塊分開使用；至少須有生、熟食各一塊。

2. 宜用合成塑膠砧板，砧板最好的材質建議使用 Nylon66（可耐熱 180℃），依切、剁不同用途選用不同厚度。

3. 使用後應立即刷洗乾淨，通常可用氯水（漂白水餘氯 150~200 ppm）或紫外線消毒。

4. 消毒後之砧板應側立（勿緊靠牆面放置），若有專門貯存場所（如紫外線消毒櫃）則更佳。

（二）常用器皿

常用器皿有刀、鍋、勺子、鍋鏟等。除了刀具有多種不同材質可供選擇外，其餘器皿建議皆以不鏽鋼材質為佳。

（三）餐　具

材質宜使用不鏽鋼品，瓷器易打破或有缺角、裂縫。

◎ 餐具洗滌流程

餐具的洗滌流程主要包括預洗、清洗及消毒三大步驟（如圖 7-1）。

噴嘴 ⟹ 清洗 ⟹ 沖洗 ⟹ 消毒 ⟹ 瀝乾

刮除髒物　　　　（第一槽）　　　（第二槽）　　　（第三槽）

⊃ **圖 7-1　餐具清洗流程**

1. 預洗：需達到洗淨目的，並節省洗潔劑、用水量及時間。流程為：清除餐具上殘餘菜餚（大塊髒污）→ 把相似的餐具堆在一起（餐具分類）→ 擦拭或用水沖洗（加壓噴洗）以去除固狀污物和油脂性污物 → 將餐具裝架或放入下一個洗水槽。

2. 清洗：餐具的清洗分人工與機器清洗兩種，流程如下：

   (1) 大略噴洗和擦拭：用蓮蓬式噴嘴的溫水迅速地噴水於餐具上，以防食物在其上變硬，保持食物顆粒漂浮，也可節省清潔劑。

   (2) 清洗：第一隔槽的水維持在 43~49℃，使用清洗液、刷子清洗，至此還沒達到衛生處理的目的。

   (3) 沖洗：將餐具浸於第二隔槽內的 25℃乾淨流動自來水沖洗之。

3. 消毒：餐具清洗後需殺菌處理（見表 7-1），常用的方法如下：

   (1) 使用乾熱消毒櫃以 110℃以上之溫度加熱 30 分鐘以上。乾熱消毒櫃第一次於餐具洗滌完成後開機，溫度達 110℃後持續 30 分鐘以上（至少 30 分鐘），於餐具使用前 30 分鐘再行開機消毒一次。

▸ **表 7-1　餐具、抹布消毒法**

消毒法	內　容	餐具／時間	毛巾、抹布／時間
煮沸殺菌法	100℃沸水	煮沸 1 分鐘以上	煮沸 5 分鐘以上
蒸氣殺菌法	100℃蒸氣	蒸 2 分鐘以上	蒸 10 分鐘以上
熱水殺菌法	80℃以上之熱水	加熱 2 分鐘以上	－
氯液殺菌法	200 ppm 之有效氯水	浸 2 分鐘以上	浸 2 分鐘以上
乾熱殺菌法	110℃乾熱	加熱 30 分鐘以上	－

(2) 將餐具浸於 85°C 以上的第三隔槽內的熱水中至少 2 分鐘，再以 200 ppm 有效氯水浸泡 2 分鐘以上；使用氯水消毒後，須以清水清洗後風乾，不可使用毛巾拭乾。200 ppm 之有效氯水泡製法，是以購買之氯水（又名漂白水、次氯酸鈉溶液）濃度計算，公式如下：

∵（N1×V1 = N2×V2），

∴ 200 ppm× 欲泡製的容量＝所購買的氯水濃度 × 該氯水使用之 c.c. 數（詳見範例 7-1）。

(3) 餐具櫥：餐具櫥最好採不鏽鋼製，要有櫃門，平時保持乾燥，定期清洗消毒；乾熱消毒櫃消毒完餐具後，可直接貯放餐具。

 範例 7-1

欲泡製 10 公升之 200 ppm 有效氯水，購買之漂白水濃度為 5%，請問如何泡製？

200 ppm×10 L = 5%×？

$200 \times \dfrac{1}{1,000,000} \times 10 \times 1,000$ c.c. $= \dfrac{5}{100} \times$？

？ = 40 c.c.

泡製法：取 40 c.c. 濃度 5% 之漂白水倒入 10 公升的容器內，再將水注滿至 10 公升刻度即泡製完成。理論上應是 5%、40 c.c. 之漂白水加上（10 公升減去 40 c.c.）的自來水，但 40 c.c. 與 10 公升相較，差距太大，可略而不計。

◎ **洗淨、殺菌與消毒的注意事項**

1. 耐熱性差的器皿不能以高溫消毒殺菌，最好使用 200 ppm 之有效氯水消毒。

2. 氯水消毒的器具應以飲用水沖洗、乾燥後再行盛裝食物。

3. 金屬器具若以次氯酸鈉消毒，因其具腐蝕性，必須充分水洗然後乾燥，若有水份殘留易使金屬生鏽。生鏽部分可使用除鏽劑去鏽後水洗。

 三、用水衛生

　　水在團體膳食業者中的角色，除了是飲用水、烹調時的動力（水蒸氣）之外，最大的用途就是洗滌，水接觸食品及人們飲用時，水必須是安全的，因此有一定的衛生要求。水的來源最好使用自來水，若為非自來水（簡易自來水、飲用井水、山泉水等），則須煮沸（消毒）後再飲用、使用才安全。無法接用自來水時，最好在簡易供水系統中增加曝氣、沉澱、過濾、消毒的過程。有些學校雖接了自來水，仍會部分使用井水、地下水；因此上述四步驟就十分重要：

1. 曝氣：就是增加水中的空氣，使水中濃度偏高的礦物質和氣體能完全混合，進而改善水質、去除異味。

2. 沉澱：利用沉澱的步驟，使比水重的懸浮固體和水份離，若比水輕，可導引至過濾池濾除，或添加助凝劑，使凝聚成大粒子，便於沉降過濾。

3. 過濾：接續上述步驟處理過的水再流過砂石層，或其他過濾材質，可以再濾除一些雜質，其實水中有一些微生物、酵素和浮游生物、膠狀物質等，會在砂石層上形成一薄膜，助其過濾水質。

4. 消毒：淨水過程最重要且必要的步驟就是使用漂白水或氯液消毒。在整個集水、貯水、給水的過程中都可能發生污染，因此消毒量最好足夠，或是須連續消毒以維持飲用水安全。

　　除此之外，應定期檢驗水質，留意處理設施是否正常運作，定期清洗配水系統，檢查是否有缺損，降低被污染的機會。經上述步驟加氯消毒後的清水仍可發現寄生蟲孢子、部分致病菌種，最保險的辦法就是煮沸後再煮 5~10 分鐘，徹底殺菌再飲用。

（一）飲用水的衛生管理

　　水質應符合飲用水質標準，並有充分之水量及適當之水壓。

1. 非使用自來水者應設置淨水及消毒設備。使用前應向當地飲用水主管機關申請檢驗，合格後才能使用，繼續使用時每年至少應重新申請檢驗一次。

2. 蓄水池（塔、槽）應有污染防護措施，定期清理、保持清潔。

3. 每日應測定水中餘氯並做功能檢查，以避免水管破裂，蓄水槽受污染。

（二）預防二次污染

　　團體膳食業者使用自來水時，避免二次污染的方法有：

1. 採用室內蓄水池，應設於地板或地面上，且蓄水池上、下四周應留有適當空間，以防止污水滲入，並可提供適當檢查空間。正確如圖 7-2、7-3，常見之不正確情形如圖 7-4、7-5 所示。

2. 室外蓄水池：須考慮距化糞池、污水管 5 公尺以上。

3. 盡量興建地上式蓄水池，地下式蓄水池因設置位置較四周低、致污水易流入或滲入。常見的不正確情形如圖 7-6 所示。

4. 馬達直接由自來水管抽水，最易造成水管負壓而吸入污水，可造一蓄水池蓄水（如圖 7-7(a)）。馬達直接抽水乃短時間內大量抽取配水管內水量，於尖峰用水或水壓偏低時易造成水管內壓力比周圍壓力來得小，如遇管線有裂縫，外側污水即自裂縫流入自來水管中，而污染了自來水（如圖 7-7(b)）。

5. 不可接自來水以外的水源入供飲用的水池或水塔內，易使自來水受污染（如圖 7-8）。若此水源經適當處理不被污染，則不在此限。

6. 蓄水池或水塔進水口高度應高於溢水面上二倍管徑以上之高度，且不得小於 5 公分，如圖 7-9(a) 所示。若蓄水池或水塔之進水口位置低於蓄水池或水塔的最高水位時，進水口可能會浸沒於水中而產生虹吸現象，使水塔內的水經配水管線高處往低處流動，而易受其他污水污染，如圖 7-9(b) 所示。

7. 洗菜、洗肉之水槽使用橡皮管接水時，採跌水方式接水，橡皮管勿浸於水中，如圖 7-10(a) 所示。橡皮管如浸沒於水中，易產生虹吸作用，而致二次污染，如圖 7-10(b) 所示。

8. 蓄水池、水塔容量太大，水滯留，餘氯量不足，易滋生細菌，圖 7-11 為蓄水池、水塔構造圖，團膳業者週休 2 日或學校連續假期超過 2 天，宜適當控制水塔進水，以保水質新鮮。

　　總之，水塔、蓄水池每半年至少要清洗一次（水質不佳，則增加次數）。清洗時要徹底清除水池、水塔之沉澱物與雜質，同時檢修各項設備；可委託合格的專業清洗業者辦理，消防用水與飲用水務必分開。國內現行標準正常水質 pH 值為 6.0~8.5、自由有效餘氯為 0.2~1.0(mg/L)。

正確圖示

樓板

污染流入滲入

蓄水池

地下室

外壁

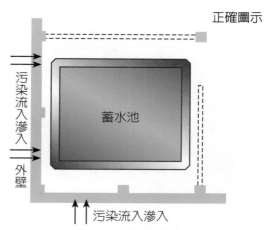

正確圖示

污染流入滲入

蓄水池

外壁

污染流入滲入

⟶ 圖7-2　室內蓄水池斷面圖

⟶ 圖7-3　室內蓄水池平面圖

不正確

地面

滲透　　　　　　蓄水池

⟶ 圖7-4　建於室外地下之蓄水池

不正確

地下室

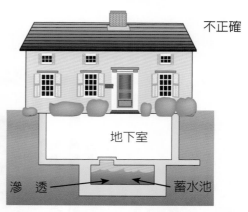

滲　透　　　　　蓄水池

⟶ 圖7-5　建於地下室筏式基礎內蓄水池

水　塔

不正確

水　塔

蓄水池

抽水馬達

自來水輸配水管

排水溝

抽水馬達

蓄水池

⟶ 圖7-6　不良之地下室蓄水池設置位置圖

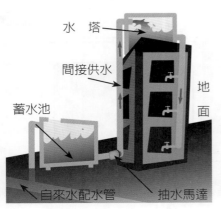

(a) 正　確

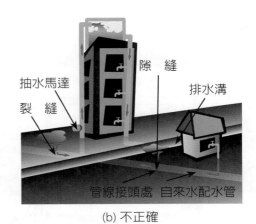

(b) 不正確

⊃ 圖 7-7　地面（未）設置蓄水池圖

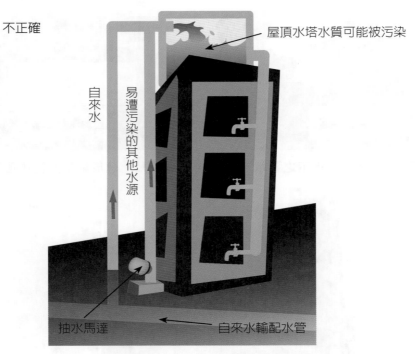

⊃ 圖 7-8　接自來水入飲用的水塔

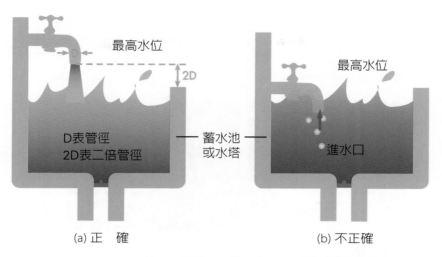

➲ 圖 7-9　蓄水池進水口高（低）於蓄水池高度

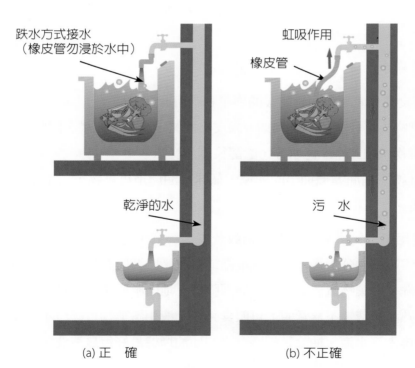

➲ 圖 7-10　橡皮管高（低）於水槽高度

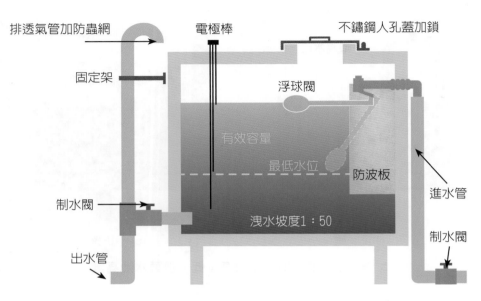

排透氣管加防蟲網　　　　電極棒　　　　　不鏽鋼人孔蓋加鎖

固定架

浮球閥

有效容量

最低水位

防波板

進水管

制水閥

洩水坡度1：50

制水閥

出水管

⊃ **圖 7-11　蓄水池、水塔構造圖**

四、廢棄物

團體膳食業者處理各類食物後的廢棄物約可分為三類：

1. 固相廢棄物：垃圾。如蔬果爛葉、果皮、肉屑、紙類、瓶罐、塑膠袋等。

2. 液相廢棄物：如餿水、污水等，醱酵後產生臭味。

3. 氣相廢棄物：抽油煙機抽出的油煙、氣味。油煙是可燃物，若不小心起火燃燒，即釀成火災。

　　固、液相廢棄物未完善處理易招致蒼蠅、蟑螂、老鼠等病媒，且有異臭味產生；因此每日應將廢棄物分類後，丟棄或堆肥或回收。盛裝廢棄物的桶子須有蓋，內置一垃圾袋利於清洗，廢棄物處理後，桶及周圍牆壁、地面應刷洗、消毒之。生果皮、爛葉等可以堆肥，熟品殘渣（不含骨頭）可餵食豬隻，液相廢棄物可經污水處理槽濾除上層油脂，水直接排入下水道。抽除氣相廢棄物的抽油煙機最好每日清洗，以免積油垢，而著火引起火災。

　　自民國 91 年 7 月 1 日起，團體膳食業者、各級學校餐廳，禁用塑膠類免洗餐具，業者須改用紙製或不鏽鋼餐具，但紙製餐具不夠環保（須砍樹製造），不鏽鋼餐具則須增加工作人員清洗之工作量；若消費者自備碗筷，倒是最環保的作法。

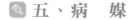

五、病　媒

　　病媒依世界衛生組織 (WHO) 之定義為：將病原體 (pathogen) 自一寄主 (host) 帶至另一寄主之攜帶者 (carrier) 就稱為病媒，亦即病原體的媒介物。能使病原體由一患者或帶菌者傳給健康者，而使其帶菌或患病。一般所提之病媒管制乃專指蚊蠅、蟑螂、跳蚤、臭蟲、蝨、蟎、老鼠等之防制。

　　病媒動物的繁殖、散布，其糞便排泄物、爬行髒污路徑，均是傳染病蔓延的主因之一，也是一般食品受病媒排泄物污染、細菌散布污染致食物中毒的可能因素，因此廚房設施需全力防止病媒入侵。廚房內病媒防治的四原則為：

1. 防止病媒侵入：
   (1) 設置紗窗、紗門：有破洞應立即補強，注意紗門與地面縫隙應密合，紗窗、紗門平日應關閉。
   (2) 於門加裝空氣簾：利用強而有力的風阻止昆蟲飛入（風向應向下且稍向外）。空氣簾長度應大於門寬，且須注意空氣簾吹下之風力至地面是否仍夠強勁。
   (3) 加裝塑膠簾：多用於冷凍、冷藏庫出入口，利用透明塑膠片交互重疊成簾狀，阻止病媒進入及冷氣洩出。塑膠片寬度約 10~15 公分間，長度須與地面縫隙愈小愈好。
   (4) 水封式水溝：做成 U 型管道，出口處安裝 1 公分、0.7 公分、0.5 公分由粗至細網目的金屬網，以攔除雜物及防止病媒進入。
   (5) 加裝紗網：通氣口、抽風機等出入口應裝設紗網。

2. 斷絕食物來源：不給吃。
   (1) 垃圾、廚餘桶當天要處理乾淨，桶身內外、桶蓋、地面、牆壁要洗淨。
   (2) 乾料庫房內，粉料要以有蓋桶盛裝。領料後，粉屑掉落應清洗乾淨，防止其成為病媒食物。

3. 經常清理廠區：不給住。整理雜物、剷除雜草、清理庫房（特別是角落），並給予消毒，去除病媒味道，可避免病媒長期定居。目前整潔的環境仍是防止病媒孳生的最有效方法。

4. 捕殺牠：

(1) 化學藥品防治法：短期的病媒防治治標法，任何藥物絕不可直接或間接污染食品、食品原料、器具及容器，原則上殺蟲劑避免在準清潔作業區、清潔區內使用，只能用於四周環境；且藥劑的使用需由受過專門訓練、有經驗的人員執行。

(2) 捕蠅燈、捕蟑屋、捕鼠籠（夾）、捕蠅紙、蒼蠅拍等捕殺：捕蠅燈懸掛高度約 1.5~1.8 公尺，且勿懸掛於工作台上方，須於周圍環境光線較暗時，始能收效，通常收工後才開啟。捕鼠籠、夾放置於牆邊，內置一餌引誘上鉤，捕過鼠之籠子應去除鼠殘留味道後再行使用。捕蟑屋內置放一可釋出吸引蟑螂之錠狀物，再黏住牠。

六、環境衛生管理

（一）室內環境衛生

1. 絕不可飼養牲畜、家禽，因其常是病媒或傳染病的感染者，且其排泄物常帶有害微生物，可能污染食品，也是病媒的良好繁殖物。

2. 保持良好的溫、濕度：過高的溫、濕度會加速細菌的繁殖，也使人感覺不舒服，降低工作效率。表 7-2 列出室內環境評定基準，可分為 A~E 五個等級。

3. 二氧化碳濃度不得高於 0.15%，一般空氣中二氧化碳含量約 0.03%，達人體危害量值為 0.5% 以上，室內空氣中二氧化碳含量因呼吸、燃燒、吸菸而增加，因此可做為空氣污染指標。一般期望二氧化碳濃度能在 0.1% 以下，規定濃度則是 0.15%。

4. 落菌量應盡量減少：空中落菌量是室內空氣受人體污染的指標，亦是室內衛生的指標。空中落菌量通常不是病原菌，一般以出入該場所的人數、場所內工作人數及天花板、通風口衛生有很大關係。不同作業區空中落菌量要求不同，例如：乾料庫房與清潔作業區落菌量不可超過 70 個／5 分鐘。總而言之，作業環境應保持清潔；若以落菌量言，一般作業區內之獨立空間空氣落菌量宜保持在 100CFU/plate/5min 以下；準清潔作業區內宜保持在 50CFU/plate/5min 以下；清潔作業區內宜保持在 30CFU/plate/5min 以下；黴菌落菌量宜保持在 10CFU/plate/5min 以下。

5. 自製落塵量測量工具：方格紙以 1 平方公分為單位劃上交叉的直、橫線，放置於欲測量之地點，5 分鐘後清點 1 平方公分內的灰塵點數量，即得。若工作廠區落塵量多，代表衛生管理不佳。

表 7-2 室內環境評定基準

項 目 \ 等 級		A	B	C	D	E
評定意義		舒適與清潔 （100 分）	目 標 （80 分）	容 許 （60 分）	最低容許限度 （40 分）	不適當 （20 分）
溫度 (℃)	夏	25	26~27	28~29	30~31	> 32
			22~23	22~20	19~18	< 17
	春秋	22~23	24~25	26~27	28	> 29
			21~20	19~18	17~16	< 15
	冬	20	21~22	23	24	> 25
			19~17	16~15	21	< 13
濕度（相對濕度）		50~60	61~70	71~80	81~90	> 91
			49~42	41~35	34~29	< 28
二氧化碳濃度 (%)		< 0.07	0.071~0.099	0.10~0.14	0.141~0.199	> 0.2
落菌量 (CFU/plate/5min)		< 30	31~74	75~150	151~299	> 300

資料來源：郭鴻鈞 (1985)．*餐飲衛生手冊*（182 頁）．臺北市：行政院衛生署。

（二）室外環境衛生

　　廠區外圍環境需保持清潔，避免人員進出而污染了室內。排水系統要暢通，防止室外的水溝逆流至室內或有積水情況。清掃用具應清洗後懸掛於室外通風處。

7-3　自主衛生檢查

　　團體膳食業者應自動建立一套符合自己機構需求的衛生檢查制度，以確保餐廳廚房的最佳衛生狀態。需檢查的項目很多，以下依序說明。

一、設施、設備檢查

應以表格為之，註明檢查日期、檢查者、損壞狀況、修復日期。

1. 洗手設備：常見缺洗手液，或偶有水管漏水或缺消毒設備。

2. 冷凍、冷藏庫：未設置顯示溫度計，無法得知內部溫度。

3. 乾料庫房：溫、濕度計顯示。

4. 廠區各處出入口之紗窗、紗門等有破損否、空氣簾是否故障。

二、清潔管理

可依不同污染程度決定打掃間隔，明列每日、每週、每月應打掃的工作內容，如表 7-3~7-5 所列。

1. 每天大量污染須每日清理。

2. 每天污染量較少須每週清理。

3. 每天污染量少須每月清理。

表 7-3　每日的清掃作業項目　　　　　　　　　　　　　月份：_____

實施項目	工作項目	9 月 1 日	9 月 2 日	…	9 月 29 日	9 月 30 日
1. 地板、排水溝		✓				
2. 牆　壁						
3. 爐、罩（油煙罩）		✓				
4. 架棚、調理台		✓				
5. 流理台		✓				
6. 廚餘桶		✓				

　　　　　　　　打掃人員：　　　　　　　　檢查人員：

註：已執行者，該項目空格請打〝✓〞。

表 7-4　每週的清掃作業項目　　　　　　　　　　　月份：_____

實施項目	工作人員	第 1 星期	第 2 星期	第 3 星期	第 4 星期
1. 換氣扇、濾網					
2. 冷藏庫內					
3. 集水槽					
				檢查人員：	

表 7-5　每月的清掃作業項目　　　　　　　　　　　月份：_____

實施項目	1	2	3	4	5	6	7	8	9	10	11	12
1. 原料戶棚、倉庫												
2. 照明器具												
3. 天花板												
打掃人員：						檢查人員：						

三、日常衛生檢查表

　　不同型態的餐飲業，日常衛生檢查項目重點不一，各機構可向當地縣市衛生主管機構第七科洽詢，表 7-6~7-8 是以餐盒業者檢查為範例。

四、餐盒留驗制度

　　餐盒留驗制度是將當餐的菜餚保留一份，放置於冷藏庫兩天，以確認廠商供應的食物是否符合衛生安全的一種措施。在食物中毒發生時，消費者當天所食用的食物均有可能造成其中毒現象，待留驗的餐盒檢查若未發現中毒因子時，廠商的責任則可卸下。因此，任何一團膳機構均應注意餐盒留驗的重要性。

> 表 7-6 餐飲業衛生管理自主檢查記錄表

商號：_____　　地址：_____　　電話：_____
負責人：_____　　衛生管理員：_____　　員工人數：_____

類　別	項目檢查　　　　　自檢標準　　　　　檢查時間	年月			
		日	1	2	3
		時分			
一、烹調作業場所衛生管理	1. 屋頂、牆壁應堅固，使用易清洗之材質，並保持整潔，不得有破損現象。				
	2. 地面平滑、完整、清潔、不得有積水、積垢之現象。				
	3. 出入門窗及其他孔道應設紗窗及防止病媒進入之設施。				
	4. 工作場所內不得有病媒蹤跡。				
	5. 工作檯面應以不鏽鋼等不透水易洗不納垢之材料鋪蓋並保持維護整潔。				
	6. 採用密蓋式垃圾桶，並注意廢棄物應依廢棄物清理法（如廢食用油）處理。				
	7. 調味料之儲放，應置於適當貯存位置。				
	8. 清潔、清洗及消毒用機具及清潔用品應有專用場所妥善保管。				
	9. 器械、器具應維護整潔。				
	10.冷藏、冷凍食品須保持於規定溫度（7℃ ~-18℃）以下，且有溫度指示計。				
	11. 原料、半成品及包裝用品應分別妥善儲存且清楚標示，並有日期紀錄。				
	12. 食材儲存應分類分開放置，且生熟食有效區隔。				
	13. 食品、食品器具容器、包裝材料，不得直接接觸地面，以防污染食品。				
	14. 刀具、砧板生熟食分開使用且保持乾淨。				
	15. 食物製備過程中無交叉汙染情事。				
	16. 建立食材管理制度。				
	17. 建立油炸油管理：油炸用食用油總極性化合物達 25% 以上時，不得再予使用。（需有記錄）				
	18. 餐館業事業廢棄物如需再利用，應符合「餐館業事業廢棄物再利用管理辦法」規定。				
二、個人衛生管理	1.從業人員應每年至少一次健康檢查、並有紀錄可供查核。				
	2.法規指定九大業別之烹調從業人員須符合持證比例並換發廚師證書。				
	3.工作人員須穿戴整潔之工作衣帽，以防污染食品。				
	4.工作人員於工作中不得有吸菸、嚼檳榔、隨地吐痰、抓頭、裸背等可能污染食品之行為。				
	5.保持良好衛生習慣，不蓄留指甲、塗指甲油及佩帶飾物，手部有傷口者不得調製食品。				
	6.私人物品不得放置於食品作業（製備）場所。				

加入公會□是□否

使用符號：符合規定 [✔]　不符規定 [✕]　待改善 [△]

4	5	6	7	8	9	10	11	12	13	14	15	16	17	18	19	20	21	22	23	24	25	26	27	28	29	30	31

▶ 表 7-6　餐飲業衛生管理自主檢查紀錄表（續）

類　別	項目檢查	檢查時間	年月 日 時分	1	2	3
三、廁所衛生管理	1. 廁所採沖水式且通風良好。					
	2. 廁所保持清潔且無異味，且地面保持乾淨。					
	3. 廁所有提供衛生紙。					
	4. 設有洗手乳、沖洗（洗手）設備、擦手紙巾或電動烘手器。					
	5. 廁所自主衛生檢查紀錄。（需有記錄）					
	6. 張貼正確洗手步驟告示。					
四、用餐場所品質管理	1. 地面、門窗、牆壁及天花板須堅固並保持整潔。					
	2. 室內空氣流通、並設有防止病媒侵入之設施。（如自動門、紗門、空氣簾）					
	3. 桌面椅面須保持清潔，不得有油污。					
	4. 餐具清潔（有無污點、水漬或發霉），不應有脂肪、澱粉、蛋白質、洗潔劑之殘留。					
	5. 食品未逾有效日期。					
	6. 已製備之菜餚有防塵、防異物侵入措施且貯存於適當溫度。					
五、其他	1. 自主管理紀錄。（需有記錄）					
檢查人員簽名						

◎ 合格「V」，不合格「X」，本表僅供從業人員自行檢查填寫，請至少保留半年，供衛生單位查核。
◎ 每日至少檢查 1 次。
◎ 若無上列事項請註明「不用」。
◎ 不合格處理方式：

4	5	6	7	8	9	10	11	12	13	14	15	16	17	18	19	20	21	22	23	24	25	26	27	28	29	30	31

▶ 表 7-7　餐盒業衛生管理自行檢查記錄卡　　　　　　　目前供應機關：＿＿＿＿＿＿

負責人：＿＿＿＿＿＿＿　地址：＿＿＿＿＿＿＿＿＿＿＿　電話：＿＿＿＿＿＿＿＿＿＿＿＿＿＿

自檢標準：符合規定〔○〕、待改善〔△〕　不符規定〔×〕，記錄不實視同未記錄。

類　別	項目檢查	檢查時間（年月日時分）	1	2	3
一、環境衛生	1. 廢料、垃圾妥善貯存，並當日處理				
	2. 排水通道、水溝出口處設完善溝網				
	3. 紗窗門、塑膠簾隨時關閉				
	4. 整潔、不住宿、不飼養家禽、畜，不堆積與製作無關之物品				
二、員工個人衛生	5. 全體員工工作衣帽穿戴整潔				
	6. 手部應徹底洗淨，不留指甲、不塗指甲、不配戴飾物，且不得有膿瘡或皮膚病				
	7. 調理包裝成品人員應戴手套，並用專用夾				
	8. 工作中不可有裸背、赤腳、吸菸、嚼檳榔、飲食等可能污染食品之行為				
	9. 休息室、更衣室整潔，並專人管理				
	10. 洗手、消毒設備保持整潔，並持續使用				
三、食物貯存採購與	11. 筷子、餐盒不長霉、不破損、應清潔，且貯存完善				
	12. 包裝物料應標示完全，且在保存期限內用完				
	13. 倉庫設有砧板或物料架，原料定位、分類、標示，且每日清掃				
	14. 食品、原料不可置於地面，不可以報紙或有色塑膠袋覆蓋，並注意先進先出原則				
四、調理	15. 通風良好，調理台面光度應 200 米燭光，且有燈罩保護				
	16. 砧板、刀具各二套，生、熟食分開使用，用畢清洗，每日放入紫外線消毒箱內殺菌				
	17. 與食品接觸之容器具採不鏽鋼或陽極處理鋁或無毒塑膠材質				
	18. 冷藏溫度在 0~7℃；冷凍在 -18℃以下；熱藏溫度在 60℃以上；並有溫度指示裝置				

學校名稱：＿＿＿＿＿＿＿＿＿＿＿＿＿＿

	4	5	6	7	8	9	10	11	12	13	14	15	16	17	18	19	20	21	22	23	24	25	26	27	28	29	30	31

表 7-7　餐盒業衛生管理自行檢查記錄卡（續）　　　　目前供應機關：＿＿＿＿＿＿

類　別	項目檢查	年月		
	檢查時間	日	1	2	3
		時分		
四、調理（續）	19. 冷凍、冷藏庫定期除霜、保持整潔，容量在 60% 容積以下，生、熟食物加蓋或包裝分類、定位、標示貯存			
	20. 食物料洗滌乾淨、盛裝容器須整潔			
	21. 牆壁、天花板、門窗整潔，地面不積水			
	22. 使用自來水，如用地下水的每半年送驗，記錄保存			
	23. 熱水系統三槽式自動洗滌，並使用合格清潔劑			
	24. 使用空氣過濾及換氣設備，光線充足，環境整潔乾燥			
	25. 包裝材質應以低污水性（紙餐盒）為原則，印有「不可隔餐食用」或其他警語			
	26. 包裝台面、輸送帶器具或容器保持清潔			
	27. 容器具洗淨後固定存放場所			
	28. 獨立檢驗室，備有簡易檢查設施，且確實執行檢驗工作			
	29. 每日有食品衛生檢查記錄及追蹤、改善之處理記錄			
	30. 隨機取樣一份，以保鮮膜包妥，置 0~5℃以下保存 2 天以上備驗			
	31. 廁所採沖水式，大、小便池應消毒完好、清潔無臭味，男女分設			
	32. 廁所光線 30 米燭光以上，空氣流通			
	34. 設有盥洗設備，並備有洗手用清潔劑、烘手設備			
	檢查人員簽名			

說明：

1. 員工每年至少接受健康檢查一次，如患有出疹、膿瘡、外傷、結核病及腸道傳染病等可能污染食品之疾病，不得從事與食品有關之工作。
2. 請按日逐項填列，於每月 5 日前逕寄衛生局第七課備查，並自行影印一份留存一年以上。
3. 衛生局地址：＿＿＿＿＿＿＿＿＿＿　服務電話：＿＿＿＿＿＿＿　傳真：＿＿＿＿＿＿＿＿

4	5	6	7	8	9	10	11	12	13	14	15	16	17	18	19	20	21	22	23	24	25	26	27	28	29	30	31

表 7-8　供應團體膳食衛生管理自行檢查表

食品衛生負責人姓名：＿＿＿＿＿＿＿　　調理人員（廚師）人數：＿＿＿＿＿＿＿＿人

調理（廚師）以外之工作人數：＿＿＿＿＿人

本日菜單及主要原材料： 檢查項目		良好	尚可	不良	說明
工作人員個人衛生	1. 工作必須穿戴整潔工作衣帽，以防頭髮、頭皮屑及夾雜物落入食品中				
	2. 工作中不得有吸菸、嚼檳榔、飲食等可能污染食品的行為				
	3. 應每年至少接受健康檢查一次，如患有出疹、膿瘡、外傷、結核病及腸道傳染病等可能造成食品污染之疾病，不得從事與食品有關之工作				
	4. 保持雙手乾淨，經常洗滌及消毒，不得蓄留指甲、塗指甲油及佩戴飾物等				
	5. 手指不可觸及餐具之邊緣、內面或飲食物				
調理用膳等場所衛生	1. 牆壁、支柱、天花板、屋頂、燈飾、紗門窗應保持清潔				
	2. 完整暢通之排水系統，地面需清潔，不得有積水現象				
	3. 調理場所應有足夠之光線及良好通風及排氣				
	4. 應有三槽式餐具洗滌殺菌設備，洗滌殺菌後不得再以抹布擦拭餐具				
	5. 調理用之器具、容器及餐具應保持清潔，並妥為存放，防止再污染				
	6. 應有足夠而清潔之冷凍、冷藏設備，溫度須保持冷藏 5℃ 以下、冷凍 -18℃ 以下，生食、熟食必須加蓋分開貯存，避免相互污染				
	7. 洗滌餐具時，應以食品用洗潔劑，不得使用洗衣粉洗滌				
	8. 灶面、抽油煙機應保持完整清潔，並不得污染其他場所				
	9. 加熱保溫食品不得低於 65℃				
	10. 食物應在工作台上調理，不得直接放置地面				
	11. 刀和砧板必須有兩套以上，切實洗淨、完全殺菌，並不得有裂縫，生食、熟食要分開處理				
	12. 有缺口或裂縫之餐具，不得盛放食品或供人使用				
	13. 應採用公筷母匙或其他分食之飲食方式				
	14. 食物調理台面，應以不鏽鋼鋪設				
	15. 抹布應洗淨殺菌並切實執行				
	16. 剩餘之菜餚、廚餘及其他廢棄物應使用密蓋垃圾桶或廚餘桶適當處理				
	17. 食品原料與成品應分別妥善保存，防止污染及腐敗				
原（物）料倉庫衛生	1. 倉庫應設置棧板，並保持清潔、良好通風及良好溫度控制				
	2. 倉庫應設有效防止病媒（昆蟲、老鼠等）侵入之設備				
	3. 原、材、物料之使用，應依先進先用之原則，避免混雜使用				
	4. 不得住宿及飼養牲畜				

表 7-8　供應團體膳食衛生管理自行檢查表（續）

本日菜單及主要原材料： 檢查項目	良好	尚可	不良	說明
其他 1.凡與食品或食品器具、容器直接接觸之用水水質，應符合飲用水水質標準				
2.出入口門窗及其他孔道，應有紗門、紗窗或其他防止病媒侵入之設備				
3.廁所應與調理食品之場所隔離，且應採用沖水式保持清潔，並有洗手設備				
4.四周環境應保持整潔，排水系統應經常清理，保持暢通，並應有防止病媒入侵之設備				
5.工作人員之宿舍、休息室應有專人負責，並經常保持整潔				

備註

1. 請於說明欄加註備忘事項，以供主管參考及改善之需
2. 本表如有不適當之處，得隨時自行修改，以符合實際需要
3. 每週至少應檢查一次，並將記錄妥為保存，留供衛生機關輔導之參考
4. 本表係由行政院衛生福利部提供，供作供應團體膳食衛生管理自我檢查用請確實執行，以提高貴單位食品之衛生水準，減少疾病發生，確保人員健康

附記

1. 三槽式餐具洗滌殺菌方法如下：
   (1) 刮除餐具上殘留食物，並用水沖去黏於餐具上之食物
   (2) 用溶有清潔劑之水擦洗（第一槽式）
   (3) 用流水式沖淨（第二槽式）
   (4) 有效殺菌（第三槽）
   (5) 烘乾或放在清潔衛生之處晾乾（不得擦乾）
   (6) 用清潔劑及水徹底洗淨各洗滌殺菌槽
2. 有效殺菌方法，係指採用下列方法之一殺菌者而言：
   (1) 煮沸殺菌法：溫度攝氏100℃，時間5分鐘以上（毛巾、抹布等），1分鐘以上（餐具）
   (2) 蒸氣殺菌法：溫度攝氏100℃，時間10分鐘以上（毛巾、抹布等），2分鐘以上（餐具）
   (3) 熱水殺菌法：溫度攝氏80℃，時間2分鐘以上（餐具）
   (4) 氯液殺菌法：氯液之餘氯量不得低於百萬分之二百，浸入溶液中時間2分鐘以上（餐具）
   (5) 乾熱殺菌法：溫度攝氏110℃以上，時間30分鐘以上（餐具）

備考欄

主管：＿＿＿＿＿＿＿＿＿　食品衛生負責人：＿＿＿＿＿＿＿＿＿　檢查員：＿＿＿＿＿＿＿＿＿

**7-4 團膳工廠衛生標準操作程序**

　　衛生標準作業書是為了食品安全的品質保證，降低食品安全的危害，強調事前監控勝於事後檢驗的一種衛生標準操作程序手冊。其內容包括：水質管制、與食物接觸表面之清潔度、防止交叉污染、洗手、消毒及衛浴設備、防止異物侵入、化學清洗消毒物質之管理、員工衛生及健康管理、蟲鼠害防制等八部分。其內容需詳細記載操作流程，並有各式記錄表格（詳見範例 7-1~7-8），團膳機構應確實作為管理依歸。[註59]衛生標準操作程序書 (sanitation standard operating procedures, SSOP) 詳見表 7-9。

表 7-9　衛生標準操作程序書

衛生標準操作程序書	文　件 版　次 頁 簽署日

一、目的：為確保公司產品於原料採購、貯存、生產、包裝及運送過程中符合食品衛生安全標準，
　　以防範危害發生，所制訂之廠內衛生作業標準書。
二、適用範圍：包括全體員工、廠內外環境及所有設備與器具及原物料。
三、內　容：
　　1. 水質管制。
　　2. 與食物接觸表面清潔度。
　　3. 防止交叉污染。
　　4. 洗手、消毒及衛浴設備。
　　5. 防止異物侵入。
　　6. 化學清洗消毒物質之管理。
　　7. 員工衛生及健康管理。
　　8. 蟲鼠害防治。

▷ 表 7-9 衛生標準操作程序書（續）

衛生標準操作程序書			文　件 版　次 頁 簽署日	
項　目	目　標	程序（控制／監測／矯正／頻率）措施		記　錄　表　單
一、水質管制	調理與洗滌用水符合飲用水標準	1. 使用自來水廠供應之自來水		水質檢驗記錄
		2. 每半年對水質作簡易檢測（項目：TBC、 *E. coli*、coliform、pH、餘氯含量）		
		3. 每半年清洗水塔（2 月與 8 月）		水塔清洗記錄
二、與食物接觸表面清潔度	符合食品容器衛生標準要求，衛生及清潔狀況能被維持	1. 空餐盒入廠後應密封貯存在離地、離牆 5 公分以上，乾燥通風之環境中		1. 衛生管理自行檢查記錄 2. 缺點追蹤改善處理記錄
		2. 清洗程序： 　(1) 爐具類：每天清潔刷洗→沖洗→自然風乾 　(2) 盛裝熟食之器具：每天清潔刷洗→氯液消毒→沖洗→自然風乾 　(3) 菜刀、砧板：每天清潔刷洗→風乾→置於 UV 箱中殺菌 　(4) 廠區每天以 200 ppm 氯液消毒		1. 衛生管理自行檢查記錄 2. 缺點追蹤改善處理記錄 3. 衛生消毒記錄
		3. 每週抽檢已清洗之器具（項目：*E. coli*、澱粉殘留、脂肪殘留、表面塗抹檢驗）		簡易檢查記錄
		4. 調味用料之盛裝容器應採用不鏽鋼或塑膠材質，在不使用時應加蓋並保持整潔		1. 衛生管理自行檢查記錄 2. 缺點追蹤改善處理記錄
		5. 配膳人員所使用之手套為拋棄式手套且置於盒中定點存放，作業中有破損及更換工作時即應重新更換		1. 衛生管理自行檢查記錄 2. 缺點追蹤改善處理記錄
		6. 倉庫、乾料室應設有棧板或物料架，且定位、分類放置、標示明確並定期整理		1. 衛生管理自行檢查記錄 2. 缺點追蹤改善處理記錄

表 7-9 衛生標準操作程序書（續）

項　目	目　標	程序（控制／監測／矯正／頻率）措施	記錄表單
三、防止交叉污染	防止熟食與生食不潔物品之直接與間接接觸	1. 廠區各作業依清潔度區分為一般作業區、準清潔作業區、清潔作業區、非食品處理區，並於作業時間內作好人員動向管制以避免交叉污染 • 清潔作業區－團膳配菜區、包裝區 • 準清潔作業區－烹調區、緩衝區 • 一般作業區－驗收區、洗滌區 • 非食品處理區－檢驗室、辦公室、更衣室、廁所	1. 衛生管理自行檢查記錄 2. 缺點追蹤改善處理記錄
		2. 工作人員進入廠區後應更換制服、戴口罩、髮網、穿雨鞋並徹底清潔手部、戴手套	1. 衛生管理自行檢查記錄 2. 缺點追蹤改善處理記錄
		3. 未經拆箱處理之原物料不得進入準清潔區、清潔區	1. 衛生管理自行檢查記錄 2. 缺點追蹤改善處理記錄
		4. 熟食與生食之處理器具與盛裝容器應明顯標示並區隔使用 • 熟食：活動架式不鏽鋼盆 • 生　食： 　(1) 蔬菜類－黃色有孔籃框 　(2) 肉類－藍色無孔籃框 　(3) 魚類－藍色無孔籃框上白色漆 • 殺　菁： 　(1) 蔬菜類－藍色有孔籃框 　(2) 肉類－土黃色有孔籃框 • 菜刀、砧板： 　(1) 生食－上綠色漆 　(2) 熟食－上紅色漆	1. 衛生管理自行檢查記錄 2. 缺點追蹤改善處理記錄

 表 7-9　衛生標準操作程序書（續）

項　目	目　標	程序（控制／監測／矯正／頻率）措施	記錄表單
三、防止交叉污染（續）	防止熟食與生食不潔物品之直接與間接接觸	5. 所有器具與容器不可與地面直接接觸，應使用台車或 2 格塑膠籃框或棧板加以區隔	1. 衛生管理自行檢查記錄 2. 缺點追蹤改善處理記錄
		6. 包裝作業前後，應清洗輸送帶，並噴灑 75% 酒精消毒	衛生消毒記錄
四、洗手、消毒及衛浴設備	清潔裝置完整與維護適當，以避免作業人員造成食品污染	1. 清潔區及準清潔區入口處均應設置消毒槽，內置 200 ppm 之消毒液，消毒液深度至少高於腳踝，作業人員每天下班前應刷洗雨鞋，晾乾並存放適當位置，進入該作業區前應穿工作鞋並浸泡消毒液方可進入	1. 衛生管理自行檢查記錄 2. 缺點追蹤改善處理記錄
		2. 消毒槽應泡製 200 ppm 之消毒液，並且每天更換	衛生消毒記錄
		3. 清潔區及準清潔區入口處均應設置洗手與乾手設備。並備有洗手刷等相關衛生用具及懸掛「正確洗手方法」掛圖以教育作業人員維持良好個人衛生	1. 衛生管理自行檢查記錄 2. 缺點追蹤改善處理記錄
		4. 廁所應採沖水式，男女廁分開，內部應有良好之通風與照明設備及洗手與乾手設備，並貼有「如廁後請洗手」之標語，每日由清潔人員清洗	1. 廁所衛生檢查記錄 2. 衛生管理自行檢查記錄 3. 缺點追蹤改善處理記錄
		5. 應有男女更衣室並設置足夠之置物櫃及落地鏡且保持整潔	1. 衛生管理自行檢查記錄 2. 缺點追蹤改善處理記錄
五、防止異物侵入	防止物理、化學、生物性、污染物侵入餐盒	1. 原料、調味料與成品均需有適當的覆蓋或包裝，以防止異物或滴落物侵入並注意先進先出原則	1. 衛生管理自行檢查記錄 2. 缺點追蹤改善處理記錄

表 7-9 衛生標準操作程序書（續）

項　目	目　標	程序（控制／監測／矯正／頻率）措施	記錄表單
五、防止異物侵入（續）	防止物理、化學、生物性、污染物侵入餐盒	2. 每週定期更換鐵刷、菜瓜布以防止食物內夾雜金屬物質	1. 衛生管理自行檢查記錄 2. 缺點追蹤改善處理記錄
		3. 作業人員不得佩戴任何飾物、化妝、擦指甲油	1. 衛生管理自行檢查記錄 2. 缺點追蹤改善處理記錄善處理記錄
		4. 不得於廠內或工作中吸菸、嚼檳榔、口香糖、喝酒等	1. 衛生管理自行檢查記錄 2. 缺點追蹤改善處理記錄
		5. 員工若有傷口則需以易辨認之 OK 繃或繃帶包紮	1. 衛生管理自行檢查記錄 2. 缺點追蹤改善處理記錄
		6. 廠區應通風良好，調理台面光線應足夠且有燈罩保護	1. 衛生管理自行檢查記錄 2. 缺點追蹤改善處理記錄
六、化學清洗消毒物質之管理	適當的貯存與管理以避免滲入食品中	1. 化學藥劑（清潔劑、消毒劑等）應置於專櫃中分開存放且專人管理，每天用量除專人控制並記錄領用日期、領用數量、回收數量	清潔消毒用品管理記錄
		2. 清潔區及準清潔區除清洗時段外不得放置清潔劑，已領出之清潔劑、消毒劑存放於清洗區置物架之固定位置，分開存放	1. 衛生管理自行檢查記錄 2. 缺點追蹤改善處理記錄
		3. 設有獨立檢驗室備有簡易檢查設施確實執行檢查工作	1. 衛生管理自行檢查記錄 2. 缺點追蹤改善處理記錄

▶ 表 7-9　衛生標準操作程序書（續）

項　目	目　標	程序（控制／監測／矯正／頻率）措施	記錄表單
六、化學清洗消毒物質之管理（續）	適當的貯存與管理以避免滲入食品中	4. 非相關人員無故不得進入檢驗室	1. 衛生管理自行檢查記錄 2. 缺點追蹤改善處理記錄
		5. 每日隨機取樣產品一份，以熱封膜包裝置於 5℃以下保存 2 日以上備檢	1. 衛生管理自行檢查記錄 2. 缺點追蹤改善處理記錄
七、員工衛生及健康管理	符合衛生作業人員健康檢查規定	1. 新進人員需經健康檢查合格後，方可正式任用	健康檢查報告（委外）
		2. 作業人員每年進行健康檢查，項目包括 A 型肝炎、傷寒、肺結核等	健康檢查報告（委外）
	防止食品／包材／食物接觸面受微生物污染	3. 如工作人員罹患傳染病、皮膚病等，需立即就醫且經醫師證明治癒後始可返回工作	員工健康異常處理記錄
		4. 操作人員若手部受傷或健康狀況異常，應調派至與食品及食品容器無直接接觸之工作	1. 衛生管理自行檢查記錄 2. 缺點追蹤改善處理記錄
八、蟲鼠害防制	防止進入廠房並杜絕來源	1. 每月進行一次廠區全面消毒 2. 廠內各入口處應設置黃色 PVC 門簾、空氣簾或紗門且隨時關閉，以有效防止昆蟲進入	1. 衛生消毒記錄 2. 衛生管理自行檢查記錄 3. 缺點追蹤改善處理記錄
		3. 水溝或排水管之出口處應有網狀柵欄，以防老鼠進入廠內	1. 衛生管理自行檢查記錄 2. 缺點追蹤改善處理記錄
		4. 廠區應保持整潔，不住宿、不飼養家禽、不堆積與食品無關之物品	1. 衛生管理自行檢查記錄 2. 缺點追蹤改善處理記錄

表 7-9 衛生標準操作程序書（續）

項　目	目　標	程序（控制／監測／矯正／頻率）措施	記錄表單
八、蟲鼠害防制（續）	防止進入廠房並杜絕來源	5. 廚餘桶應加蓋並每日清除及保持整潔	1. 衛生管理自行檢查記錄 2. 缺點追蹤改善處理記錄
		6. 為有效防止病媒侵入，在前述處理工作完成後應將前處理區與緩衝區間之自動鐵門關閉	1. 衛生管理自行檢查記錄 2. 缺點追蹤改善處理記錄
		7. 每半年進行一次廠區全面蟲鼠消毒	蟲鼠消毒記錄（委外）

 **範例 7-2**

水質檢驗標準程序與檢驗記錄表

1. 餘氯檢測：
- 器材：餘氯檢定器。
- 檢查方法：
  (1) 先將空管用水洗淨。
  (2) 取水樣於空管內。
  (3) 自滴瓶加 5 滴餘氯試劑（即 O-tolidine 液）於盛有水樣之空管。
  (4) 以拇指壓於管口，反覆搖盪後，將檢定器放平。
  (5) 立即觀察比較水樣與兩邊標準色管之顏色，與水樣顏色最相近之標準色管上端所標明之數字，即表示水樣中之餘氯含量 ppm 數。
2. pH：
- 檢查方法：取 pH 試紙將水樣滴於試紙，立即觀察比較顏色與標準顏色是屬於何範圍。
3. 總菌溶數 (TBC)：
  (1) 大腸桿菌 (*E. coli*)。
  (2) 大腸桿菌群 (coliform)。
  (3) 檢查方法：請參考 CNS 國家標準。

水質檢驗記錄表

- 頻率：每半年檢測一次
- 標準值：
  1. 餘氯檢測：0.2~1.5 ppm
  2. pH 值：6.8~8.5
  3. TBC：100(CFU/ml)
  4. *E. coli*：陰性反應
  5. coliform：6.0(MPN/100 ml)

日　期	餘氯檢測	pH	總菌落數	*E. coli*	coliform	檢查人	廠　長

範例 7-3

水塔清洗標準程序與清洗記錄表

水塔清洗標準程序步驟：

1. 水塔底部設有自動清洗裝置，當定期清洗時間到達時，只需啟動開關即開始清洗內部。
2. 第一次將內部之雜質清除後，重新注入清水再清洗一次即可。

水塔清洗記錄表

頻率：每年 2 月與 8 月

日　期	水塔編號	清洗狀況	清洗者	檢查人	廠　長

 **範例 7-4**

衛生管理自行檢查記錄

頻率：每天　　　　　　　　　　　　符號表示：優（✓），尚可（△），不良（✕）

項　目	日　期											
與食物接觸表面清潔度												
1. 空餐盒入廠後應密封貯存在離地、離牆 5 公分以上，乾燥通風環境												
2. 爐具、器具、菜刀等均應依照標準清洗程序徹底施行												
3. 調味料之盛裝容器應採不鏽鋼或塑膠材質，不使用時應加蓋並保持整潔												
4. 配膳人員所使用之手套為拋棄式手套且置於盒中定點存放，在作業中有破損及更換工作時，即應重新更換												
5. 倉庫、乾料室應設有棧板或物料且定位、分類放置、標示明確並定期整理												
防止交叉污染												
6. 廠區各作業區應作好人員動向管制以免交叉污染												
7. 工作人員進入廠區後即應更換制服、戴口罩、髮網、穿工作鞋並徹底清潔手部、戴手套												
8. 未經拆箱處理之原物料不得進入準清潔區、清潔區												
9. 生食、熟食、殺菁後盛裝容器具應採色籃管理												
10. 所有容器具不可與地面直接接觸，應使用台車、2 格塑膠籃框、棧板加以區隔												

頻率：每天　　　　　　　　　　　　符號表示：優 (✔)，尚可 (△)，不良 (✗)

項　目	日　期										
洗手消毒及衛浴設備											
11. 清潔區、準清潔區入口應設置消毒槽，內置 200 ppm 消毒液，穿雨鞋浸泡後方可進入該作業區，每天下班前應刷洗工作鞋，晾乾並存放適當位置											
12. 清潔區、準清潔區入口處應設置洗手與乾手設備並備有洗手刷，且懸掛「正確洗手方法」掛圖											
13. 廁所採沖水式，男女分開，備有洗手與乾手設備並貼有「如廁後請洗手」標語，每日由清潔人員清洗											
14. 更衣室應設有置物櫃及落地鏡且保持整潔											
防止異物侵入											
15. 原物料、成品均需適當覆蓋或包裝以防止異物或滴落物侵入，並注意先進先出原則											
16. 每週定期更換鐵刷、菜瓜布，以防止食物內夾雜異物或金屬物質											
17. 作業人員不得配戴任何飾物、化妝、塗指甲油											
18. 不得在廠內或工作中吸菸、嚼檳榔等可能污染食品之行為											
19. 員工若有傷口需以易辨認之 OK 繃或繃帶包紮											
20. 廠區應通風良好，調理台面光線應足夠且有燈罩保護											

頻率：每天　　　　　　　　　　　　符號表示：優 (✓)，尚可 (△)，不良 (✗)

項　目	日　期														

化學清洗消毒物質之管理

21. 清潔區及準清潔區除清洗時段外不得放置清潔劑，已領出之清潔劑、消毒劑存放於清洗區置物架固定位置，分開存放														
22. 設有獨立檢驗室，備有簡易檢查設施，確實執行檢查工作														
23. 非相關人員無故不得進入檢驗室														
24. 每日隨機取樣產品一份，以熱封膜包裝置於 5℃以下保存 2 日以上備檢														

員工衛生及健康管理

項目														
25. 操作人員若手部受傷或健康狀況異常，應調派至與食品及食品容器無直接接觸之工作														

蟲鼠害防制

項目														
26. 廠內各入口處應設置黃色 PVC 門簾、空氣簾、紗門且隨時關閉，以有效防止昆蟲進入														
27. 水溝或排水管之出口處應設有網狀柵欄，以防止蟲鼠進入廠內														
28. 廠區應保持整潔，不住宿、不飼養家禽、不堆積與食品無關之物品														
29. 廚餘桶應加蓋並每日清除及保持整潔														
30. 為有效防止病媒侵入，在前處理工作完成後應將前處理區與緩衝區間之自動鐵門關閉														
檢查人員簽名														

 **範例 7-5**

衛生管理自行檢查缺點追蹤改善處理記錄

頻率：每當有缺失時

項　目	缺點	日期	缺失項目	填表人	覆查日期	覆查情形	填表人	廠　長
與食物接觸表面清潔度								
防止交叉污染								
洗手、消毒及衛浴設備								
防止異物侵入								
化學清洗消毒物質之管理								
員工衛生及健康管理								
蟲鼠害防制								

 **範例 7-6**

衛生消毒標準程序

一、輸送帶：

　　1. 每天早上工作開始前應充分噴灑 75% 酒精消毒之。

　　2. 清洗工作結束後再噴灑 75% 酒精消毒之。

二、消毒槽：

　　每天固定配製 200 ppm 之消毒液置於消毒槽內。

三、廠區：

　　各區工作人員每天將該工作區清洗完畢後，應使用 200 ppm 之消毒液消毒之。

四、泡製方法：

　　1. 75% 酒精泡製：

　　　　公式：

　　　　$X \rightarrow 95\%$　？　ml　　　　$Y \rightarrow$ 蒸餾水　？　ml

　　　　先設定 x 或 y 之毫升數，再依公式帶入求答案

　　　　$95\%X = 75\%(X+Y)$

2. 200 ppm 消毒液泡製：（有效氯 12%）

　　16.7 ml 漂白水加入 10 L 水即可得 200 ppm 消毒水。

　　PS . 隨機使用餘氯檢測試紙測定消毒液是否達 200 ppm。

泡製200 ppm消毒液之氯液濃度的調整

漂白水量 (ml) 有效氯 (%) 水量 (L)	4	5	6	8	10	12
1	5	4	3.3	2.5	2	1.7
5	25	20	16.7	12.5	10	8.3
10	50	40	33.3	25	20	16.7
20	100	80	66.7	50	40	33.3

 範例 7-7

衛生消毒記錄表

1. 每日衛生消毒記錄：

　(1) 頻率：每天以符號表示：有執行 (✓)，沒有執行 (×)。

　(2) 標準值：輸送帶 → 75% 酒精；消毒槽、廠區 → 200 ppm 氯液。

日　期	輸送帶	消毒槽	廠　區	檢查人	日　期	輸送帶	消毒槽	廠　區	檢查人

2. 每月衛生消毒記錄：

  (1) 頻率：每月。

  (2) 標準值：廠區 → 200 ppm 氯液（全面消毒）。

日　期	廠　區	檢查人	廠　長	日　期	廠　區	檢查人	廠　長

 範例 7-8

簡易檢查標準程序與檢查記錄表

1. 澱粉性殘留物檢查法：

  - 目的：檢查餐具或食物容器是否清洗乾淨，是否有澱粉質殘留。

  - 試藥：使用碘試液，即將碘化鉀 20 g 溶於 100 ml 水中，再加入碘 12.7 g，待溶解後取 1 ml 加水稀釋至 1,000 ml 即成。

  - 檢查方法：

    (1) 取碘試液。

    (2) 滴在供檢驗的餐具或容器上。

    (3) 慢慢迴轉，使碘試液擴及全面。

    (4) 有殘留澱粉會變為藍紫色。

2. 脂肪性殘留物檢查法：

  - 目的：檢查餐具或食物容器上是否有殘留脂肪，判定是否清洗乾淨。

  - 試藥：蘇丹四號或三號、酒精、蘇丹試驗（取蘇丹四號或三號 0.1 g 溶於酒精 100 ml 即成）。

- 檢查方法：

  (1) 將試液滴在供檢驗之餐具或容器上。

  (2) 慢慢迴轉使其擴及全面。

  (3) 用水輕輕沖洗。

  (4) 如有殘留油脂會呈現紅色的斑點。（若顏色殘留可以用藥用酒精回復原狀）

3. 大腸桿菌 (E.coli)、大腸桿菌群 (coliform)：

- 目的：在 18~24 小時內判斷被採樣的食物、器具、容器有無大腸桿菌及大腸桿菌群。

- 試藥與器材：無菌水、滅菌吸管、恆溫器、無菌稀釋瓶、3M 培養膜。

- 檢查方法：

  (1) 使用經滅菌之吸管吸取檢液注入培養膜上蓋上塑膠膜。

  (2) 放置 1 分鐘膠凝固後，放到培養箱於 35℃培養 24~48 小時。

  (3) 培養後取出培養膜觀察：有大腸桿菌存在時則產生藍色菌落周圍有兩個小氣泡；有大腸桿菌群存在時則產生紅色菌落周圍有兩個小氣泡。

簡易檢查記錄

時間：每週抽檢。

標準值：

1. 澱粉殘留：陰性反應。
2. 脂肪殘留：陰性反應。
3. E. coli：陰性反應。

日　期	澱粉殘留	脂肪殘留	E. coli	檢查人

 **範例** 7-9

其他常見記錄表

1. 廁所衛生檢查記錄：

頻率：每天　　　　　　　　　　　　符號表示：**優 (✓)，尚可 (△)，不良 (✕)**

日期	地板	牆壁	馬桶	尿血	清潔液	拭手紙	鏡子	垃圾筒	門把	檢查者	清洗者

2. 清潔消毒用品管理記錄：

頻率：每天
名稱：

日　期	進	出	庫　存	領用單位	回　收	檢查人

3. 員工健康檢查記錄（委外）：

頻率：每年一次

日　期	人　員	檢查結果	委託醫院	經辦人	廠　長

4. 員工健康異常處理記錄：

頻率：每次

日　期	人　員	異常原因	處理方法	記錄人	廠　長

5. 蟲害消毒記錄（委外）：

頻率：每半年一次

日　期	廠　區	消毒狀況	委託公司	消毒者	廠　長

📄 註釋 BOX ▶

註59　臺灣省政府衛生處(1999)，*餐飲業衛生管理講義*（55-78頁），臺北市：臺灣省政府衛生處。

(　　) 1. 新進人員的健康檢查項目，下列何者為非？　(1) 胸部 X 光　(2)A 型肝炎　(3)B 型肝炎　(4) 手部皮膚病　(5) 傷寒

(　　) 2. 關於餐飲從業人員的衛生習慣，下列何者為非？　(1) 工作時應穿戴清潔的工作衣帽，目的是防止頭髮、毛線、夾雜物等異物混入食品　(2) 工作衣帽顏色以白色為主，工作帽須能密蓋頭髮　(3) 可配戴飾物　(4) 調理工作者應戴口罩（如烹調、配膳等）　(5) 指甲剪短（指甲長度不超過手指）　(6) 穿著廠區工作鞋

(　　) 3. 廠區的洗手設備，下列何者非必要？　(1) 兼具冷、熱自來水洗手台，可充分供應冷熱水　(2) 備有洗潔劑　(3) 拭手紙（或烘乾設備）　(4) 紙屑桶　(5) 指甲剪　(6) 提醒洗手標示（如廁後應洗手之標示）　(7) 手指消毒設備（75% 酒精）　(8) 滾筒魔鬼氈

(　　) 4. 下列敘述，何者錯誤？　(1) 手部有創傷、膿腫或感冒症狀，不得接觸食品　(2) 可配戴飾物、化妝與塗指甲油　(3) 從事熟食調理人員手部應每隔 30 分鐘消毒一次　(4) 需要高度無菌作業的場所員工應戴用畢即丟的塑膠手套，同時每隔 30 分鐘消毒一次

(　　) 5. 新進人員的衛生教育訓練，不包括　(1) 衛生管理體系　(2) 食品中毒種類與原因　(3) 防止食品劣變應注意事項　(4) 個人衛生　(5) 環境衛生　(6) 改善平時的缺點

(　　) 6. 餐廳、廚房的衛生管理，下列敘述，何者錯誤？　(1) 廚房內工作台面採光應在 200 米燭光以上；燈管、燈泡之光源，應避免設在工作台正上方　(2) 可利用窗戶、抽風機、風扇、排氣管、排氣機與空氣調節裝置等維持良好通風，排氣口、進氣口應設有防止病媒入侵的設施　(3) 離地面 1 公尺的牆壁和支柱，材質宜選擇不透水、易洗、耐酸鹼的淺色材料　(4) 牆角接縫處應為圓弧角（半徑 5cm 以上）　(5) 地面保持 1.5cm/100cm~2cm/100cm 的斜度　(6) 水溝底部為直角，並有 2cm/100cm~4cm/100cm 的斜度

(　　) 7. 下列敘述，何者錯誤？　(1) 砧板需詳細分類、標示用途，至少須有生、熟食各一塊　(2) 宜使用合成塑膠砧板，建議使用 Nylon66 材質（可耐熱 180℃），依切、剁不同用途選用不同厚度　(3) 使用後應立即刷洗乾淨，通常可用氯水（漂白水餘氯 150~200ppm）或紫外線消毒　(4) 消毒後之砧板要有專門貯存櫃，應緊靠牆面放置

(　　) 8. 餐具洗滌之敘述，何者錯誤？　(1) 第一槽水溫維持在43~49℃刷洗餐具　(2) 第二槽以 25℃乾淨流動自來水沖洗　(3) 消毒，使用乾熱消毒櫃以 110℃之溫度加熱 20 分鐘　(4) 以煮沸殺菌法，100℃的沸水煮餐具 1 分鐘以上

(　　) 9. 下列敘述，何者錯誤？　(1) 耐熱性差的器皿不能以高溫消毒殺菌，最好使用 200ppm 之有效氯水消毒　(2) 氯水消毒的器具應以飲用水沖洗、乾燥後再行盛裝食物　(3) 消毒後的餐具，應以抹布擦乾再收藏置密閉櫃貯存

(　　) 10. 團體膳食業者使用自來水時，下列敘述，何者錯誤？　(1) 室外蓄水池需距離化糞池、污水管 5 公尺以上　(2) 採用室內蓄水池，應設於地板或地面上，且蓄水池上、下四周應留有適當空間，以防止污水滲入　(3) 採用地下式蓄水池，因設置位置較四周低、易致污水易流入或滲入　(4) 水塔、蓄水池每一年至少要清洗一次（水質不佳，則增加次數），國內現行標準正常水質 pH 值為 6.0~8.5、自由有效餘氯為 0.2~1.0(mg/L)

(　　) 11. 廚房內病媒防治原則，敘述錯誤者？　(1) 斷絕食物來源，垃圾、廚餘桶當天要處理乾淨　(2) 經常清理廠區，給予消毒，去除病媒味道　(3) 看見病媒出沒，將其趕走，不捕殺牠　(4) 設置防止病媒侵入的設施

(　　) 12. 廚房內最舒適的工作環境之溫、濕度為：　(1) 溫度 20~25℃、相對濕度 50~60%　(2) 溫度 20~25℃、相對濕度 70~80%　(3) 溫度 25~30℃、相對濕度 50~60%　(4) 溫度 25~30℃、相對濕度 70~80%

（105 年第二次營養師專技高考）

(　　) 13. 關於團體膳食業者餐盒留驗制度之敘述，下列何者錯誤？　(1) 發生食物中毒，留驗樣品送檢結果可以作為釐清責任歸屬參考　(2) 將當餐的保留一份，放置於冷凍庫一週　(3) 發生食物中毒時，消費者當天所食用的食物皆有可能造成其中毒現象　(4) 任何一團膳公司均應注意餐盒留驗的重要性，並確實執行　　　　　　　　　（106 年第一次營養師專技高考）

(　) 14. （複選）有關廚房衛生自主管理之敘述，下列何者錯誤？ 　 (1) 冷藏庫和冷凍庫方面應有正確之溫度及濕度，一般情形之相對濕度在 75~95%，溫度在 0~7℃ 　 (2) 冷供應之食物達冷藏溫度 0~5℃；熱供應之食物保溫在 60℃ 以上 (3) 餐具應先除去食物殘渣，再以 50~60℃ 熱水清洗，再泡於清潔液中，之後以 80℃ 以上熱水浸泡兩分鐘；洗好後將餐具拿至殺菌櫥殺菌 　 (4) 欲進行殘留澱粉檢驗，以稀釋碘（100c.c. 之水，加 100c.c. 之碘）放在洗好的餐具上，讓它擴及全面，若變成紅色，即表示有澱粉存在

（106 年第二次營養師專技高考）

(　) 15. 「自主衛生檢查」是指團膳業者應自動建立一套符合自己機構需求的檢查制度，以確保餐廳廚房的最佳衛生狀態，則下列敘述何者錯誤？ 　 (1) 對於調理用膳等場所衛生，加熱保溫食品不得低於 65℃ 　 (2) 對於餐盒業衛生管理中「調理」項目，熱藏溫度在 60℃ 以上，並有溫度指示裝置 　 (3) 對於調理用膳等場所衛生，應有足夠而清潔之冷凍、冷藏設備，溫度須保持冷藏溫度在 0~10℃ 以上；冷凍 -18℃ 以上 　 (4) 對於餐盒業衛生管理中「調理」項目，冷藏溫度在 0~7℃ 以上；冷凍溫度在 -18℃ 以下；並有溫度指示裝置

（107 年第二次營養師專技高考）

(　) 16. 為維護製成菜餚的品質安全，廚房設計應由清潔區→準清潔區→一般工作區的方向為下列何者？ 　 (1) 空氣流向、排水流向、食物流向 　 (2) 排水流向、食物流向、人員走向 　 (3) 食物流向、人員走向、空氣流向 　 (4) 人員走向、空氣流向、排水流向 　 　 （105 年第二次營養師專技高考）

參考答案

1.3	2.3	3.8	4.2	5.6	6.6	7.4	8.3	9.3	10.4
11.3	12.1	13.2	14.14	15.3	16.4				

Quantity Food Production Management

Quantity Food Production
Management

8
CHAPTER

食品安全管制系統 (HACCP)

8-1 HACCP 簡介

一、HACCP 的起源、意義和範圍

危害分析重要管制點 (hazard analysis and critical control points, HACCP) 之觀念起始於 1970 年初期美國太空總署 (NASA) 研發無衛生安全顧慮之食品,以提供太空人在太空食用時,確保其飲食安全而開發出來之食品生產管理系統。其為一套目前世界公認為食品衛生最具成效、預防性之自主式製程管理系統,以事前分析,從原料到產品製造過程中的每個步驟,分析可能產生的危害,然後依危害的機率與後果嚴重性,訂定重要管制點,有效預防控制危害的發生(包括微生物、化學性和物理性三方面的污染);或者在危害產生時,可立即採取矯正措施去除危害,達到確保產品安全為目標,以提升食品業者的水準。主要涵蓋危害分析與重要管制點,說明如下:

1. 危害分析 (hazard analysis, HA):係指食品生產之一貫製造過程,即從原料處理開始經由加工、製造、流通乃至最終產品提供給消費者為止,評估分析所有流程中各種危害發生之可能性及危險性。

2. 重要管制點 (critical control point, CCP):係指於製造過程中之某一點、步驟或程序,若加以控制則能有效預防、去除或減低食品危害至最低可以接受之程度。

HACCP 制度在下列三種情況下須更新:

- 情況一:當顧客、供應商、器具、設施有所改變時,可能會產生新的危害,或是使部分標準與矯正措施變成無效。
- 情況二:變更菜單或食譜時。
- 情況三:變更流程或最大安全生產量時。

總而言之,HACCP 管理制度是一種控制的防禦體系,屬於過程的控制,於食品生產之所有過程中先找出可能發生之危害,再以重要管制點有效防止或抑制危害之發生,以確保食品安全之自主衛生管理制度。

在執行 HACCP 的過程,必須提到戴明博士 (Deming, W. E.) 的 PDCA 品質管理理論。第二次世界大戰後,戴明博士於 1950 年應邀前往日本講授品質控制的方法,希望

能增加日本工廠的生產品質，提高其國際競爭力。戴明博士於日本科技聯盟的研討中提出 PDCA(plan-do-check-act) 循環圈理論（圖 8-1），認為要先有計畫 (plan)，將欲執行的計畫詳細擬訂，然後依照擬訂計畫實際的執行 (do)，執行完成後，針對執行過程所產生的問題進行檢討 (check)，是否有缺失需要改善，以及執行過程是否如擬訂計畫所預期。過程改進之後，再次執行行動 (act) 所需的過程，也就是排除影響品質的因素之後，進行修正後的執行過程可使品質更臻完善。戴明博士的 PDCA 循環圈構想，係持續不斷地循環進行 PDCA 的過程，持續不斷的修正，以提升產品品質。

因此，將我國的食品安全管制系統（亦即強調過程的危害預防措施），加上 PDCA 管制循環，以求達到降低食品危害、提升產品品質之目標。

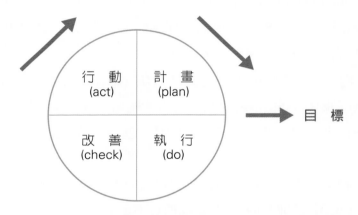

資料來源：李友錚、賀立行 (2008)．*品質管理：整合性思維*（二版，31-32 頁）．新北市：前程文化。

● **圖 8-1　戴明循環圖**

🍴 二、HACCP、GHP、GMP、5S、SSOP 的關係

一個良好的食品工廠經營者在實行 HACCP 時，首先要建立良好的食品良好衛生規範 (GHP)，同時要為員工規劃完善的教育訓練制度，培育廠內實行 HACCP 之專業人才，並落實 GHP 與 HACCP 制度，以管制廠內所有的可能危害。圖 8-2 為良好的食品工廠經營架構。食品工廠以人員、設施（廠區與機械設備）、原物料為主體，藉由人員設計廠區設施、配置與維護，處理原物料生產食品，掌握源頭原料、中間製程、產出最終良好成品；同時注意人員、設施、成品之衛生管理，並給予作業人員完整的教育訓練，

以達成上述目標，這是食品工廠經營者對消費者負責的態度，目前以施行 HACCP 之源頭管理，採掌握三大危害的方式最具效益。

公司決策者在作決策時，其理念須與工廠之食品良好衛生規範 (GHP) 及危害分析重要管制點 (HACCP) 一致，並隨時確認執行情形。為使工廠內所生產的產品確實依循 HACCP 制度，首先工廠須有良好完善的硬體設施，提供員工優良的作業環境。另外，應要求廠內全體員工徹底實施 5S 運動及遵守廠內的食品良好衛生規範 (GHP)、HACCP 與 SSOP 等。

食品安全管制系統－ HACCP 為著重食品安全的品質保證系統，強調事前監控勝於事後檢驗；以非零缺點系統概念，為降低食品安全危害顧慮而設計、施行，其實施是建立在 GMP（good manufacturing practice，良好作業規範）、GHP（good hygienic practice，良好衛生規範）、5S、SSOP 的良好基礎上，架構成 HACCP 之管制系統（圖 8-3）。以下說明 5S、SSOP、GMP、GHP。

1. "5S" 活動：指消除浪費的活動。"5S" 是整理 (seiri)、整頓 (sieton)、清掃 (seiso)、清潔 (seiketsu) 和紀律 (shitsuke) 之日文發音的羅馬拼音字首。其定義如下：

   (1) 整理 (seiri)：把「要」與「不要」的物品，區分清楚；丟棄不要的部分，妥善保管需要的部分。

   (2) 整頓 (sieton)：把需要的物品以定位和定量的方式擺放並標示；在需要使用時可立即取得，使用後即歸回原位並定期補足不足量。

   (3) 清掃 (seiso)：定期灑掃、清污，使工作場所或設備乾淨無塵埃。

   (4) 清潔 (seiketsu)：將整理、整頓、清掃徹底執行後的良好狀況維持。

   (5) 紀律或教養 (shitsuke)：教育員工養成守法、守紀律及遵守工廠規定的習慣，並確實遵循標準操作程序 (SOP) 之作業方式。

2. 衛生標準操作程序 (sanitation standard operating procedures, SSOP)：為 HACCP 品質保證系統之配套措施，目的為確保產品品質衛生與安全，適用範圍包括：全體員工、廠內外環境及所有器具設備，過程從原物料採購、驗收、貯存、清洗、浸泡、醃漬、冷藏、烹調、配膳、包裝、運送，以及生產結束後的清洗、消毒作業程序，都要符合食品衛生操作標準。

3. 良好作業規範 (good manufacturing practice, GMP)：GMP 即為「良好作業規範」或是「優良製造標準」，為一種特別注重製造過程中產品品質與衛生安全的自主性管理制度。因為應用在食品的管理，所以稱為「食品 GMP」。

4. 食品良好衛生規範 (good hygienic practice, GHP)：GHP 的衛生標準作業程序是用來符合「法定衛生責任」和「預防產品直接污染或敗壞」的重要工具。

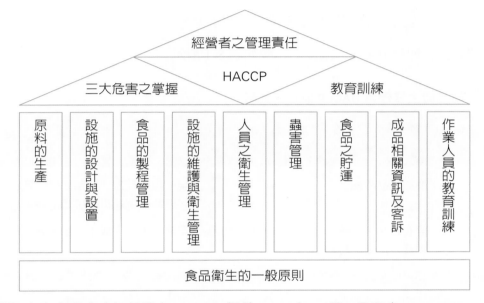

資料來源：中央畜產會（無日期）．*HACCP 概論*．2013 年 11 月 4 日取自 http://www.naif.org.tw/proofHACCPBrief.aspx?frontTitleMenuID=52&frontMenuID=93。

⊃ 圖 8-2　良好的食品工廠經營架構

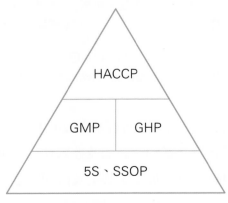

資料來源：中央畜產會（無日期）．*HACCP 概論*．2013 年 11 月 4 日取自 http://www.naif.org.tw/proofHACCPBrief.aspx?frontTitleMenuID=52&frontMenuID=93。

⊃ 圖 8-3　HACCP 架構圖

三、實施 HACCP 的優點

　　HACCP 制度落實了「源頭管理」、「衛生自主管理」和「產品責任保證」等三大管理精神，而實施 HACCP 的優點有：

1. 能夠有效事先預防食品污染或其他危害的發生，避免食物中毒。

2. 有效運用人力、物力及資源，以節省食品生產之成本。

3. 合理保證食品安全品質，提升業者衛生管理水準。

　　傳統衛生管理與 HACCP 制度之比較如表 8-1 所示。

表 8-1　傳統衛生管理與 HACCP 制度之比較

制度種類 比較基準	傳統衛生管理	HACCP 制度
管理方式	最終產品檢驗	全部製程管制（採預防性管理），最終產品檢驗則可供為確認的一部分工作
實施成本	需花費相當之時間、龐大的人力、物力和費用於產品檢驗上	可節省人力、成本，且能有效運用資源
實施成效	結果出來時已被食用	對於微生物污染造成之中毒較能掌握防止
	產品回收、商譽受損	確保產品安全
	無法明確找出污染原因	事前之預防管制制度可有效抑制安全之三大危害發生
	為事後補救措施很難防止，重複之製程疏失而造成同樣之食品危害	因其食品安全信賴保證之事實，可作為國際食品相互認證之共同管理基準

資料來源：食品藥物消費者知識服務網（2010，11 月 24 日），*傳統衛生管理與 HACCP 制度之比較*，2013 年 10 月 19 日取自 https://consumer.fda.gov.tw/Pages/Detail.aspx?nodeID=59&pid=309

　　我國食品安全管制系統依食品衛生管理法第 20 條之規定而訂定之，已於民國 97 年 5 月 8 日發布施行，該系統為一鑑別、評估及控制食品安全危害之系統，援引危害分析重要管制點原理，管理原料驗收、加工、製造及貯運等全程之食品安全危害。食品安

全管制系統之條文中對系統之相關專有名詞給予定義，食品業者之管制小組成員與資格之規定、管制小組之職責、危害分析、決定重要管制點、管制界限、監測、矯正措施、確認、文件及記錄、訓練等均作詳細規範，給予執行業者有完整依循方向。

8-2　HACCP 之十二步驟

　　HACCP 是一種源頭管理、全程評估、監測取代檢驗、有效管制的系統化管理制度。建置 HACCP 系統有十二個（包括五個預備步驟和七大原則），各國如果採用此系統來管制食品安全，可以有共通的語言，同時採用相同的管理系統，彼此可以相互認證，產品迅速通關、減少邊境管制的延誤、掌握商機並促進貿易交流。進行 HACCP 計畫之十二步驟說明如下：

（一）預備步驟

　　工廠、餐飲業者在發展 HACCP 時，前期應先自備以下五項先備資料：

1. 成立 HACCP 計畫之執行小組。
2. 描述產品及其流通方式。
3. 確定產品之消費對象。
4. 建立製造流程圖。
5. 現場確認製造流程圖。

（二）七大原則

　　HACCP 是一種預防危害發生的管制方法，包括危害分析 (hazard analysis, HA) 與重要管制點 (critical control point, CCP) 的管控，著眼於分析整個食品製造過程中可能發生或存在的危害，依據此重要管制點與管制方法建立監控方式，以利及早發現而採取矯正措施，使產品降低或去除危害，保障消費者食的安全。七大原則分別為：(1) 危害分析；(2) 決定重要管制點；(3) 建立管制界限；(4) 建立監測過程；(5) 建立矯正措施；(6) 建立記錄系統；(7)HACCP 系統確認。

◎ 原則一：危害分析：判別潛在性食品安全危害

需瞭解與詳列食品製程中可能發生的危害，以及可使用之預防方法。

1. 判別依據：判別危害發生通常依據下列項目：

   (1) 應用流行病學資料：從已知的食物中毒調查分析危害的因素，以供參考、推測可能的危害。可能是病原菌及其毒素造成、可能是環境污染、天然毒素、農藥殘留、食品添加物等問題所導致。

   (2) 利用技術性資料及研究文獻，例如利用天然毒素與存在的食品原料種類、農藥使用狀況與可能的污染、製程交叉污染的可能性、加工貯存條件是否減少或抑制危害因子、運銷條件與食品貯存壽命等，均可作為推測危害分析之參考。

   (3) 取樣檢測：檢測實際產品的生產線，鑑定出潛在的危害。

   (4) 必要時應確認上述 (1)、(2) 項流行病學、研究文獻之推論，將每個加工步驟可能出現之顯著危害與控制方法一起列出，以鑑定出潛在危害。

2. 種類：一般可分為生物性危害、物理性危害和化學性危害等三種。

   (1) 生物性危害：指食品生產或製備過程中遭受之生物性危害，主要包括對人體有害之細菌、病毒及寄生蟲、食品中毒病原菌、指標菌、腐敗菌、組織胺或其他有害微生物等。

   (2) 物理性危害：指食品中含有可能造成身體不適或受傷之硬質或軟質的外來雜物，包括玻璃、從業人員的飾品（如項鍊、戒指、造型指甲等）、牙籤、蟲體、毛髮、碎石、金屬碎屑鋼刷、玻璃、木屑、塑膠等異物。

   (3) 化學性危害：指一些食品本身天然存在或是製備時被加進食品中的有毒物質，如黃麴毒素、魚貝類毒、多氯聯苯、組織胺、重金屬、殘留農藥、動物用藥、殺蟲殺菌劑、清潔消毒劑或其他的化學物質。

3. 預防措施：針對三種危害的預防措施分別為：

   (1) 生物性危害：以細菌為例，預防措施如溫度／時間管理、預防措施加熱、烹煮、冷藏、冷凍、pH 調整、乾燥、真空包裝、來源管制、清潔消毒、添加鹽類或防腐劑等。

   (2) 物理性危害：預防措施如來源管制、製程管制、環境管理等。

   (3) 化學性危害：預防措施如來源管制、製程管制、標示管理等。

◎ 原則二：決定重要管制點

　　重要管制點係指一個點、步驟或程序，若加以控制則能有效預防、去除或減低食品危害至管制標準以下之最低可接受程度。決定重要管制點時應提供必要之考慮因素、檢驗訓練、重要管制點 (CCP) 之判定結果，由資料判定或實際檢驗測定，並經 HACCP 小組充分討論該項判定之缺失，以決定 CCP，並應注意下列事項：

1. 重要管制點的數目不宜過多：重要管制點過多可能是過程太複雜、不易管控，抑或危害分析做得不確實；若不慎疏忽了某個重要管制點，將無法抑制危害發生；因此重要管制點的決定必須謹慎而有效。某一操作點若訂成重要管制點，其一定是具重大危害性，且應有適當解決方法以防止或降低危害，也要有適當的監視方式能即時顯示重要管制點的失控，而給予適時的矯正措施。

2. 需有解決方案：每個重要管制點的設定必須有控制解決方案；若無解決方案則應變更流程，甚或不應生產該產品，以免危及消費者食的安全。製作同一種產品時，有時業者會參考其他工廠的重要管制點，但因不同工廠、不同廠房設備、不同原料或製程，不一定會產生同樣的危害發生率與同樣的重要管制點，因此各業者仍需依自己工廠的情況，建立屬於自己的 HACCP 計畫書。

3. 重要管制點的判定：一般是依各個加工步驟之危害嚴重性與發生機率高低，加上相關經驗或專業知識來判定。或可由重要管制點判定樹之 4 個問題來判定，此 4 個問題包括對於該危害是否有管制措施、該步驟是否能消除或降低危害至可接受程度、污染是否會使危害增加或增至不可接受程度，以及後續步驟是否能使危害被消除或降低至可接受程度（圖 8-4）。

◎ 原則三：建立管制界限

　　「管制界限」指為達重要管制點所必須符合之控制標準。首先列出所有 CCP 之管制界限，有的 CCP 可能存在一個以上的控制預防方法，每個預防方法皆應建立其控制界限，以有效控制生物性、物理性和化學性危害，並提出管制界限（最高值、最低值）的科學依據或法規依據、文獻資料、專家建議或設計實驗來探討訂定。若有製程操作界限（即目標界限或操作員之管制標準）應予以標明，所訂出之管制界限應驗證其確實可控制 CCP。

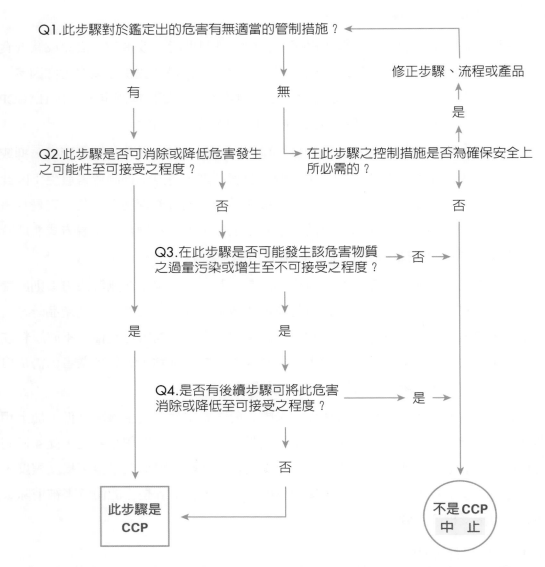

資料來源：張正明 (2013)．*餐飲食品安全管制系統實務講義*．基隆市：經國管理暨健康學院。

⊃ 圖 8-4　重要管制點 (CCP) 判定樹

◎ 原則四：建立監測過程

　　「監測過程」指有計畫的觀察或測試控制 CCP 之活動，以評估重要管制點是否在控制之下，並作成正確記錄以為備查確認。建立每一 CCP 監測過程，應連續式監測，並使用量測工具，依管制標準、管制條件而為之。首先設定 CCP 的監視目標，如場所部位、加工因子、儀器設備等，制訂偵測失控之監視方法及提供確認之書面文件以供記錄，設定線上之連續式或非連續式（批次式）監控方法，訂出 CCP 在控制中之監視頻率與監視報告之負責人及查核人員等。

　　進行監測時應考慮：監測什麼項目 (what)、用什麼方法進行監測 (how)、監測的時間與頻率 (when & frequency)、誰負責監測（報告負責人及查核人員）。

　　監測的方法有：目視檢查、品評、物性測量、化學分析、微生物簡易或快速檢測等。監測方法最好以連續性監測方式；若製程穩定度高，則可訂定一合理之監測頻率，採非連續性監測方法，以減低成本，如外觀檢查、成分規格標準之監控、pH 值、水活性、產品溫度、微生物檢驗等方式。

　　監測的時效性指監測完成後到獲得結果為止所花費的時間。好的監測方法需講究時效，如以目視來檢查原料、查看設備的清潔度、人員衛生及操作等。應多採用量測資料監測，如溫、濕度及 pH 值之測量等，避免使用微生物檢驗分析方法（較費時，對講求時效的檢測目的，實非有效的監測方法）。亦可配合良好實驗室操作訓練、檢測儀器之適時校正使監測之準確性升高，有效應用管制圖可看出有無偏離管制界限趨勢。時效性是用來確認管制項目是否維持在管制界限內的指標，因此監測結果最好能立即顯示且連續，但很多情形下監測狀況無法全部如此順利，若以非連續性方式監測，其監測頻率應確保能及時發現失控情形。

　　監測的代表性指所設定的監測項目其值能否有效代表採樣時整批母體樣本的實際情況。食品安全的管控是想要瞭解此監測值是否是在 CCP 的控制之下？若否，則該如何矯正才能在安全情況。

　　實施監測通常是由特定的生產線人員或品管人員負責。這些人員必須施以監測技術訓練，瞭解監測目的與重要性，並公正執行監測及準確報告監測結果。負有監測任務之人員發現異常現象或已偏離管制界限時，應立即報告使能及時或採取矯正措施。

◎ 原則五：建立矯正措施

監控過程中發現有不符管制界限時，應施行矯正措施使重要管制點回復控制之內。所謂的「矯正措施」是指當監控過程中發現有不符管制界限情況時，即應施行改正措施，使重要管制點重新回復到設定的管制界限內。當 CCP 失控時，即應進行修正製程方法或程序，使其回復至正常狀態下，防止危害再發生。在執行 HACCP 以預防危害發生的過程，並不一定都在掌握之中，若發生偏離管制界限時，矯正措施之負責人及查核人員就要查閱已建立的改善措施或矯正方法作為異常食品之矯正處置方法，以使製程回復正常狀態。當證實 CCP 已回復至正常狀態並監控中，即可確立此矯正方法有效，可保存此矯正措施之記錄作為以後管控之參考。

HACCP 系統雖是設計來預防所鑑定出之危害不會發生，但在執行時並不是都這麼理想的，故應事先建立矯正措施計畫，始能於偏離管制界限時，用來決定不合格產品之處理，並矯正偏離原因以確保 CCP 在控制之下，同時要以書面記錄各種矯正計畫。不同食品之製造有不同之 CCP，而且偏離又可能不同，故應對每個 CCP 建立個別之矯正措施，此矯正措施須足以使 CCP 回復至控制之下。

負責採取矯正措施之人員必須對該製程、產品及 HACCP 計畫有徹底之瞭解，矯正措施包括 CCP 未失控前之及時矯正；當偏離真正發生時，工廠應滯留產品等待完成矯正措施及檢驗分析；發生偏離之批次及所採取之矯正行動必須記錄於 HACCP 記錄中，同時必須保留至產品架售期後 6 個月的時間。

◎ 原則六：建立記錄系統

指建立 HACCP 系統實施情形之書面正確完整記錄並建檔保存之。建立各種實施程序之書面化記錄及實施情形之記錄，如衛生標準作業、原料、產品安全資料、製程 CCP、包裝、貯存與運送、異常及矯正措施、HACCP 計畫修正、確認、員工訓練、HACCP 小組檢討記錄等。可以兩個方向思考進行，即：

1. 靜態記錄：指能維持原料製程，設備運作及產品在控制中的靜態記錄及保留期限等均屬之。例如原料驗收、貯存條件、產品加工、設備操作條件與維修、產品內外在因子或貯存條件、對架售期影響評估等。

2. 動態記錄：指分析製程演變趨勢及確認 HACCP 計畫有效性之記錄。例如 CCP 監控、矯正、確認及作業衛生管制記錄等。

　　在工作現場記錄時，應注意確實記載，且不要使用易被塗改之鉛筆為之，也不應於離開現場後以回憶方式填寫記錄內容；若需修正內容，應將原文字劃橫線加上新文字於旁，並由修改人簽全名以示負責，上司則為書面記錄之查核人員。所作之書面記錄（如 HACCP 計畫書及 HACCP 計畫運作記錄），至少須保存於工廠內 1 年以上，若某產品之保存年限更長，其書面記錄保存期限亦應延長；HACCP 書面記錄可作為該廠 HACCP 相同製程計畫之參考與改進之用。

◎ 原則七：HACCP 系統確認

　　HACCP 的確認指除了監測外的活動，包括驗效危害分析重要管制點計畫及決定危害分析重要管制點計畫是否被確實遵行；驗效是以科學與技術為依據，來判定安全危害分析重要管制點計畫，若正確執行時，是否能有效控制危害，驗效為確認的一部分。確認主要是事後的，不須以立即時效的方法，包括可提供補助性數據的測試與程序，終產品檢驗或利用補助性資料（如工作日誌、異常處理報告、顧客抱怨記錄等），以確認 HACCP 系統運作正常。系統確認包括：

1. 確認內容：
    (1) 檢查時間表。
    (2) HACCP 計畫回顧。
    (3) CCP 記錄回顧。
    (4) 偏離與差異處理回顧。
    (5) 目視檢查 CCP 是否在控制之內。
    (6) 環境中微生物分析：包括食物及非食物接觸面。
    (7) 隨機成品微生物分析：瞭解有不潔生產情況否。
    (8) 管制界限回顧：確認其能控制危害。
    (9) 回顧確認檢查的書面記錄及偏離和矯正措施。
    (10) 若 HACCP 計畫修改，需再回顧：例如當原料改變、重新配方、加工步驟或機械設備改變時，HACCP 小組要重新回顧 HACCP 計畫，或至少 1 年回顧一次。

2. 執行確認檢查之時機：

(1) 對 CCP 例行及不定期確認檢查。

(2) 當食品有病原菌顯示時。

(3) 當產品未達標準要求時。

(4) 當 HACCP 計畫有修改時。

(5) 新訊息顯示有食品安全顧慮時。

3. 確認報告內容：

(1) HACCP 計畫表。

(2) 衛生監測及 CCP 點的直接監測資料。

(3) 監測儀器校正及正常運作。

(4) 偏離與矯正措施。

(5) CCP 點在控制下的樣品分析，有物理、化學、微生物或感官品評資料。

(6) HACCP 計畫修正後的再確認。

(7) 管制點監測操作人員的訓練。

(8) 稽核人員與確認活動的頻率與負責人的資料。

 8-3 GHP、HACCP 實例

　　為保護消費者食的安全，依據食品衛生管理法、食品良好衛生規範 (GHP)、食品安全管制系統－HACCP 等法規進行降低食品安全危害的動作，以達成此目標。

一、食品安全管制系統

　　「食品安全管制系統」是鑑別、評估及管制食品安全危害，使用危害分析重要管制點原理，管理原料、材料之驗收、加工、製造、貯存及運送全程的系統。

　　食品安全管制系統包含食品良好衛生規範 (good hygienic practice, GHP) 和食品危害分析重要管制點制度。

1. **食品良好衛生規範：**指食品業者在各項操作與品保制度，應符合確保衛生或品質要求之基本軟、硬體條件。

2. **食品危害分析重要管制點制度：**係建立在 GHP 基礎上，進一步藉由科學管理方法分析作業可能之危害及其管制措施，用以經常性的偵測並預防因管制不當而導致不良之產品危害民眾健康。

　　此一系統目前推動最為積極者為 HACCP 制度，衛生福利部於 107 年 5 月 1 日公告修正「食品安全管制系統準則」及公告指定業者應符合食品安全管制系統準則之規定。要求食品業者實施食品安全管制系統準則，藉由食品業者導入危害分析重要管制點之安全管理概念，確實建立並運作食品安全管制系統，並對整體食品製造過程落實衛生自主管理，以防堵不符合規定之食品流入消費市場，確保食品衛生安全。表 8-2-1 列出原公告與公告修正的食品安全管制系統準則之產業別、表 8-2-2 食品安全管制系統準則之實施產業別、實施範圍、實施規模。

▶ **表 8-2　原公告與公告修正的食品安全管制系統準則之產業別**

業　別	公告日期	實施現況
餐盒食品工廠	96.09.13	自 97.09.15 起分階段實施，99.09.15 起全面實施
乳品加工食品業	99.07.01	100.07.01 起全面實施
國際觀光旅館	103.05.09	104.07.01 實施
五星級旅館等旅館業附設餐廳		106.11.17 應有一廳以上實施
水產加工食品業	107.05.01	107.05.01 實施
肉類加工食品業	107.05.01	107.05.01 實施
食用油脂工廠	107.05.01	107.05.01 實施
罐頭食品工廠	107.05.01	107.05.01 實施
蛋製品工廠	107.05.01	107.05.01 實施

▶ 表 8-3　食品安全管制系統準則之實施產業別、實施範圍、實施規模

業別	實施範圍	實施規模
水產加工食品業	指從事水產加工食品製造、加工、調配之業者，其範圍如下： 1. 生鮮處理：含去頭、去尾、去內臟、去鱗、去皮（去殼）、分切 2. 二次加工：含製罐、蒸煮、脫水、醃燻、鹽製、調理冷凍（藏）、萃取、發酵等 水產加工食品指以水產動物類為主成分，製成可供人食用之食品，且製造之產品含水產動物類含量達 50% 以上者。包括水產罐頭食品、冷凍冷藏水產食品、乾燥水產食品及其他水產食品等	(1) 依工廠管理輔導法及其相關規定，須辦理工廠登記，且食品從業人員 5 人以上者 (2) 辦有商業登記或公司登記，食品從業人員 5 人以上且資本額 3 千萬元以上者
肉類加工食品業	指從事肉類加工食品製造、加工、調配之業者，其範圍如下： 1. 生鮮處理：含原料肉解凍、分切、機械去骨（肉） 2. 肉品加工：含切片、切絲、絞碎、細切、醃漬、充填、成型、蒸煮、煙燻、乾燥、脫水、調理冷凍（藏）、萃取、發酵、製罐等 「肉類加工食品」是指以畜禽肉類或其雜碎類為主成分，製成可供人食用之食品，且製造之產品含畜禽肉類或其雜碎類含量達 50% 以上者。包括冷藏、冷凍畜禽生鮮肉品、醃漬肉品、香腸、乾燥肉品、調理肉品、肉類罐頭	(1) 依工廠管理輔導法及其相關規定，須辦理工廠登記，且食品從業人員 5 人以上者 (2) 辦有商業登記或公司登記，食品從業人員 5 人以上且資本額 3 千萬元以上者
食用油脂工廠	指從事食用油脂製造、加工、調配之工廠 「食用油脂」是指由植物或動物組織所提取之油脂或脂肪，或混合上開油脂或脂肪，以油脂或脂肪為主要成分之產品	(1) 資本額 1 億元以上者：自 107 年 7 月 1 日實施 (2) 資本額 3 千萬元以上，未達 1 億元者：自 108 年 7 月 1 日實施 (3) 資本額未達 3 千萬元，且食品從業人員 5 人以上者：自 109 年 7 月 1 日實施
罐頭食品工廠	指從事罐頭食品製造、加工、調配之工廠 「罐頭食品」是指將食品封裝於密閉容器內，於封裝前或封裝後，施行商業滅菌而可於室溫下長期保存者，包括低酸性罐頭食品及酸化罐頭食品	
蛋製品工廠	指從事蛋製品製造、加工、調配之工廠 「蛋製品」是指以蛋為主成分，製造成可供人食用之食品，包括液蛋、乾燥蛋粉及醃製蛋品	

　　食品良好衛生規範 (GHP) 中明定適用對象為食品業者，規範中囊括食品業者良好衛生規範一般規範、食品製造業者良好衛生規範、食品工廠良好衛生規範、食品物流業者良好衛生規範、食品販賣業者良好衛生規範、餐飲業者良好衛生規範等；因此，GHP是食品確保衛生或品質要求之基本軟、硬體條件規範，而 HACCP 則是建立在 GHP 的基礎上，以確保整個食品原料、加工等過程中重要管制點的安全性。在訂定 GHP 標準作業程序書前，應先瞭解下列事項：

（一）食品良好衛生規範 (GHP) 九大標準作業程序

　　食品良好衛生規範之內容，包括建築與設施硬體要求與軟體管理九大標準作業程序書，簡介如下：

1. **衛生管理標準作業程序書：** 包含 (1) 建築與設施；(2) 設備與器具之清洗衛生；(3) 從業人員衛生管理；(4) 清潔與消毒等化學物質與用具管理；(5) 廢棄物處理（含蟲鼠害管制）；(6) 衛生管理專責人員。

2. **製程及品質管制標準作業程序書：** 包含 (1) 採購驗收（含供應商評鑑）；(2) 廠商合約審查；(3) 食品添加物管理；(4) 食品製造流程規劃；(5) 防止交叉污染；(6) 化學性及物理性危害侵入之預防；(7) 半成品及成品之檢驗；(8) 留樣保存試驗。

3. **倉儲管制標準作業程序書：** 包含 (1) 原材料、半成品及成品倉庫適當區隔；(2) 分類貯放於棧板、貨架上，不得直接放至地面；(3) 先進先出、記錄表單；(4) 溫、濕度管制者、記錄表單；(5) 倉儲過程中定期檢查、記錄表單；(6) 防止交叉污染。

4. **運輸管制標準作業程序書：** 包含 (1) 運輸車輛清潔衛生；(2) 產品堆疊穩固，空氣流通；(3) 運輸低溫食品，廂體維持有效保溫狀態；(4) 運輸過程避免日光直射、雨淋、激烈的溫度或濕度變動與撞擊及車內積水等；(5) 防止交叉污染。

5. **檢驗與量測管制標準作業程序書：** 包含 (1) 有足夠的檢驗設備（操作方法），或委外檢驗；(2) 微生物檢驗場所與其他檢驗場所隔離；(3) 檢驗後之生物性與化學性廢棄物之處理；(4) 使用簡便檢驗方法時，應定期與原有檢驗方法核對，並予以記錄；(5) 測量器或記錄儀校正計畫（內外校或免校、頻率、允收標準）。

6. **客訴管制標準作業程序書**：包含 (1) 建立客訴處理流程及記錄—接受抱怨（填寫顧客抱怨處理記錄表）；(2) 回報公司（立即向公司相關單位反應，依客訴處理流程）；(3) 應急處理（向顧客回應）；(4) 原因分析；(5) 處理意見；(6) 防止再發生之措施；(7) 成效評估；(8) 裁示歸檔。

7. **成品回收管制標準作業程序書**：包含 (1) 回收的等級及層面；(2) 回收時機；(3) 回收通知；(4) 回收時限；(5) 回收品處理、記錄（產品回收流程）。

8. **文件管制標準作業程序書**：包含 (1) 內部文件之制訂、修訂與廢止流程；(2) 外部文件之管理流程；(3) 文件的格式、版次及編碼；(4) 文件的保管及檔案管理；(5) 記錄保存期限。

9. **教育訓練管制標準作業程序書**：包含 (1) 教育訓練年度計畫表；(2) 新進員工、在職訓練（內部、外部衛生講習或訓練）、記錄表單；(3) 異常處理、顧客抱怨及產品回收等相關文件記錄納入內部訓練之教材；(4) 成效評估。

（二）明列 5W1H

製作標準程序書時，應於文中清楚訂出 5W1H 六項 (**w**here、**w**ho、**w**hen、**w**hat、**w**hy、**h**ow)，即「在廠區何處，由誰，於何時，作什麼事情，如何作，原因是」，組合成一完整敘述。

（三）標準作業程序書之編號意義（表 8-4）

▶ 表 8-4　標準作業程序書之編號意義

G	ISO 階次	標準作業程序	記錄表單順序
GHP	1：品質手冊 2：程序書 3：標準書 (SOP) 4：記錄表單	1. 衛生管理標準作業程序書 2. 製程及品質管制標準作業程序書 3. 倉儲管制標準作業程序書 4. 運輸管制標準作業程序書 5. 檢驗與量測管制標準作業程序書 6. 客訴管制標準作業程序書 7. 成品回收管制標準作業程序書 8. 文件管制標準作業程序書 9. 教育訓練管制標準作業程序書	例如： 衛生自主管理檢查表 異常處理記錄表

（四）文件之編號意義（表 8-5）

▶ 表 8-5　文件之編號意義

種　類	編號方式	說　明	備　註
GHP	G‐X‐X‐XX ❶　❷　❸　❹	❶：指該文件為 GHP 計畫書 ❷：文件 ISO 階次 ❸：第 1 部分 ❹：指該部分之表單順序	若為 G-2-3-02，表示是 GHP，2 表程序書，3 表倉儲管制標準作業，02 表第 2 張表單
品質手冊	Q‐1‐X ❶　❷　❸	❶：指該文件為品質手冊 ❷：文件 ISO 階次 ❸：目錄之順序	Q‐1‐2 品質手冊　目錄
HACCP	H‐X‐X ❶　❷　❸	❶：指該文件為 HACCP 計畫書 ❷：文件 ISO 階次 ❸：指該部分之表單順序	H‐4‐1 HACCP 記錄表單　第 1 張表單

二、GHP、HACCP 表單格式

（一）GHP 表單格式

包括封面和表格兩部分，GHP 表單格式詳見範例 8-1，而實例詳見附錄十二。

範例 8-1　　GHP 表單

一、封　面

<table>
<tr><td colspan="7" align="center">○○○股份有限公司</td></tr>
<tr><td colspan="7">文件名稱：
文件編號：
制訂單位：HACCP 小組
版　　本：

　　　　　　　　　　　　　　　　　　制訂日期：　　年　　月　　日</td></tr>
<tr><td colspan="7" align="center">修 訂 記 錄</td></tr>
<tr><td>No</td><td>修訂日期</td><td>修訂申請單編號</td><td>修訂內容摘要</td><td>頁　次</td><td>版本
版次</td></tr>
<tr><td></td><td></td><td></td><td></td><td></td><td></td></tr>
<tr><td></td><td></td><td></td><td></td><td></td><td></td></tr>
<tr><td></td><td></td><td></td><td></td><td></td><td></td></tr>
<tr><td></td><td></td><td></td><td></td><td></td><td></td></tr>
<tr><td></td><td></td><td></td><td></td><td></td><td></td></tr>
<tr><td colspan="7">制訂：　　　　　　審查：　　　　　　核准：</td></tr>
</table>

二、表　格

制訂日期		文件名稱	文件編號	
制訂單位	HACCP 小組		版　次	頁　次

1. 目　　的：

2. 範　　圍：

3. 權　　責：

4. 名詞定義：

5. 作業內容：

6. 參考文件：

7. 附　　件：

（二）HACCP 表單格式

　　包括執行小組名單、產品特性及貯運方式、產品用途及消費對象、產品製造流程圖、重要管制點的判定、危害分析工作表、危害分析重要管制點表等，HACCP 表單格式詳見範例 8-2，而實例詳見附錄十三。

 **8-2　HACCP 計畫書**

一、執行小組名單

提案人：	職稱：廠長	專長：總經理
同意人：	職稱：	專長：
小組召集人：	職稱：	專長：
小組成員：	職稱：	專長：
小組成員：	職稱：	專長：
小組成員：	職稱：	專長：
小組成員：	職稱：	專長：
小組成員：	職稱：	專長：
小組成員：	職稱：	專長：

二、產品特性及貯運方式

產品名稱：
組成分：
加工方式：
包裝方式及說明：
貯存及運輸：
架售期：

三、產品用途及消費對象

產品預定用法及用途：
消費對象：

四、產品製造流程圖

由廠商自行畫出加工流程、步驟。

五、重要管制點的判定

流程或原料／加工步驟	危　害	Q1 (Yes/No)	Q2 (Yes/No)	Q3 (Yes/No)	Q4 (Yes/No)	CCP (Yes/No)

六、危害分析工作表

公司名稱：　　　　　　　　　　　　　產品描述：
公司住址：　　　　　　　　　　　　　貯運方法：
　　　　　　　　　　　　　　　　　　預定用途與消費對象：

原料／加工步驟	潛在之安全危害	該潛在危害顯著影響產品安全？(Yes/No)	說明判定左欄是或否之理由	顯著危害之防治措施	本步驟是一重要管制點？(Yes/No)
	物理性				
	化學性				
	生物性				
	物理性				
	化學性				
	生物性				
	物理性				
	化學性				
	生物性				
	物理性				
	化學性				
	生物性				
	物理性				
	化學性				
	生物性				

共　　頁，第　　頁

六、危害分析工作表（續）

原料／ 加工步驟	潛在之 安全危害	該潛在危害顯著 影響產品安全？ (Yes/No)	說明判定左欄 是或否之理由	顯著危害之 防治措施	本步驟是一 重要管制 點？(Yes/No)
	物理性				
	化學性				
	生物性				
	物理性				
	化學性				
	生物性				
	物理性				
	化學性				
	生物性				
	物理性				
	化學性				
	生物性				
	物理性				
	化學性				
	生物性				

HACCP 計畫同意人簽名：　　　　　　　　日　期：
（或品保主管）

共　頁，第　頁

七、危害分析重要管制點表

公司名稱：
公司地址：

產品描述：
貯運方法：
預定用途消費對象：

| 重要管制點 (CCP) | 顯著之安全危害 | 每一個防治措施之管制界限 | 監控 | | | | 矯正措施 | 記錄 | 確認 |
			項目	方法	頻率	執行人			

HACCP計畫同意人簽名：
（或品保主管）

日期：

共　頁，第　頁

( ) 1. HACCP 制度在何種情況下須更新，選出敘述錯誤者？ (1) 當顧客、供應商、器具、設施有所改變時 (2) 變更菜單時 (3) 變更流程時 (4) 更換工作人員時

( ) 2. HACCP 管理制度是一種控制的防禦體系，屬於 (1) 結果的控制 (2) 過程的控制 (3) 源頭的控制

( ) 3. 戴明博士的品質控制 PDCA 循環圈理論，下列何項正確？ (1)P 是 plan (2)P 是 price (3)C 是 complete (4)A 是 air

( ) 4. 「5S」活動是指消除浪費的活動，其中「清潔」的意義是 (1) 把「要」與「不要」的物品，區分清楚；丟棄不要的部分，妥善保管需要的部分 (2) 把需要的物品以定位和定量的方式擺放並標示 (3) 定期灑掃、清污，使工作場所或設備乾淨無塵埃 (4) 將整理、整頓、清掃徹底執行後的良好狀況維持

( ) 5. HACCP 的危害種類，下列何者為非？ (1) 生理性危害 (2) 生物性危害 (3) 物理性危害 (4) 化學性危害

( ) 6. 生物性危害，不包括 (1) 食品中毒病原菌 (2) 腐敗菌 (3) 組織胺 (4) 蟲體

( ) 7. 化學性危害，不包括 (1) 塑膠 (2) 組織胺 (3) 重金屬 (4) 清潔消毒劑

( ) 8. 為達重要管制點所必須符合之控制標準稱為 (1) 危害分析 (2) 決定重要管制點 (3) 建立管制界限 (4) 建立矯正措施

( ) 9. HACCP 建立紀錄系統時，應採用 (1) 回憶法 (2) 現場紙本記錄法 (3) 錄音法

( ) 10. 在我國，下列何種食品行業尚未執行 HACCP？ (1) 水產加工食品業 (2) 肉類加工食品業 (3) 國際觀光旅館內餐飲業 (4) 飲料業

參考答案

1.4   2.2   3.1   4.4   5.1   6.4   7.1   8.3   9.2   10.4

Quantity Food Production Management

Quantity Food Production
Management

9

CHAPTER

學校團體膳食實習

團體膳食實習是將理論課程實際應用的實務性課程。藉由實習課程同學分組進行團膳作業流程之分工與合作，體驗團膳工作的真正內涵。本章以先行銷售餐券、再製作成餐盒的供應方式。分組製作，10~12 人／組，製作 150 人份餐盒。

一、市場調查

　　實習前應先瞭解市場上有何種類的食品可供團體膳食應用，其售價為何？因此首要工作為進行各類食品的市場調查。

　　各類食品市場調查（蔬菜、水果、蛋品、漁產、雞、豬、牛、乾貨、罐頭、調味料、加工食品）註明市調日期、地點、單價，食材價格會波動，但仍可作為食物成本控制的參考。

二、職務分配

　　完成各類食品市調之後，進行組員內工作分配及任務分組。各職責與工作說明如下：

1. 經　理：
   (1) 負責統籌、策劃當次管理業務，並且與老師保持密切聯繫。
   (2) 主持會議與工作人員協調及各項事件之通知、掌握。
   (3) 負責工作環境之安全，如瓦斯、電源、火、刀。
   (4) 負責督導清潔及盤點工作（器具的維護），如刀具清洗、乾燥、抹油等。
   (5) 銷售量之控制。
   (6) 建立流程時間、人員的調度、安排（機動性）。
   (7) 討論菜單的設計、與會計嚴格掌控成本及量的控制。
   (8) 人員及操作過程的衛生維護，如手部消毒、服裝儀容的注意事項等。
   (9) 注意收據的合格性。
   (10) 工作職務分配（公平性）。
   (11) 其他未盡事宜。

2. 會　計：
   (1) 製作餐卷，換取零錢。
   (2) 成本掌控、成本預估表及成本結算表之製作。
   (3) 與採購人員處理採購帳目。
   (4) 便當銷售之收銀員。
   (5) 最後結帳，並將帳目及收據（須有採購人員、驗收人員、會計簽名）交給總會計登帳用。

3. 庫　管：
   (1) 控制掌握庫房中物料之進出（填領料單並詳細記錄於物料簿），注意庫存量。已屆安全庫存量，填申購單請採購人員採購。
   (2) 確認當日所用物料之使用量。
   (3) 維持庫房之整潔及器材使用歸畢之工作（如秤、粉料等）。
   (4) 領料請先預估領取量，詳列當次所需領取用品，宜一次領用完畢，避免多次來回奔走浪費人力。

4. 品　管：
   (1) 實習過程中，品質的管制。
   (2) 輔助經理督導同學的衛生習慣、手部消毒（如個人、食物、器械等）。
   (3) 餐盒營養量分析。
   (4) 餐盒數量及重量的控制。

5. 宣傳美工：
   (1) 製作海報、張貼（需符合學校規定）。
   (2) 販賣台美化。
   (3) 實習後的海報整理。

6. 採　購：
   (1) 瞭解訂貨規格、材料價格，電話叫貨，1 星期前溝通，以符製備之需。
   (2) 親赴市場採購，掌握學校附近各類市場種類（果菜市場、漁貨市場、肉品市場）等，明瞭休市日為每週一，若遇中秋節、端午節、春節三大節日，則需再確認之。
   (3) 與驗收人員一同掌握貨品品質、數量。

(4) 與菜商約定送貨時間，注意送貨品質不符要求時的處理方式（請提前一天送貨，若退貨尚有時間另行採買）。掌握菜商聯絡方式、行動電話、Line。

(5) 留意特殊物品規格量，如蔥一把多少重量？再換算成所欲購買的重量。

(6) 訂貨量盡量整數進位。例如：5 台斤、5.5 台斤均適宜，若是 5.2 台斤、5.7 台斤則不恰當。

(7) 材料名稱的確認，如雞胸（帶骨）與雞胸肉（不帶骨）之不同；預估收縮膨脹率、生廢棄率。

7. 驗　收：

(1) 瞭解菜單、菜色需要的規格（訂貨規格），訂貨價、量的掌握。

(2) 注意送貨的品質、規格、數量、價格，機動性地與菜商協商。

(3) 驗收後材料的處理，包裝貯藏（小心為之，防止凍傷報廢）。

(4) 善後環境之打掃維護。

(5) 簽收送貨單，並交予會計記錄。若為採購人員、驗收人員、會計共同親赴市場採買，當場即可查兌每一食材之重量、品質、數量等。

8. 主　廚：

(1) 試作：實習的各種菜餚，配料添加視覺量與重量的平衡調整。

(2) 調理設備的使用與安全注意。

(3) 烹調設備與菜餚的搭配，菜餚製作時間流程的安排（綠葉蔬菜最後製作）、菜餚的保溫、各種菜餚調味料之掌握。

9. 副廚：協助主廚。

　　上述的各種職務可同時多人擔任，前處理時再依各項工作進行任務分組。另外，經理應詳列組員聯絡電話，才能掌握全組人員動向，以作最好的調度。

三、會議記錄

　　開會的目的為凝聚共識，確認組員內每人所應做的工作內容及互相搭配的事項；每次會議所提出討論、需解決的事項，應於下次會議前完成，忌諱下次會議時才提出無法完成，如此容易延宕事情的進行，尤其團膳實習在時間上的籌劃是十分緊迫的。

　　實習的菜單討論，確立菜單內容後，估算成本（為建立組內同學信心、回饋用餐人士，使成品物超所值，訂定食物成本＋調味料等用品成本為 100%）。

 **範例 9-1**

會議記錄

1. 第一次會議：時間：109.10.12 中午 12:10；地點：四食三甲教室；內容如下。
- 決定分配職務。
- 菜單討論：
  (1) 可請組員先行準備食譜菜餚內容，帶至會議中討論；需以主食、主菜、半葷素、蔬菜、豆蛋類、湯品（或水果）等各大類型的菜餚，組成符合成本、營養美味且對組員而言工作量適當的菜單內容。
  (2) 工作量適當：建議第一次實習的同學，由於其對工作內容及過程不熟悉，四菜一湯的菜單中宜只選一道操作內容較費工的菜餚，而其餘菜餚可以 1~2 道手續即可完成者為佳。
  (3) 會議結束，採購人員即針對此次使用的食材價格做市調，並回報會計計算成本預算，以決定是否要更改菜單。
- 表決結果：109.10.19 下午 3:00 試作四人份。
2. 第二次會議：時間：109.10.20 中午 12:10；地點：四食三甲教室；內容如下。
- 試作成果分析：
  (1) 確認是否符合自訂的成本百分比。
  (2) 確認菜單為白飯 200 公克、烤黑胡椒豬排 80 公克、西洋芹炒甜不辣 70 公克（西洋芹 30 公克、甜不辣 40 公克）、麻婆豆腐 100 公克、糖醋白蘿蔔 100 公克。
  (3) 營養量分析：約 666.604 kcal。
2. 實習製作份數 150 份，以餐盒方式販賣，先行出售餐券。美工製作餐券。
3. 實習日期：109.11.4。
4. 採購、會計計算供應份數之食材購買量。
- 約定採購時間：109.11.3 上午 6:30，至基隆長庚醫院對街之果菜市場採購。

營養量分析範例：

食物名稱	重量 (g)	EX	蛋白質 (g)	脂肪 (g)	醣類 (g)	量 (Kcal)
生　米	100	5	10	0	75	340
豬排 (EP)	60	2	14	6	0	110
西洋芹	30	0.3	0.3	0	1.5	7.2
甜不辣	40	0.57	5.016	0	8.55	54.264
白蘿蔔	90	0.9	0.9	0	4.5	21.6
紅蘿蔔	10	0.1	0.1	0	0.5	2.4
豆　腐	80	0.57	3.99	1.71	0	31.35
絞肉（胛心肉）	15	0.43	3.01	2.15	0	31.39
烹調用油	7.6	1.52	0	7.6	0	68.4
總熱量						666.604

3. 第三次會議：時間：109.11.3 下午 2:30；內容如下。

　(1) 前處理及當日工作內容、流程及工作分配。

　(2) 配膳動線分配。

　(3) 善後工作分配。

四、菜單設計採購量計算

表 9-1 菜單設計採購量計算　　　　　　　　　　　　　　　份數：150

菜單名	食物材料名	一人份熟重供應量 (g)	膨脹收縮率 (%)	一人份生品可食重 (g)	廢棄率 (%)	一人份購買量 (g)
1. 白　飯	蓬萊米	200	100%	100	0	100
2. 烤黑胡椒豬排	大里肌肉	64.4	收縮 8%	70	3	73
	烤肉醬					
	醬油膏					
	醬　油					
	薑　片					
	蔥　段					
	蒜　末					
	黑胡椒粒					
3. 西洋芹炒甜不辣	西洋芹	30	0	30	5	32
	甜不辣	44	膨脹 10%	40	0	40
	紅辣椒絲					
4. 麻婆豆腐	盒裝豆腐	84	膨脹 5%	80	0	80
	胛心絞肉	13.5	收縮 10%	15	5	16
	蔥　花					
	薑　末					
	紅辣椒段					
	辣豆瓣醬					
5. 糖醋白蘿蔔	白蘿蔔	90	0	90	12	103
	紅蘿蔔	10	0	10	6	11
	紅辣椒絲					
	薑　片					
	細砂糖					
	白　醋					

表 9-1　菜單設計採購量計算（續）　　　　　　　　　　份數：150

菜單名	食物材料名	總購買量	單價（元／斤）	總金額（元）
1. 白　飯	蓬萊米	15,000 g ＝ 25 斤	25	625
2. 烤黑胡椒豬排	大里肌肉	10,950 g ＝ 18.25 斤	90	1,642.5
	烤肉醬	2 罐（225 克／瓶）	55	110
	醬油膏	1 瓶（590 ml／瓶）	48	48
	醬　油	1/3 瓶（1000 ml／瓶）	79	26.5
	薑　片	100 g	60	6
	蔥　段	200 g	30	10
	蒜　末	100 g	80	8
	黑胡椒粒	1/4 包（600g／包）	220	55
3. 西洋芹炒甜不辣	西洋芹	4,800 g ＝ 8 斤	30	240
	甜不辣	6,000 g ＝ 10 斤	80	800
	紅辣椒絲	100 g	50	8.5
4. 麻婆豆腐	盒裝豆腐	12,000 g ＝ 40 盒	12 元／盒	480
	胛心絞肉	2,400 g ＝ 4 斤	80	320
	蔥　花	300 g	30	15
	薑　末	200 g	60	20
	紅辣椒段	300 g	50	25
	辣豆瓣醬	1.5 公斤	90 元／公斤	135
5. 糖醋白蘿蔔	白蘿蔔	15,450 g＝25.75 斤	8	206
	紅蘿蔔	1,650 g ＝ 2.75 斤	20	55
	紅辣椒絲	100 g	50	8.5
	薑　片	200 g	60	30
	細砂糖	1 公斤	36 元／公斤	36
	白　醋	1.5 瓶（600 ml／瓶）	52 元／瓶	78
			總　計	4,988

📝 五、菜餚製備方式

▶ **表 9-2(1)　標準食譜（一）**

食譜名稱：白飯　　　　　　　　　　　　　　　　　　類別：主食類

一人份供應量：200公克　　　　　　　　　　　生品主、副材料比例：無

一人份營養量：醣類－75公克、蛋白質－10公克、脂肪－0公克　　　150人份

食物材料		製備方式（分 1 次製備）
品　名	**重量或份量**	1. 分三鍋煮，每鍋蓬萊米重 5 公斤，加生米重 1.2 倍的水量 6.0 公斤、白醋 25 公克（生米重 ×0.5%）、鹽 25 公克（生米重 ×0.5%），攪拌均勻後，淋上 50 公克沙拉油（新油）（生米重 ×1.0%）
1. 蓬萊米 2. 水 3. 4. 5.	15 公斤 18 公斤	2. 手洗：生米 5 公斤以大篩網盛裝，在大臉盆內快速淘洗 1 分鐘，將篩網提起瀝水
		飯鍋重（6.5 公斤）＋生米重（5 公斤）＋水重（6.0 公斤）＝ 17.5 公斤
		生米經水洗後，即會吸水，且無法瀝乾水份，所加水量需扣除吸水的重量，但此一部分未能精確算出，故大量操作時，將飯鍋置於 60 公斤磅秤上，倒入洗過的米後，再加水量至總重量 17.5 公斤，可確定水量為 1.2 倍
		3. 點燃母火，開子火，大火煮 20 分鐘，待液面無水份，熄火，燜 30 分鐘，將鍋內飯粒上下翻拌，蓋回鍋蓋，使飯鍋內部濕度均勻

調味料		製備方式
品　名	**重量或份量**	
1. 白醋 2. 鹽 3. 沙拉油 　（新油）	75 公克 75 公克 150 公克	

設　備

前處理時間：30 分鐘　　　1. 50 人份瓦斯飯鍋 3 個

烹調時間：20 分鐘

烹調法：煮

火侯：大火、小火、燜

註：依實習經驗，水量添加為白米的 1.2 倍，得白米的膨脹率為 100%，膨脹率為：

$$\frac{（熟品－生品）}{熟品} \times 100\%$$

營養學上以 20 公克生米可煮成 50 公克，由於實際操作時，可能蒸氣散失等其他狀況，未必 20 公克生米可煮成 50 公克，故此食譜份量以實習經驗的膨脹率 100% 來計算。

表 9-2(2)　標準食譜（二）

食譜名稱：烤黑胡椒豬排　　　　　　　　　　　　　類別：主菜類

一人份供應量：64.4公克　　　　　　　　　　　生品主、副材料比例：無

一人份營養量：醣類－0公克、蛋白質－14公克、脂肪－6公克　　　　　　150人份

食物材料		製備方式（分 1 次製備）
品　名	**重量或份量**	1. 大里肌肉 150 片（每片 70 公克）以刀背剁、使之嫩化，以醃料醃 15 小時（冷藏）
1. 大里肌肉	10.5 公斤（150 份）	
2.		2. 烤箱預熱 30 分鐘、190℃ /190℃
3.		3. 分四盤烤，每盤平烤盤上置網架，第一盤鋪上肉片，入烤箱，續入第二、第三、第四盤，10 分鐘，第一盤肉汁流出。第一盤出烤箱，倒出肉汁，加入醬汁中，刷上醬料，入烤箱 5 分鐘；續作第二、第三、第四盤倒出肉汁，刷上醬料，入烤箱。第一盤出烤箱，肉片翻面、刷醬料，入烤箱；續作第二、第三、第四盤肉片翻面、刷醬料，入烤箱 10 分鐘
4.		
5.		
6.		
7.		
8.		4. 續刷第二次醬料，每一盤總共烤焙 25 分鐘出烤箱

醬　汁		製備方式
品　名	**重量或份量**	1. 太白粉加水，加熱糊化後，調入烤肉醬、醬油膏、細砂糖、黑胡椒粒，攪拌均勻，備用
1. 烤肉醬	2 罐，225 g ／罐	
2. 醬油膏	1 瓶，590 ml ／瓶	
3. 醬　油	1/3 瓶，1,000 ml ／瓶	
4. 細砂糖	90 公克	
5. 黑胡椒粒	150 公克	
6. 太白粉	150 公克	
7. 水	600 公克	

醃　料		製備方式
品　名	**重量或份量**	1. 蔥段、薑片、米酒，先行搓揉出香味，加入胡椒粉、醬油，拌勻
1. 蔥　段	200 公克	
2. 薑　片	100 公克	
3. 蒜　末	100 公克	
4. 米　酒	2 杯	
5. 胡椒粉	2T	
6. 醬　油	2 杯	

	設　備
前處理時間：30 分鐘	1. 烤箱兩座（一座可進兩平烤盤 72×4.6×6 立方公分）
烹調時間：40 分鐘	
烹調法：烤	
火侯（或溫度）:190℃ /190℃	

表 9-2(3)　標準食譜（三）

食譜名稱：西洋芹炒甜不辣　　　　　　　　　　　　　　　　類別：半葷素類

一人份供應量：70公克　　　　　生品主、副材料比例＝甜不辣：西洋芹＝30公克：40公克

一人份營養量：醣類～10.05公克、蛋白質～5.316公克、脂肪～0公克　　　　　150人份

食物材料		製備方式（分 2 次製備）
品　名	**重量或份量**	供應量：70 公克，西洋芹：甜不辣＝ 30 g：40 g
1. 西洋芹	4.8 公斤	1. 西洋芹切 4 公分段、厚度 0.5 公分；小指狀甜不辣縱切成 3 等份，煮大量水，加 5T 鹽，待水沸騰後，川燙西洋芹（分兩次），下鍋 15 秒鐘撈起瀝乾；第二批川燙須待水沸騰，才將西洋芹下鍋
2. 甜不辣（小指狀）	6 公斤	
3. 紅辣椒絲	100 公克	
4.		2. 同鍋水，續川燙甜不辣（同一鍋川燙），水沸騰後，下甜不辣 10 秒後起鍋
5.		
6.		3. 起油鍋，鍋熱，1.5 杯油，爆香紅辣椒絲，加鹽 2T，拌入川燙過的西洋芹、甜不辣，起鍋
7.		

調味料		製備方式
品　名	**重量或份量**	
1. 鹽	4T	
2. 鹽	5T（川燙用）	
3. 沙拉油	3C	

設　備
前處理時間：40 分鐘　　　　　　　1. 29 吋炒鍋二個
烹調時間：40 分鐘（含煮水時間）
烹調法：川燙、炒
火侯（或溫度）：大火

表 9-2(4)　標準食譜（四）

食譜名稱：麻婆豆腐　　　　　　　　　　　　　　　　　　類別：豆蛋類

一人份供應量：100公克　　　　　生品主、副材料比例＝豆腐：胛心絞肉＝80公克：15公克

一人份營養量：醣類～0公克、蛋白質～7公克、脂肪～3.86公克　　　　　　　150人份

食物材料		製備方式（分 1 次製備）
品　名	**重量或份量**	1. 豆腐切 1.5 立方公分塊，泡鹽水冷藏至隔夜或 1 小時，備用
1. 盒裝豆腐	40 盒、300 公克／盒	
2. 胛心絞肉	2.25 公斤	2. 鍋熱後，加入沙拉油 2 杯炒香辣豆瓣醬、下胛心絞肉，至八分熟入蔥花、薑末、紅辣椒段、糖、鹽，待發出香味，加入切丁豆腐同拌炒，續入水 8 杯同燒，至汁稍收乾、入味後，淋上辣油、勾薄荧起鍋
3. 蔥　花	300 公克	
4. 薑　末	200 公克	
5. 紅辣椒段	300 公克	
調味料		**製備方式**
品　名	**重量或份量**	
1. 辣豆瓣醬	1.5 公斤	
2. 鹽	4T	
3. 糖	8T	
4. 水	8 杯	
5. 沙拉油	2 杯	
6. 辣　油	1/2 杯	
7. 太白粉	400 公克勾荧用	
8. 水	1 公斤勾荧用	
醃　料		**製備方式**
品　名	**重量或份量**	
1.		
2.		

	設　備
前處理時間：35 分鐘	1. 29 吋炒鍋一個
烹調時間：40 分鐘	
烹調法：炒、燒	
火侯（或溫度）：中火	

表 9-2(5) 標準食譜（五）

食譜名稱：糖醋白蘿蔔　　　　　　　　　　　　　　　　　　類別：蔬菜類

一人份供應量：100公克　　　　　生品主、副材料比例＝白蘿蔔：紅蘿蔔＝90公克：10公克

一人份營養量：醣類～5公克、蛋白質～1公克、脂肪～0公克　　　　　　　150人份

食物材料		製備方式（分 1 次製備）
品　名	**重量或份量**	1. 紅、白蘿蔔對半縱剖，或縱剖成三等分，以切菜機切成 0.2 公分薄片，以鹽 6T 拌勻、放置 5 分鐘去澀味，以冷開水沖去鹽分、瀝乾水份
1. 白蘿蔔	9 公斤	
2. 紅蘿蔔	1 公斤	2. 嫩薑切長方片（與蘿蔔同等大小或稍小）
3. 紅辣椒絲	100 公克	3. 瀝乾水份的紅、白蘿蔔加入細砂糖、白醋、鹽、麻油、嫩薑片、紅辣椒絲拌勻，均分三鍋冷藏至少 2 小時即可食用
4. 嫩薑片	200 公克	

調味料		製備方式
品　名	**重量或份量**	
1. 鹽	1T	
2. 細砂糖	1 公斤	
3. 白　醋	1.5 瓶，600 ml ／瓶	
4. 麻　油	1 杯	

醃　料		製備方式
品　名	**重量或份量**	
1. 鹽	6T	
2.		

	設　備
前處理時間：35 分鐘	1. 40 公分直徑鋼盆 3 個
烹調時間：20 分鐘	2. 免洗手套
烹調法：拌	
火侯（或溫度）：冷藏	

六、場地、設備配置（圖 9-1）

蒸　爐	中式炒爐 1	中式炒爐 2

| 湯　爐 1 | 湯　爐 2 | | 抽油煙機 循環水箱 |

刀具殺菌箱

飯　鍋 1、2

飯　鍋 3、4

水　槽 1

水　槽 2

切菜機　切肉片機

烤箱

乾熱消毒櫃

活動工作台

紅外線包裝機

洗手台

門

➲ 圖 9-1　場地設備配置圖

 七、前處理

通常餐盒製作的前一天進行前處理，到場人員應填寫前處理工作簽到表（表 9-3）。

表 9-3　前處理工作簽到表

人員姓名	簽　到
A	
B	
C	
D	
E	
F	
G	

1. 庫管人員（1 人）：領取庫房物料－填領料單，領取各式調味料、米、紙餐盒、竹筷等，登錄於物料簿，清理庫房。

2. 烤黑胡椒豬排（2 人）：
   (1) 大里肌肉以肉錘搥打表面、拍打、醃料醃之，使之嫩化。
   (2) 切蔥段 6 公分，200 公克。
   (3) 切薑片 100 公克、蒜末 100 公克。
   (4) 製作蔥薑酒汁：一次以 10 片豬排入醃汁浸泡 5 秒鐘提起，入另一鍋放置，直至 150 片完成，冷藏隔天使用。

3. 西洋芹炒甜不辣（2 人）：
   (1) 西洋芹長度切 4 公分段、直徑約 0.5 公分。
   (2) 小指狀甜不辣縱切成 3 等分。
   (3) 紅辣椒 100 公克切 5 公分細絲。

4. 麻婆豆腐（1 人）：

   (1) 盒裝豆腐：切 1.5 立方公分塊（約長度下 6 刀、寬度下 3 刀、厚度下 1 刀），泡鹽水冷藏（防碎裂、變質）。

   (2) 胛心絞肉分裝成 5 小袋（3 斤裝袋子），壓扁成 1 公分厚餅狀，冷藏。

   (3) 切蔥花 300 公克、0.5 公分寬蔥珠。

   (4) 紅辣椒切段 300 公克、0.5 公分寬。

5. 糖醋白蘿蔔（1 人）：紅、白蘿蔔刨皮，依其大小，縱剖成三等份或二等份，以切片機切片，拌鹽 5 分鐘去澀味，以冷開水沖去鹽分，最後拌鹽、糖、白醋、嫩薑片、紅辣椒絲冷藏。

6. 工作結束，器具入乾熱消毒櫃消毒。

八、當日工作

1. 當日工作簽到：到場人員填寫當日工作簽到表（表 9-4），以確認工作人數，分配當日工作內容；若臨時遇人員未到，始能因應。

▶ 表 9-4　當日工作簽到表

人員姓名	簽　到	時　間
A		
B		
C		
D		
E		
F		
G		

2. 製備當日工作與配膳流程：

   (1) 各種菜餚的製備詳見圖 9-2。配膳動線如圖 9-3；所有的工作完成後，經理需備一
   檢體餐盒，待涼放入冷藏庫 2 天作餐盒留驗之用；善後工作分配則需包括：清洗
   爐灶、各式器具、牆面、污水處理槽、地板、垃圾桶等的整理。

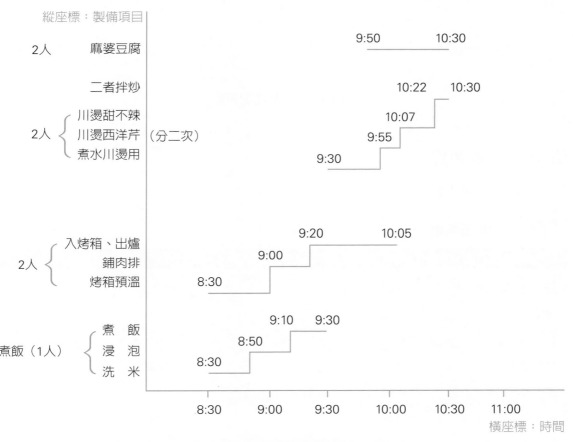

⊃ 圖 9-2　菜餚製備項目與時間圖

白　飯 ⟶ 西洋芹炒甜不辣 ⟶ 糖醋白蘿蔔 ⟶ 麻婆豆腐 ⟶ 烤黑胡椒豬排

裝袋、竹筷、收縮膜 ⟶ 熱　封

⊃ 圖 9-3　配膳動線圖

(2) 餐盒配置：如圖 9-4 所示。

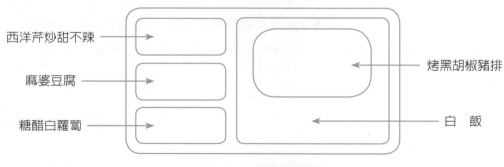

西洋芹炒甜不辣

麻婆豆腐

糖醋白蘿蔔

烤黑胡椒豬排

白　飯

⊃ 圖 9-4　餐盒配置圖

🍴 九、成本運算

1. 材料費：見表 9-5。

▸ **表 9-5　材料費明細**

食物材料名	總購買量	單價（元／斤）	總金額（元）
蓬萊米	15,000 g ＝ 25 斤	25	625
大里肌肉	10,950 g ＝ 18.25 斤	90	1,642.5
烤肉醬	2 罐（225 克／瓶）	55	110
醬油膏	1 瓶（590ml ／瓶）	48	48
醬　油	1/3 瓶（1000 ml ／瓶）	79	26.5
薑　片	100 g	60	6
蔥　段	200 g	30	10
蒜　末	100 g	80	8
黑胡椒粒	1/4 包（600g ／包）	220	55
西洋芹	4,800 g ＝ 8 斤	30	240
甜不辣	6,000 g ＝ 10 斤	80	800

表 9-5　材料費明細（續）

食物材料名	總購買量	單價（元／斤）	總金額（元）
紅辣椒絲	100 g	50	5
盒裝豆腐	12,000 g ＝ 40 盒	12 元／盒	480
胛心絞肉	2,400 g ＝ 4 斤	80	320
蔥　花	300 g	30	15
薑　末	200 g	60	20
紅辣椒段	300 g	50	25
辣豆瓣醬	1.5 公斤	90 元／公斤	135
白蘿蔔	15,450 g=25.75 斤	8	206
紅蘿蔔	1,650 g ＝ 2.75 斤	20	55
紅辣椒絲	100 g	50	9
薑　片	200 g	60	20
細砂糖	1 公斤	36 元／公斤	36
白　醋	1.5 瓶（600 ml／瓶）	52 元／瓶	78
總　計			4,988

2. 餐盒（含筷子、收縮膜）：4 元／份，則 150×4 ＝ 600 元

3. 瓦斯費：瓦斯費、水電費均由學校支付，瓦斯費可計算（令參與學習的學生瞭解燃料費用所占比例），水電費則無法細分這一實驗課用了多少錢。算式如下：

　　使用前度數：30,274.41

　　使用後度數：30,279.83

　　計價方式：使用度數 ×3.92（基數）＝使用公斤數

　　35 元／公斤 × 使用公斤數＝瓦斯費

　　(30,279.83 － 30,274.41)×3.92×35 ≒ 807.36 ≒ 808（元）

4. 獲利總計：算式如下：

　　收入：150 個 ×60 元＝ 9,000（元）

　　支出：材料費 4,988 元

　　餐盒費 600 元

　　瓦斯費 808 元

　　水電費未計

　　人事費未計

　　收入－支出＝ 9,000 － 4,988 － 600 － 808 ＝ 2,604（元）

十、問卷結果呈現

　　建議以五等量表為之，去除中間值的「普通」，因大多數人若無意見可能會選擇「普通」意見，評比項目可依每一道菜，分別為配色、口感、調味等做品評，最後留一開放式問題，請顧客提供意見作為改進參考。可以表 9-6 為例。

表 9-6　問卷調查範例

菜單名	品評項目	很喜歡	喜　歡	有點喜歡	不喜歡	建議改善意見
		請打「v」				
白　飯	口　感					
烤黑胡椒豬排	配　色					
	調　味					
	口　感					
西洋芹炒甜不辣	配　色					
	調　味					
	口　感					
麻婆豆腐	配　色					
	調　味					
	口　感					
糖醋白蘿蔔	配　色					
	調　味					
	口　感					

參考書目

101 學年度烘焙食品乙級證照暨食品安全管制系統學程 (2012)．*餐飲食品安全管制系統實務 60 小時 A 班講義*．基隆市：經國管理暨健康學院。

101 學年度中餐烹調乙級證照暨食品安全管制系統學程 (2013)．*餐飲食品安全管制系統實務 60 小時 B 班講義*．基隆市：經國管理暨健康學院。

101 學年度烘焙食品乙級證照暨食品安全管制系統學程 (2012)．*餐飲食品安全管制系統實務 60 小時 A 班—作業實務*．基隆市：作者。

中央畜產會（無日期）．*HACCP 概論*．2013 年 11 月 4 日取自 http://www.naif.org.tw/proofHACCPBrief.aspx?frontTitleMenuID=52&frontMenuID=93

中國國家標準，總號 1449、2425、2095、2424、3056、2100、12729、423、556。

方清泉、許欽松、高銘穗、朱峰平、吳勇初、陳志銘、邱錦英 (2010)．*肉豬屠體部位肉分切規格手冊*．臺北市：中央畜產會。

王瑞蓮、徐成金、鄭詩華、賴滋漢 (1996)．*團體膳食管理*．臺中市：富林。

王瑤芬 (1997)．*食物烹調原理與應用*（初版）．臺北市：偉華。

王禮陽 (1997)．*怎樣選購好水果*（初版）．新北市：文喬。

臺北農產運銷股份有限公司 (1988)．*蔬菜食譜*（再版）．臺北市：臺北農產運銷股份有限公司。

臺北農產運銷股份有限公司 (1997)．*談談果菜運銷*（四版）．臺北市：臺北農產運銷股份有限公司。

臺南市營養午餐教育中心（無日期）．*學校午餐實施概況*．2013 年 11 月 11 日取自 http://lunch.takes.tn.edu.tw/prospect_1.php

臺灣省政府衛生處 (1999)．*餐飲業衛生管理講義*．臺北市：臺灣省政府衛生處。

臺灣癌症基金會 (2001)．天天五蔬果，農藥不殘留．*臺灣癌症基金會會訊*，6，2。

行政院衛生署 (1998)．*臺灣常見食品營養圖鑑*．臺北市：行政院衛生署。

行政院環保署 (1998)．*安全飲用水*（二版）．臺北市：行政院環保署。

吳仁宇 (1994)．國際學校午餐之發展趨勢．*中華民國學校衛生學會雜誌*，25，58-70。

吳昭其 (1988)．*臺灣的蔬菜（一）*（再版）．臺北市：渡假。

吳昭其 (1988)．*臺灣的蔬菜（二）*（再版）．臺北市：渡假。

吳炳銅、廖春蘭 (1999)．*學校午餐—團體膳食的經營與管理*．臺南市：大孚書局。

李友錚、賀立行 (2008)．*品質管理：整合性思維*（二版，31-32 頁）．新北市：前程文化。

周玉蓉 (1980)．*餐廳食物成本控制*（二版）．臺北市：合記。

果菜分級包裝手冊（一）、（二）、（三），行政院農業委員會補助，臺北農產運銷公司編印。

林志仁 (2010)．*學校午餐公辦民營改公辦公營對滿意度之研究—以苗栗縣新興國民小學為例*．碩士論文，新竹市：玄奘大學公共事務管 研究所碩士在職專班。

林薇 (1999)．美國學校午餐發展及現況．*家政教育學報*，2，29-44。

施明智 (1994)．*食物學原理*．臺北市：藝軒。

洪久賢 (1994)．*兒童營養*（初版）．臺北市：五南。

食品藥物消費者知識服務網（2010，11 月 24 日）．*傳統衛生管理與 HACCP 制度之比較*．2013 年 10 月 19 日取自 https://consumer.fda.gov.tw/Pages/Detail.aspx? nodeID=59&pid=309

食品藥物消費者服務網 (2011)．*國人膳食營養素參考攝取量*（修訂第七版）．2013 年 10 月 22 日取自 http://consumer.fda.gov.tw/Pages/List.aspx?nodeID=636

食品藥物消費者知識服務網（2012，2 月 13 日）．*認識食品標章*．2013 年 10 月 25 日取自 http://consumer.fda.gov.tw/Pages/Detail.aspx?nodeID=527&pid=6677

洪華君 (1991)．論學校團體膳食管理之重要性與現況問題．*中華民國學校衛生學會雜誌*，18，27-32。

胡淑慧 (2003)·*幼兒餐點設計與製作*（初版）·臺北市：五南。

徐世輝 (1999)·*全面品質管理導論*·臺北市：華泰。

徐華強、黃登訓、顧德材 (1998)·*蛋糕與西點*（修訂二版）·新北市：中華穀類食品工業技術研究所。

財團法人豐年社 (1994)·*認識高品質臺灣水果*（初版）·臺北市：財團法人豐年社。

馬偕醫護管理專科學校膳食協調委員會組織規程。

國立臺灣大學外訂餐盒衛生管理要點。

國立臺灣師範大學膳食衛生協調委員會組織規程。

張正明 (2013)·*餐飲食品安全管制系統實務講義*·基隆市：經國管理暨健康學院。

張簡俊杰 (2010)·*運用PRECEDE模式探討影響學校午餐從業人員洗手行為之多重因素*·碩士論文，臺南市：立德大學食品餐飲管理研究所。

教育部 (1987)·*學校餐廳管理作業手冊*·臺北市：教育部。

莊銘聰 (1996)·學校午餐營養衛生教育現況與發展·*臺灣教育，2*，54-58。

許銘欽 (1995)·學童午餐何去何從－從日本的學校給食制度談起·*教師天地，79*，38-41。

郭鴻鈞 (1985)·*餐飲衛生手冊*·臺北市：行政院衛生署。

陳如茵、錢明賽 (1993)·*臺灣蔬菜的貯存*·新竹市：食品工業發展研究所。

陳明造 (1991)·*鮮肉的性質與管理*（初版）·新北市：淑馨。

陳淑瑾 (1990)·*食物製備原理與應用*·屏東縣：睿煜。

陳堯帝 (2000)·*餐飲採購學*（初版）·新北市：揚智。

陳堯帝 (2001)·*餐飲管理*（三版）·新北市：揚智。

陳德昇、黃至盛、黃俊儒、陳振芳、游銅錫、方繼、陳淑莉 (2012)·*食品安全管制系統－HACCP之建立與實務指引*（二版）·臺中市：華格那。

游福生 (1992)·如何預防學校營養午餐中毒·*國教園地，43*，10。

黃玲珠、蕭清娟 (1996)·*幼兒營養與膳食*（修訂版）·臺北市：金玉堂。

黃惠美主編 (1988)·*團體膳食四季食譜*·臺南市：私立臺南家政專科學校。

黃韶顏 (1986)·*自助餐菜單的設計*（三版）·臺北市：圓山企業公司圖書出版部。

黃韶顏 (1999)·*團體膳食製備*（增修十版）·臺北市：華香園。

鄭愛珠 (1975)·*食物在烹調中的變化*·臺北市：大陸書局。

謝明哲、邱琬淳、葉松鈴、張仙平 (2004)·*營養學實驗*（增訂版）·臺北市：臺北醫學大學保健營養學系。

鍾建民 (2002)·*高雄縣國民中學學校午餐相關問題之研究*·碩士論文，高雄市：國立中山大學教育研究所教師在職進修教學及學校行政碩士學分班

蘇尚毅 (1979)·*團體膳食管理*·自版。

蘇恆安 (1999)·*團體膳食管理*（初版）·臺北市：華杏。

Briggs, R.. (2000). *Food purchasing and preparation*. Great Britain: Redwood Books, Trowbridge, Wiltshire.

Dittmer, P. R., & Keefe, J. D. (2008). *Principles of food, beverage, and labor cost controls* (9th ed.). New York: John Wiley & Sons.

Knight, J. B., & Kotschevar, L. H. (2000). *Quantity food production, planning, and management* (3rd ed.). New York: John Wiley & Sons.

Pavesic, D. V., & Magnant, P. F. (2004). *Fundamental principles of restaurant cost control* (2nd ed.). New Jersey :Prentice-Hall.

Spears, M. C. (1999). *Foodservice procurement: Purchasing for profit*. New Jersey: Prentice-Hall.

West, B. B., et al. (1978). *Food service in institutions* (5th ed.) New York: John Wiley & Sons.

Quantity Food Production Management

Quantity Food Production Management

Quantity Food Production Management

國家圖書館出版品預行編目資料

團體膳食管理/胡淑慧編著. -- 五版. -- 新北市：新文京
開發出版股份有限公司, 2021.09
　　面；　　公分

　　ISBN　978-986-430-773-9（平裝）

　　1. 餐飲業管理

483.8　　　　　　　　　　　　　　　110014187

團體膳食管理（第五版）　　　　　　（書號：B131e5）

編 著 者	胡淑慧
出 版 者	新文京開發出版股份有限公司
地　　址	新北市中和區中山路二段 362 號 9 樓
電　　話	(02) 2244-8188（代表號）
Ｆ Ａ Ｘ	(02) 2244-8189
郵　　撥	1958730-2
初　　版	西元 2003 年 06 月 10 日
二　　版	西元 2006 年 10 月 31 日
三　　版	西元 2013 年 11 月 15 日
四　　版	西元 2019 年 02 月 15 日
五　　版	西元 2021 年 09 月 10 日